基于 Apache Kylin
构建大数据分析平台

蒋守壮　著

清华大学出版社

北京

内 容 简 介

Apache Kylin 是一个开源的分布式分析引擎，提供 Hadoop 之上的 SQL 查询接口及多维分析（OLAP）能力以支持超大规模数据，最初由 eBay 公司开发并贡献至开源社区。它能在亚秒内查询巨大的 Hive 表。

本书分为 21 章，详细讲解 Apache Kylin 概念、安装、配置、部署，让读者对 Apache Kylin 构建大数据分析平台有一个感性认识。同时，本书从应用角度，结合 Dome 和实例介绍了用于多维分析的 Cube 算法的创建、配置与优化。最后还介绍了 Kyligence 公司发布 KAP 大数据分析平台，对读者有极大的参考价值。

本书适合大数据技术初学者、大数据分析人员、大数据架构师等，也适合用于高等院校和培训学校相关专业师生教学参考。

图书在版编目（CIP）数据

基于 Apache Kylin 构建大数据分析平台 / 蒋守壮著. — 北京：清华大学出版社，2017
ISBN 978-7-302-45452-6

I. ①基… II. ①蒋… III. ①互联网络－网络服务器②数据处理 IV. ①TP368.5②TP274

中国版本图书馆 CIP 数据核字（2016）第 274718 号

责任编辑：夏毓彦
封面设计：王　翔
责任校对：闫秀华
责任印制：刘海龙

出版发行：清华大学出版社
　　　　网　　　址：http://www.tup.com.cn，http://www.wqbook.com
　　　　地　　　址：北京清华大学学研大厦 A 座　　　　邮　　编：100084
　　　　社 总 机：010-62770175　　　　　　　　　　邮　　购：010-62786544
　　　　投稿与读者服务：010-62776969，c-service@tup.tsinghua.edu.cn
　　　　质 量 反 馈：010-62772015，zhiliang@tup.tsinghua.edu.cn
印　　刷　者：清华大学印刷厂
装 订 者：三河市溧源装订厂
经　　销：全国新华书店
开　　本：190mm×260mm　　　印　张：17　　　字　数：435 千字
版　　次：2017 年 1 月第 1 版　　　　　　　印　次：2017 年 1 月第 1 次印刷
印　　数：1～3500
定　　价：69.00 元

产品编号：072388-01

推荐序

Apache Kylin 将传统的数据仓库及商务智能分析能力带入到了大数据时代，作为新兴的技术已经被广大用户所使用。作为创始作者，我非常欣喜能看到关于 Apache Kylin 相关书籍的出版，这无疑对中国用户更好地使用 Kylin，解决实际的大数据分析架构及业务问题有很大帮助。

韩卿

Kyligence 联合创始人兼 CEO，Apache Kylin 项目管理委员会主席（PMC Chair）

伴随着大数据发展的三条主线是大数据技术、大数据思维和大数据实践。

因为 RDBMS 很难处理单表 10 亿行数据，所以大数据技术应需而生。大数据技术从最初的解决海量数据的快速存储和读取，到今天的海量数据的 OLAP，当中衍生出众多的技术产品，Apache Kylin 就是其中的一个优秀产品，目标是解决大数据范畴中的 OLAP。

第二条主线是大数据思维。数据处理的最近几十年都被 RDBMS 的思想所束缚，小表、多表、表的连接、过分注重冗余性的坏处，等等，这些都限制了海量数据上的处理与分析。大数据技术出来之后，随之而来的大数据思路，给我们带来了海量数据处理的新思维。这个新思维的核心就是突破表的概念，而采用面向对象的数据模型在数据层上实现。Apache Kylin 的 Cube 模型就是在逐步体现大数据的思维。

最后一条主线是大数据实践。大数据实践分为数据梳理、数据建模、数据采集、数据管控、数据服务、数据可视化和数据分析。这是一环套一环的步骤，不能跳过。Apache Kylin 作为数据分析环节的技术产品，一定要同数据管理的优秀产品相结合，才能充分发挥出分析的功效。

蒋守壮是业界知名的 Apache Kylin 专家。《基于 Apache Kylin 构建大数据分析平台》一书浅显易懂、实操性强，是目前 Apache Kylin 界不可多得的技术资料，值得细读和研究。

杨正洪

武汉市云升科技发展有限公司董事长

Apache Kylin 是一个由国人主导开发并在大数据领域真正进入全球主流应用的开源项目。作为国人软件开发的骄傲之作，市面上却缺少一本系统性介绍该项目的书籍。

万达科技集团大数据中心蒋守壮同学在项目诞生之初就一直跟踪 Kylin 的进展，深入研究项目的技术原理，并将其运用在许多实际项目中。无论您是大数据技术爱好者，抑或您正在考虑引入 Kylin 这样杰出的大数据处理工具，该书都将是您很好的参考指南！

龚少成

万达网络科技集团大数据中心副总经理，《Spark 高级数据分析》中文版译者

Apache Kylin 是基于 MOLAP 的实时大数据引擎，与 Hadoop 生态系统结合更加紧密，先天的优势注定了其支持更大的数据规模、更好的扩展性，独有的中国血统较其他开源软件更具本地化优势，更符合中国国情。本书包含了守壮多年的实践经验，系统全面地介绍了 Apache Kylin 技术，值得推荐。

贾传青
数据架构师，IT 脱口秀（清风那个吹）创始人

Apache Kylin 是基于大数据技术的一类 OLAP 实现，其根据 OLAP 原理、利用 MapReduce 框架构建 CUBE，并将预计算结果存储在 HBase 中，实现多维分析和查询的秒级响应。Apache Kylin 虽属于 MOLAP 范畴，但还是有别于传统的 MOLAP，它充分利用了 Hadoop 分布式计算的精髓，是分布式 OLAP（DOLAP：Distributed OLAP）的一个具体实现，在 TB、PB 级数据集上体现出卓越的性能表现，自开源以来就备受各界关注。

作为一位技术达人，蒋守壮依托自身深厚的技术功底，结合实际工作对 Kylin 做了许多研究工作。从各种部署环境的搭建、实际工作案例开发测试到各类问题的分析及解决，作者深入分析了 Kylin 的源代码，也给 Kylin 社区反馈了很多缺陷，被 Kylin 社区确认并在新的版本中加以完善。《基于 Apache Kylin 构建大数据分析平台》这本书即是蒋守壮对自己研究工作的总结和升华，是当前第一本系统介绍 Kylin 的实用书籍。

项同德
平安科技（深圳）有限公司高级经理

目前在企业级市场上主流的 BI 产品有 Oracle 的 BIEE、IBM 的 Cognos、SAP 的 BO 等，这些产品主要是基于传统的关系型数据进行报表开发和数据分析，虽然可以通过提高服务器性能来提升数据处理的能力，但受限于其自身的架构，在处理大数据（TB 级及以上）上就显得缓慢，而 Kylin 是一款专为大数据而生的开源产品。相对于传统大厂商主导的 BI 产品，Kylin 是一个开源的分布式分析引擎，提供 Hadoop 之上的 SQL 查询接口及多维分析（OLAP）能力以支持超大规模数据，其最初由 eBay 公司开发并贡献至开源社区，它能在亚秒内查询巨大的 Hive 表，并且在不断地完善和进化。

Kylin 作为 Apache 顶级项目，在社区备受推崇，但一直缺少一本实用、可操作的技术书籍让普通的开发人员将其部署实施，应用于企业的发展，产生经济价值。蒋守壮的这本书系统而全面地介绍了 Kylin 的架构、搭建及应用，能让有一定技术功底的人员，快速实施部署，对于目前苦于大数据处理的人员来讲，无疑是久旱逢甘霖。

蒋守壮一直专注于大数据的研究和应用，技术出众，尤其是擅长解决各类疑难问题。这本书融合了作者多年的技术积累和实战经验，相信对您，无论是学习还是实战都是大有益处。

万文兵
万达网络科技集团有限公司大数据资深项目经理

前　言

自 2011 年下半年开始，我就一直关注 Apache 开源社区，侧重点放在大数据方面的成熟框架和产品。在这期间，陆续研究过 Hadoop、Hive、HBase、Mahout、Kafka、Flume、Storm，以及近两年很火的 Spark 和 Flink 等，和很多从事大数据的朋友一样，经历过无数的夜晚，对着电脑屏幕逐行研究这些源代码，同时也看到无数的开源爱好者和技术专家加入 Hadoop 开源社区，贡献自己的力量，日复一日，乐此不疲。

谈起大数据，不得不提 Hadoop，如今其早已发展成为了大数据处理的事实标准。Hadoop 诞生于 2005 年，其受到 Google 的两篇论文（GFS 和 MapReduce）的启发。起初，Hadoop 只是用来支撑 Nutch 搜索引擎的项目，从 2006 年开始，Hadoop 脱离了 Nutch，成为了 Apache 的顶级项目，无论是在学术界还是工业界都得到了迅猛的发展。

如今已是 2016 年了，Hadoop 十周岁了，这十年期间围绕其核心组件（HDFS、MapReduce、Yarn）陆续出现了一批工具，用来丰富 Hadoop 生态圈，解决大数据各方面的问题，这其中就包括 Apache Kylin。

ApacheKylin（麒麟）是由 eBay 研发并贡献给开源社区的 Hadoop 上的分布式大规模联机分析（OLAP）平台，它提供 Hadoop 之上的 SQL 查询接口及多维分析能力以支持大规模数据，能够处理 TB 乃至 PB 级别的分析任务，能够在亚秒级查询巨大的 Hive 表，并支持高并发。Apache Kylin 于 2014 年 10 月开源，并于当年 11 月成为 Apache 孵化器项目，是 eBay 第一个贡献给 Apache 软件基金会的项目，也是第一个由中国团队完整贡献到 Apache 的项目，在这里对 Apache Kylin 的中国团队表示感谢，感谢贡献如此出色的大数据分析平台。

从去年开始接触 Apache Kylin，我感觉很亲切，也很惊喜。当前研究的版本为 0.7.1，也就是 Kylin 加入 Apache 孵化器项目后的第一个 Apache 发行版本，虽然当时的 Kylin 存在一些问题，但是其基于 Hadoop 设计的框架还是很有创意和特色的。经过一年多的发展，截至目前，Apache Kylin 的版本已经发展到 1.5.3，并且从 1.5 版本开始，Apache Kylin 进行了重构，支持可扩展架构，支持更多的数据源、构建引擎和存储引擎，构建算法不断优化，支持与更多的可视化工具集成等。

如今，Apache Kylin 已被应用在 eBay、Exponential、京东、美团、明略数据、网易及其他公司。越来越多的大数据团队开始选择 Apache Kylin 作为公司大数据分析平台的组成部分，满足其海量数据的多维指标实时查询分析。通过很多社区的交流分享，我发现不少朋友对

Apache Kylin 没有一个整体的认识，在使用过程中出现各种各样的问题，打击自信心，他们急切希望能有一本全面介绍 Apache Kylin 的书籍。因为我经常在博客和社区分享 Apache Kylin 实战方面的一些经验，所以很多朋友鼓励我能够写一本比较全面介绍 Apache Kylin 的书籍，帮助更多的爱好者更好地加入 Apache Kylin 的社区，并在生产环境中进行实践。刚开始比较犹豫，毕竟写书需要花费大量的时间和精力，而且要对读者负责，容不得半点马虎。后来有社区的几个朋友给我打电话劝说，以及清华大学出版社的夏毓彦编辑一再鼓励，还有家人的支持，我就下定决心写这本书，目的只有一个，就是希望读者能够通过这本书，对 Apache Kylin 有一个完整的认识，掌握各方面的技能，并最终应用在自己公司的生产环境中。

本书内容

这是一本全面介绍 Apache Kylin 的书籍，包括环境搭建、案例实战演示、源码分析、Cube 优化等，此外还会涉及数据仓库、数据模型、OLAP、数据立方体等方面的知识。通过本书系统性学习和实战操作，朋友们将能够达到基于 Apache Kylin 搭建企业级大数据分析平台，并熟练掌握使用 Apache Kylin 多维度地分析海量数据，最终通过可视化工具展示结果。

受众人群

本书适合从事 Hadoop、HBase、Hive 和 Kylin 等方面工作的人员参考阅读，最好能掌握一点 OLAP、数据立方体等数据仓库方面的知识。但是我相信这本书也适合任何想从事大数据方面工作的程序员和架构师。

代码规范和下载

本书中会涉及大量的 Linux Shell 命令，这些命令都是在 CentOS 操作系统上执行成功的，对于其他的一些 Linux 系统也同样适用，如有不适用的，可以查阅资料，修改命令以符合对应的操作系统。

要下载本书章节中的样例代码，请到 http://github.com/jiangshouzhuang 下载。

读者服务

由于本人的写作能力有限，可能有些章节内容考虑并不全面，或者版本升级导致某些章节部分内容不是最新的。为了更好地为读者服务，我特意建立了一个 QQ 群：118152802，读者有关本书的任何问题，我都会及时给朋友们答复，谢谢支持。

致谢

这本书的面世，得到了很多朋友的鼎力相助，在这里感谢所有帮助我完成这本书的人。

感谢公司的同事们，特别感谢项同德和万文兵两位项目经理给予的支持和鼓励，感谢施健健给予的技术支持和帮助。

感谢 CSDN 和 cnblogs 博客中优秀的文章给予的技术支持。

感谢清华大学出版社所有为本书的出版和发行付出了辛勤劳动的人们。

最后，我要感谢我的家人，给予我的不懈支持。感谢父母帮我们照顾调皮捣蛋的宝宝；感谢妻子一如既往地照顾我的生活，给予我充足的时间用来写作。没有家人的支持和照顾，我是不可能完成这本书。

作者
2016 年 10 月

目　录

第三部分　Apache Kylin 高级部分

第四部分 Apache Kylin 的扩展部分

第一部分

Apache Kylin
基础部分

第 1 章
◀ Apache Kylin前世今生 ▶

1.1 Apache Kylin 的背景

在现在的大数据时代，Hadoop 已经成为大数据事实上的标准规范，一大批工具陆陆续续围绕 Hadoop 平台来构建，用来解决不同场景下的需求。

比如 Hive 是基于 Hadoop 的一个用来做企业数据仓库的工具，可以将存储在 HDFS 分布式文件系统上的数据文件映射为一张数据库表，并提供 SQL 查询功能，Hive 执行引擎可以将 SQL 转换为 MapReduce 任务来进行运行，非常适合数据仓库的数据分析。

再比如 HBase 是基于 Hadoop，实现高可用性、高性能、面向列、可伸缩的分布式存储系统，Hadoop 架构中的 HDFS 为 HBase 提供了高可靠性的底层存储支持。

但是缺少一个基于 Hadoop 的分布式分析引擎，虽然目前存在业务分析工具，如 Tableau 等，但是它们往往存在很大的局限，比如难以水平扩展、无法处理超大规模数据，同时也缺少 Hadoop 的支持。此外，Hadoop 以及相关大数据技术的出现提供了一个几近无限扩展的数据平台，在相关技术的支持下，各个应用的数据已突破了传统 OLAP 所能支持的容量上界。每天千万、数亿条的数据，提供若干维度的分析模型，大数据 OLAP 最迫切所要解决的问题就是大量实时运算导致的响应时间迟滞。

Apache Kylin（中文：麒麟）的出现，能够基于 Hadoop 很好地解决上面的问题。Apache Kylin 是一个开源的分布式存储引擎，最初由 eBay 开发贡献至开源社区。它提供 Hadoop 之上的 SQL 查询接口及多维分析（OLAP）能力以支持大规模数据，能够处理 TB 乃至 PB 级别的分析任务，能够在亚秒级查询巨大的 Hive 表，并支持高并发。

1.2 Apache Kylin 的应用场景

（1）假如你的数据存在于 Hadoop 的 HDFS 分布式文件系统中，并且你使用 Hive 来基于 HDFS 构建数据仓库系统，并进行数据分析，但是数据量巨大，比如 PB 级别。

（2）同时你的 Hadoop 平台也使用 HBase 来进行数据存储和利用 HBase 的行键实现数据的

快速查询等应用。

（3）你的 Hadoop 平台的数据量逐日累增。

（4）对于数据分析的维度大概 10 个左右。

如果你的应用类似上面，那么非常适合采用 Apache Kylin 来做大数据量的多维数据分析。

Apache Kylin 的核心思想是利用空间换时间，将计算好的多维数据结果存入 HBase，实现数据的快速查询。同时，由于 Apache Kylin 在查询方面制定了多种灵活的策略，进一步提高空间的利用率，使得这样的平衡策略在应用中值得采用。

1.3 Apache Kylin 的发展历程

Apache Kylin 于 2014 年 10 月在 github 开源，并很快在 2014 年 11 月加入 Apache 孵化器，2015 年 9 月，Apache Kylin 与 Spark、HBase、Kafka 等并列荣膺 InfoWorld 2015 年 Bossie 最佳开源大数据工具奖。这也是国人项目第一次获得该国际大奖，于 2015 年 11 月正式毕业，成为 Apache 顶级项目，也成为首个完全由中国团队设计开发的 Apache 顶级项目，如图 1-1 所示。

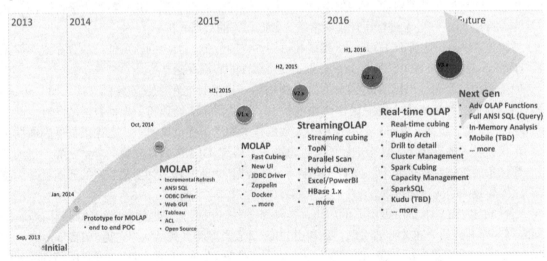

图 1-1

Apache Kylin 在大数据分析领域应用广泛，获得了快速的推广。国内外一线的互联网、金融、电信等公司越来越多地采用 Apache Kylin 作为其大数据分析平台。

Apache Kylin 的官网为 http://kylin.apache.org，如图 1-2 所示。

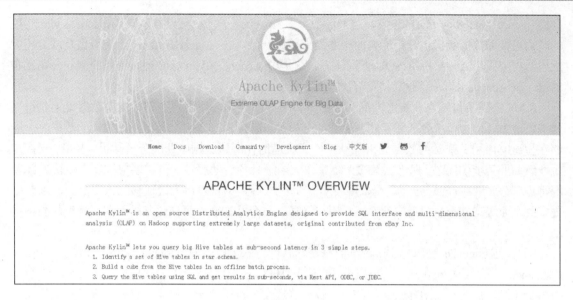

图 1-2

　　于 2016 年 3 月，Apache Kylin 核心开发成员在上海创建 Kyligence 公司，Kyligence 是一家专注于大数据分析领域创新的数据科技公司，致力于为用户提供基于 Apache Kylin 的智能分析平台及产品，提供领先的企业级商业分析解决方案，以使用户在超大规模数据集上获取极速的洞见能力，驱动业务增长。Kyligence 也是首家在国内由 Apache 顶级项目核心贡献者团队组建的创业公司，公司将致力于进一步推动 Apache Kylin 开源项目的发展和演进，提供基于 Apache Kylin 的大数据分析产品和服务，拓展全球用户社区，构建更为丰富的生态系统。

　　公司官网为 http://kysligence.io，如图 1-3 所示。

图 1-3

　　为了获取更好的发展，2016 年 4 月，大数据公司 Kyligence 跬智科技宣布获得了数百万美元的天使轮投资。

　　Kyligence 于 2016 年 8 月 3 日，在北京宣布正式发布其企业级大数据智能分析平台 KAP

（Kyligence Analytics Platform），该平台是基于 Apache 软件基金会顶级项目 Apache Kylin 实现的、为可伸缩数据集提供分析能力的企业级大数据产品，在 Apache Hadoop 上为百亿及以上超大规模数据集提供亚秒级标准 SQL 查询能力。这是由 Apache Kylin 核心团队组建的创业公司发布的第一款 Apache Kylin 商业产品及解决方案。

KAP 突破了传统商业智能产品和数据分析工具的架构，使用户在超大规模数据集上获得极速洞见能力。助力传统企业和互联网企业的分析师，在面对超过百亿甚至千亿规模的数据时，能够在短时间内用其熟悉的数据分析工具轻松、快速地在海量数据中获取分析结果。KAP 支持与企业级商业智能(BI)及可视化工具的无缝集成，同时具备自助服务、可扩展架构、方便快速部署等特点。该企业级产品与开源 Apache Kylin 完全兼容，用户可以无缝迁移到该平台上，以获得更多的企业级特性，包括更快的性能、用户管理、安全及加密、可视化分析前端、管理与服务自动化等。

同时，Kyligence 宣布与 Hadoop 数据管理软件与服务提供商 Cloudera 达成深度战略合作，Kyligence 成为经 Cloudera 官方认证提供基于 Hadoop 的数据仓库及 OLAP 产品的供应商，Cloudera 同时成为经 Kyligence 认证的大数据管理及分析平台合作伙伴。双方将携手共建更加完善的大数据生态圈。

最后，我们非常感谢 Kyligence 联合创始人兼 CEO 韩卿带领中国团队给我们带来 Kylin 这个非常好的大数据分析平台，希望开源社区更多的朋友们能够加入 Kylin，一起创造 Kylin 更美好的明天。

第 2 章
◀ Apache Kylin前奏 ▶

进入这一章，我们将从各方面来介绍 Apache Kylin，让读者对 Apache Kylin 有个深入的理解。好了，开始我们的 Apache Kylin 的探索旅途吧。

首先，为了方便朋友们更好地理解 Apache Kylin，我们将 Apache Kylin 涉及的一些概念普及一下，虽然枯燥，还是希望朋友们能熟悉一下，相信对掌握 Apache Kylin 一定有帮助。

2.1 事实表和维表

事实表是用来记录具体事件的，包含了每个事件的具体要素，以及具体发生的事情。

维表则是对事实表中事件的要素的描述信息。

比如，事实表的一条数据中可能会包含唯一标记符（主键）、时间、地点、人物和事件等，也就是记录了整个事件的信息，但是对地点和人物等只是用关键标记号来表示，比如一串数字、字母或者数字字母组合，而这些关键标记的具体含义，我们可以从维表中获取。

基于事实表和维表就可以构建出多种多维模型，包括最常见的星型模型、雪花型模型。有的公司还会使用星座模型，这个模型是由星型模型扩展而来的，为了表示多个事实之间的关系，可以共享多个维度，这些共享维对每个拥有它的事实表来说都具有相同的意义。

2.2 星型模型和雪花型模型

这里我们只对星型模型和雪花型模型进行介绍，对星座模型不做介绍，毕竟用得太少。

2.2.1 星型模型

星型模型是一种多维的数据关系，它由一个或多个事实表（Fact Table）和一组维表（Dimension Table）组成，所有维表都直接连接到"事实表"上，整个图就像星星一样。每个维表都有一个维作为主键，所有这些维的主键组合成事实表的主键。

事实表的非主键属性（即非维度）称为事实（Fact），它们一般都是数值或其他可以进行计算的数据；而维大都是文字、时间等类型的数据，按这种方式组织好数据，我们就可以按照不同的维（事实表主键的部分或全部）来对这些事实数据进行求和（summary）、求平均

（average）、计数（count）、百分比（percent）的聚集计算。这样就可以从不同的角度通过数字来分析业务主题的情况。

星型模型是一种非正规化的结构，多维数据集的每一个维度都直接与事实表相连接，不存在渐变维度，所以数据有一定的冗余，比如在地域维度表中，存在国家 A 省 B 的城市 C 以及国家 A 省 B 的城市 D 两条记录，那么国家 A 和省 B 的信息分别存储了两次，即存在冗余。

2.2.2　雪花型模型

当有一个或多个维表没有直接连接到事实表上，而是通过其他维表连接到事实表上时，这个时候的图就像多个雪花连接在一起，故称雪花型模型。

雪花型模型是对星型模型的扩展，它对星型模型的维表进一步层次化，原有的各维表可能被扩展为小的事实表，形成一些局部的"层次"区域，这些被分解的表都连接到主维度表而不是事实表。比如，可以将国家地域维表分解为国家、省份、城市等维表。它的优点是：通过最大限度地减少数据存储量以及联合较小的维表来改善查询性能。雪花型结构去除了数据冗余，但是在进行事实表和维表之间的连接查询时，其效率就比星型模型低了。在冗余可以接受的前提下，实际运用中星型模型使用更多，也更有效率。

2.2.3　星型模型示例

Apache Kylin 中采用的模型为星型模型，即事实表与多张维表进行关联。

为了更好地理解，我们拿一张经典的商品销售事实表来进行阐述星型模型，如图 2-1 所示为商品销售事实表和一组维表。

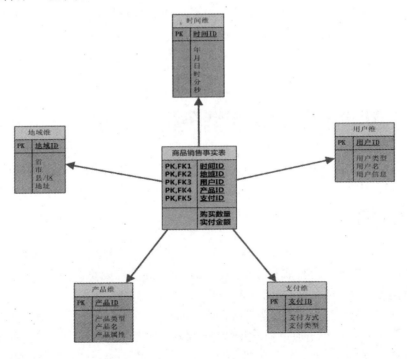

图 2-1

这是一个简单的星型模型的示例，由一张商品销售事实表以及五张维表组成。

事实表里面主要包含两方面的信息：维和度量。维的具体描述信息记录在维表，事实表中的维属性只是一个关联到维表的键，并不记录具体信息；度量一般都会记录事件的相应数值，比如这里的产品的销售数量、销售额等。维表中的信息一般是可以分层的，比如时间维的年月日、地域维的省市县等，这类分层的信息就是为了满足事实表中的度量可以在不同的粒度上完成聚合，比如 2016 年商品的销售额，来自上海市的销售额等。

事实表里面主要包含两方面的信息：维和度量，维的具体描述信息记录在维表，事实表中的维属性只是一个关联到维表的键，并不记录具体信息；度量一般都会记录事件的相应数值，比如这里的产品的购买数量、实付金额。维表中的信息一般是可以分层的，比如时间维的年月日、地域维的省市县等，这类分层的信息就是为了满足事实表中的度量可以在不同的粒度上完成聚合，比如 2016 年商品的销售额，来自上海市的销售额，2016 年来自上海的销售额等等。销售事实表和时间维度表关联查询如图 2-2 所示。

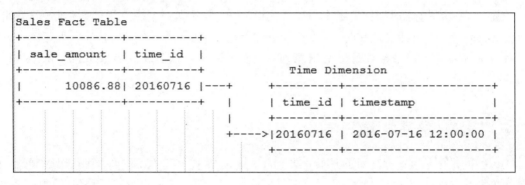

图 2-2

2.3 OLAP

OLAP（On-line Analytical Processing，联机分析处理），是在基于数据仓库多维模型的基础上实现的面向分析的各类操作的集合，与之对应的是 OLTP（On-line Transaction Processing，联机事务处理），这里不对 OLTP 介绍，相信做过传统数据库，比如 Oracle、MySQL、PostgreSQL 等的读者应该都比较熟悉。

2.3.1 OLAP 分类

我们先来看一下 OLAP 系统按照其存储器的数据存储格式分类：

（1）ROLAP（Relational OLAP），关系 OLAP

ROLAP 将分析用的多维数据存储在关系数据库中，并根据应用的需要，有选择地定义一批实视图作为表，它也存储在关系数据库中。不必要将每一个 SQL 查询都作为实视图保存，只定义那些应用频率比较高、计算工作量比较大的查询作为实视图。对每个针对 OLAP 服务器的查询，优先利用已经计算好的实视图来生成查询结果以提高查询效率。同时，用作 ROLAP 存储器的 RDBMS 也针对 OLAP 作相应的优化，比如并行存储、并行查询、并行数据管理、基于成本的查询优化、位图索引、SQL 的 OLAP 扩展（cube、rollup）等等。

（2）MOLAP（Multidimension OLAP），多维 OLAP

MOLAP 将 OLAP 分析所用到的多维数据物理上存储为多维数组的形式，形成"立方体"的结构。维的属性值被映射成多维数组的下标值或下标的范围，而汇总数据作为多维数组的值存储在数组的单元中。由于 MOLAP 采用了新的存储结构，从物理层实现起，因此又称为物理 OLAP（PhysicalOLAP）；而 ROLAP 主要通过一些软件工具或中间软件实现，物理层仍采用关系数据库的存储结构，因此称为虚拟 OLAP（VirtualOLAP）。

（3）HOLAP（Hybrid OLAP），混合型 OLAP

HOLAP 表示基于混合数据组织的 OLAP 实现，如低层是关系型的，高层是多维矩阵型的。这种方式具有更好的灵活性。特点是将明细数据保留在关系型数据库的事实表中，但是聚合后的数据保存在 Cube 中，聚合时需要比 ROLAP 更多的时间，查询效率比 ROLAP 高，但低于 MOLAP。

2.3.2　OLAP 的基本操作

OLAP 的操作是以查询，即数据库中常见的 SELECT 操作为主，但是查询可以很复杂，比如基于关系数据库的查询可以多表关联，可以使用 COUNT、SUM、AVG 等聚合函数。OLAP 正是基于多维模型定义了一些常见的面向分析的操作类型而使这些操作显得更加直观。

OLAP 的多维分析操作包括：钻取（Drill-down）、上卷（Roll-up）、切片（Slice）、切块（Dice）以及旋转（Pivot），下面选取一个图例进行说明，如图 2-3 所示。

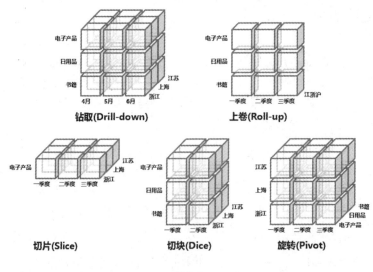

图 2-3

- 钻取（Drill-down）：在维的不同层次间的变化，从上层降到下一层，或者说是将汇总数据拆分到更细节的数据，比如通过对 2016 年第二季度的总销售数据进行钻取来查看 2016 年第二季度 4、5、6 每个月的消费数据，如图 2-3；当然也可以钻取江苏省来查看南京市、苏州市、宿迁市等城市的销售数据。当然上面所说所有数据都已经在预处理中根据维度组合计算出了所有的度量结果。
- 上卷（Roll-up）：钻取的逆操作，即从细粒度数据向更高汇总层的聚合，如将江苏省、上海市和浙江省的销售数据进行汇总来查看江浙沪地区的销售数据，如图 2-3。
- 切片（Slice）：选择维中特定的值进行分析，比如只选择电子产品的销售数据，或者 2016 年第二季度的数据。
- 切块（Dice）：选择维中特定区间的数据或者某批特定值进行分析，比如选择 2016 年第一季度到 2016 年第二季度的销售数据，或者是电子产品和日用品的销售数据。
- 旋转（Pivot）：即维的位置的互换，就像是二维表的行列转换，如图 2-3 中通过旋转实现产品维和地域维的互换。

2.4 数据立方体（Data Cube）

什么是数据立方体？估计朋友们应该在很多地方都听说过，或者实际开发中也有所涉及。数据立方体说白了就是我们可以从三个维度衡量和展示数据，比如时间、地区、产品构成三个维度的立方体。专业解释为：数据立方体允许多维对数据建模和观察，它由维和事实定义。

其实数据立方体只是对多维模型的一个形象的说法。从表方面看，数据立方体是三维的，但是多维模型不仅限于三维模型，可以组合更多的模型，比如四维、五维等等，比如我们根据时间、地域、产品和产品型号这四个维度，统计销售量等指标。

后面我们在介绍 Apache Kylin 的预计算多维指标时，即是生成 Cube 的过程，将所有的维度（dimensions）组合，dimensions 的不同组合，在 Apache Kylin 中称为 cuboid。比如包含 n 个 dimensions 的 cube 有 2^n（2 的 n 次方）个 cuboid。

第 3 章
Apache Kylin
工作原理和体系架构

前面已经介绍完了与 Apache Kylin 或多或少有关系的理论知识，从本章开始我们正式踏上 Apache Kylin 美妙之旅，为了简化起见，我们后面统一使用 Kylin 代替 Apache Kylin，而不是指国产麒麟操作系统。

3.1 Kylin 工作原理

简单来说，Kylin 的核心思想是预计算，即对多维分析可能用到的度量进行预计算，将计算好的结果保存成 Cube 并存在 HBase 中，供查询时直接访问。把高复杂度的聚合运算、多表连接等操作转换成对预计算结果的查询，这决定了 Kylin 能够拥有很好的快速查询和高并发能力。

Kylin 的理论基础：空间换时间。

几个概念先说一下：

- Cuboid: Kylin 中将维度任意组合成为一个 Cuboid。
- Cube: Kylin 中将所有维度组合成为一个 Cube，即包含所有的 Cuboid。

如图 3-1 所示就是一个 Cube 的例子，假设我们有 4 个 dimensions(time，item，location，supplier)，这个 Cube 中每个节点（称作 Cuboid）都是这 4 个 dimension 的不同组合，每个组合定义了一组分析的 dimension（如 group by time,item），measure 的聚合结果就保存在这每个 Cuboid 上。查询时根据 SQL 找到对应的 Cuboid，读取 measure 的值，即可返回。

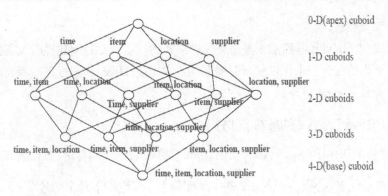

图 3-1

为了更好地适应 Hadoop 大数据环境，Kylin 从通常用来做数据仓库的 Hive 中读取源数据，使用 MapReduce 作为 Cube 构建的引擎，并把预计算结果保存在 HBase 中，对外暴露 Restful API/JDBC/ODBC 的查询接口。因为 Kylin 支持标准的 ANSI SQL，所以可以和常用分析工具（如 Tableau、Excel 等）进行无缝对接。

3.2　Kylin 体系架构

Kylin 的系统架构如图 3-2 所示。

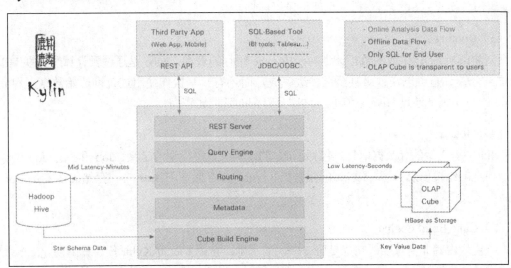

图 3-2

下面我们对 Kylin 的系统架构中的各个模块进行介绍。

模块一：Hadoop/Hive（图 3-2 的最左下部分）

Kylin 是一个 MOLAP 系统，其将 Hive 中的数据进行预计算，利用 Hadoop 的 MapReduce

13

分布式计算框架来实现。

这一块也提到了 Kylin 获取的表是星型模型结构的，也就是目前建模时仅支持一张事实表，多张维表。如果你的业务需求比较复杂，那么就要考虑在 Hive 中进行进一步处理，比如生成一张大的宽表或者采用 view 代替。

模块二：HBase（图 3-2 的最右下部分）

HBase 是 Kylin 中用来存储 OLAP 分析的 Cube 数据的地方，实现多维数据集的交互式查询。

模块三：Kylin 的核心模块（图 3-2 的中间部分），包含如下几个部分：

（1）REST Server

提供 Restful 接口，例如我们可以通过此接口来创建 Cube、构建 Cube、刷新 Cube、合并 Cube 等 Cube 相关操作，Kylin 的 Projects、Tables 等元数据管理，用户访问权限控制，系统参数动态配置或修改等。

另外还有一点也很重要，就是我们可以通过 Restful 接口实现 SQL 的查询，不论你是通过第三方程序，还是 Kylin 的 Web 界面使用。

（2）Query Engine

目前 Kylin 使用开源的 Calcite 框架来实现 SQL 解析，可以理解为 SQL 引擎层。其实采用 Calcite 框架还有很多产品，比如 Apache 顶级项目 Drill，它的 SQL Parser 部分采用的也是 Apache Calcite，Calcite 实现的功能是提供了 JDBC interface，接收用户的查询请求，然后将 SQL Query 语句转换成为 SQL 语法树，也就是逻辑计划。

（3）Routing

负责将解析 SQL 生成的执行计划转换成 cube 缓存的查询，cube 是通过预计算缓存在 HBase 中，这部分查询是可以在秒级甚至毫秒级完成，而还有一些操作使用过查询原始数据（存储在 Hadoop 的 HDFS 上通过 Hive 查询），这部分查询的延迟比较高。

（4）Metadata

Kylin 中有大量的元数据信息，包括 cube 的定义、星型模型的定义、Job 和执行 Job 的输出信息、模型的维度信息等等。Kylin 的元数据和 cube 都存储在 HBase 中，存储的格式是 json 字符串。

（5）Cube Build Engine

这个模块内容非常重要，它也是所有模块的基础，它主要负责 Kylin 预计算中创建 cube。创建的过程是首先通过 Hive 读取原始数据，然后通过一些 MapReduce 或 Spark 计算生成 Htable，最后将数据 load 到 HBase 表中。

模块四：Kylin 提供的接口（图 3-2 的中间正上面）

这部分模块主要是提供了 Restful API 和 JDBC/ODBC 接口，方便第三方 Web APP 产品和基于 SQL 的 BI 工具的接入，比如 Apache Zeppelin、Tableau、Power BI 等。

Kylin 提供的 JDBC 驱动的 classname 为 org.apache.kylin.jdbc.Driver，使用的 URL 的前缀 jdbc:kylin:，使用 JDBC 接口的查询走的流程和使用 RESTFul 接口查询走的内部流程是相同的。这类接口也使得 Kylin 很好地兼容 tebleau 甚至 mondrian。

3.3　Kylin 中的核心部分：Cube 构建

在上面介绍的 Kylin 体系架构中，我们也提到了 Kylin 的核心部分为 Cube 的构建引擎，本节将详细揭秘 Kylin 中 Cube 的各方面。我们先从理论上说明每个 Cube 是如何计算出来的，后面环境搭建起来会进行实践。

Kylin 在 1.5 之前的版本中，对于 Cube 的构建，Kylin 提供了一个称作 Layer Cubing 的算法。简单来说，就是按照 dimension 数量从大到小的顺序，从 Base Cuboid 开始，依次基于上一层 Cuboid 的结果进行再聚合。每一层的计算都是一个单独的 MapReduce 任务，如图 3-3 所示。

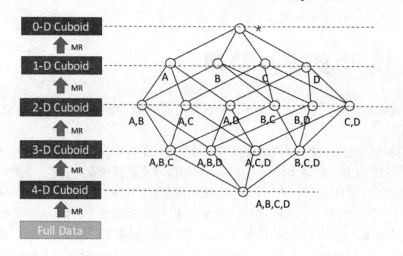

图 3-3

Layer Cubing 算法，可以称为逐层算法，它会启动 N+1 轮 MapReduce 计算。第一轮读取原始数据（RawData），去掉不相关的列，只保留相关的。同时对维度列进行压缩编码，以此处的四维 Cube 为例，经过第一轮计算出 ABCD 组合，我们也称为 Base Cuboid。

此后的每一轮 MapReduce，输入是上一轮的输出，以重用之前计算的结果，去掉要聚合的维度，算出新的 Cuboid，以此往上，直到最后算出所有的 Cuboid。

从 1.5.x 开始引入了 Fast(in-mem) cubing 算法，利用 Mapper 端计算先完成大部分聚合，再将聚合后的结果交给 Reducer，从而降低对网络瓶颈的压力。对 500 多个 Cube 任务的实验显示，引入 Fast cubing 后，总体的 Cube 构建任务提速 1.5 倍，如图 3-4 所示。

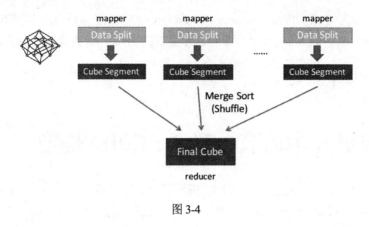

图 3-4

MapReduce 的计算结果最终保存到 HBase 中，HBase 中每行记录的 Rowkey 由 dimension 组成，measure 会保存在 column family 中。为了减小存储代价，这里会对 dimension 和 measure 进行编码。

3.4 Kylin 的 SQL 查询

Kylin 为 Hadoop 提供标准 SQL 支持大部分查询功能，因此我们可以通过提交 SQL 来查询预计算的结果数据。

Cube 构建完成后，我们就可以查询维度对应的度量值了。查询的时候，SQL 语句被 SQL 解析器翻译成一个解释计划，从这个计划可以准确知道用户要查哪些表，它们是怎样 join 起来，有哪些过滤条件等等。Kylin 会用这个计划去匹配寻找合适的 Cube。如果有 Cube 命中，这个计划会发送到存储引擎，翻译成对存储（默认 HBase）相应的 Scan 操作。Group by 和过滤条件的列，用来找到 Cuboid，过滤条件会被转换成 Scan 的开始和结束值，以缩小 Scan 的范围。Scan 的 result、Rowkey 会被反向解码成各个 dimension 的值，Value 会被解码成 Metrics 值，同时利用 HBase 列存储的特性，可以保证 Kylin 有良好的快速响应和高并发。

3.5 Kylin 的特性和生态圈

上面介绍完了 Kylin 的体系架构，下面我们将 Kylin 的特性和生态圈简单罗列一下，供朋友们提前从整体上认识一下，后面对于这些特性和生态圈都会有所涉及。

1. Kylin 的特性

（1）可扩展超快 OLAP 引擎

Kylin 是为减少在 Hadoop 上百亿规模数据查询延迟而设计的。

（2）Hadoop ANSI SQL 接口

Kylin 为 Hadoop 提供标准 SQL 支持大部分查询功能。

（3）交互式查询能力

通过 Kylin，用户可以与 Hadoop 数据进行亚秒级交互，在同样的数据集上提供比 Hive 更好的性能。

（4）多维立方体（MOLAP　Cube）

用户能够在 Kylin 里为百亿以上数据集定义数据模型并构建立方体。

（5）与 BI 工具无缝整合

Kylin 提供与 BI 工具（如 Tableau）的整合能力。

（6）其他特性

- Job 管理与监控
- 压缩与编码
- 增量更新
- 利用 HBase Coprocessor
- 基于 HyperLogLog 的 Dinstinc Count 近似算法
- 友好的 Web 界面，以管理、监控和使用立方体
- 项目及立方体级别的访问控制安全
- 支持 LDAP

2. Kylin 生态圈

Kylin 生态圈如图 3-5 所示。

- Kylin 核心：Kylin OLAP 引擎基础框架，包括元数据（Metadata）引擎、查询引擎、Job 引擎及存储引擎等，同时包括 REST 服务器以响应客户端请求。
- 扩展：支持额外功能和特性的插件。
- 整合：与调度系统、ETL、监控等生命周期管理系统的整合。
- 用户界面：在 Kylin 核心之上扩展的第三方用户界面。
- 驱动：ODBC 和 JDBC 驱动以支持不同的工具和产品，比如 Tableau。

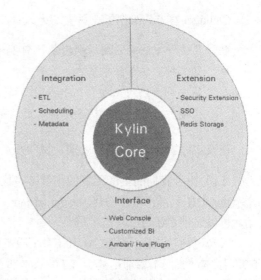

图 3-5

17

第 4 章
◀ 搭建CDH大数据平台 ▶

CDH（Cloudera's Distribution, including Apache Hadoop），是 Hadoop 众多分支中的一种，由 Cloudera 维护，基于稳定版本的 Apache Hadoop 构建，并集成了很多补丁，可直接用于生产环境。

CM（全称 Cloudera Manager）则是为了便于在集群中进行 Hadoop 等大数据处理相关的服务安装和监控管理的组件，对集群中主机、Hadoop、Hive、Spark 等服务的安装配置管理做了极大简化。

CM 部署包括如下的软件安装：

● Oracle JDK 安装。
● Cloudera Manager Server 和 Agent 包安装。
● 存储相关元数据的数据库安装。
● CDH 和管理服务的软件包安装。

Cloudera 官方共给出了 3 种安装方式：

● 第一种方法必须要求所有机器都能连网。
● 第二种方法下载很多包。
● 第三种方法对系统侵入性最小，最大优点可实现全离线安装，而且重装什么的都非常方便。后期的集群统一升级也非常好。这也是我之所以选择离线安装的原因。

在安装部署 CM 和 CDH 之前，说明几点：

（1）由于我们的生产环境的集群节点比较多，这里为了方便演示，我们搭建了一个只有 4 个节点 CDH 集群，没有搭建 ResourceManager 的主备，以及没有 HDFS 的 HA 等，如果需要的话，可以通过 CM 进行动态扩展。

（2）我们的实际环境 CM 和 CDH 版本已经从 5.6.0 升级为 5.7.0，为了方便朋友部署 CDH 5.7.0 版本，我们本章都是基于 5.7.0 版本部署的集群环境，但是截图都是 5.6.0 版本的（请朋友们谅解），这两个版本的部署界面和安装步骤都没什么变化，具体情况，朋友安装过程中可以进行参考。

（3）后续章节中部署的 Kylin 集群环境都是基于 CDH 5.7.0 环境来搭建大数据分析平台。

4.1　系统环境和安装包

4.1.1　系统环境

主机环境：

```
10.20.22.202   SZB-L0020040
10.20.22.204   SZB-L0020041
10.20.22.209   SZB-L0020042
10.20.22.210   SZB-L0020043
```

操作系统：CentOS 6.7(Final) x64。

CM 和 CDH 的版本号：5.7.0。

组件规划（根据自己的实际情况，进行组件规划），如表 4-1 所示。

表 4-1

IP 地址	主机名	角色
10.20.22.202	SZB-L0020040	CM 管理组件
10.20.22.204	SZB-L0020041	NameNode ResourceManager HBase Master Impala StateStore Impala Catalog Server Hive HiveServer2 Hive Metastore Server ZooKeeper Server
10.20.22.209	SZB-L0020042	DataNode ZooKeeper Server NodeManager HBase RegionServer Impala Daemon
10.20.22.210	SZB-L0020043	DataNode ZooKeeper Server NodeManager HBase RegionServer Impala Daemon

CDH 集成的组件比较多，比如 Spark、Oozie、Solr、Hue 等，根据自己的要求动态扩容。同时每个节点部署的组件不宜过多，根据组件的 CPU 和内存占用，对磁盘读写、网络带宽等进行合理规划。

4.1.2　安装包的下载

1. 安装说明

官方参考文档（第三种安装方式：手工离线安装方式）：

```
http://www.cloudera.com/documentation/enterprise/latest/topics/cm_ig_
install_path_c.html
```

2. 相关包的下载地址

Cloudera Manager 下载地址：

```
http://archive-primary.cloudera.com/cm5/cm/5/cloudera-manager-el6-
cm5.7.0_x86_64.tar.gz
```

CDH 安装包地址：http://archive.cloudera.com/cdh5/parcels/5.7.0/，由于我们的操作系统为 CentOS 6.7，需要下载以下文件：

```
CDH-5.7.0-1.cdh5.7.0.p0.45-el6.parcel
CDH-5.7.0-1.cdh5.7.0.p0.45-el6.parcel.sha1
manifest.json
```

CDH 5.6.x 支持的 JDK 版本如表 4-2 所示：

表 4-2

最小支持的版本号	推荐的版本号	说明
1.7.0_55	1.7.0_67,1.7.0_75,1.7.0_80	无
1.8.0_31	1.8.0_60	不推荐使用 JDK 1.8.0_40

本环境使用的 JDK 为：

```
http://archive.cloudera.com/cm5/redhat/6/x86_64/cm/5.7.0/RPMS/x86_64/
oracle-j2sdk1.7-1.7.0+update67-1.x86_64.rpm
```

当然如果需要，你也可以直接使用 1.7.0_80 版本的 JDK。

CM 和其支持的服务可以使用如下的数据库：

- MariaDB 5.5
- MySQL - 5.1、5.5 和 5.6

- PostgreSQL - 8.1、8.3、8.4、9.1、9.2、9.3 和 9.4
- Oracle 11gR2 和 12c

Cloudera Manager 和 CDH 支持的 Oracle JDBC Driver 完整版本号为：使用 JDK 6 编译的 Oracle 11.2.0.3.0 JDBC 4.0，这个驱动的 Jar 包名字为 ojdbc6.jar。

这里使用的数据库为 MySQL，具体包为：

```
mysql-advanced-5.6.21-linux-glibc2.5-x86_64.tar.gz
```

4.2　准备工作：系统环境搭建

本节讲解系统环境搭建，以下操作均用 root 用户操作。

4.2.1　网络配置(CDH 集群所有节点)

vi /etc/sysconfig/network 修改 hostname：

```
NETWORKING=yes
HOSTNAME=SZB-L0020040
```

HOSTNAME 的值要设置为每个主机自己的主机名，你可以通过执行 hostname 的 Linux 命令获取主机名或者其他方式。

通过 service network restart 重启网络服务生效。

在每个节点的/etc/hosts 文件中加入集群的所有主机名和 IP 地址：

```
127.0.0.1        localhost
10.20.22.202     SZB-L0020040
10.20.22.204     SZB-L0020041
10.20.22.209     SZB-L0020042
10.20.22.210     SZB-L0020043
```

这里需要将每台机器的 IP 及主机名对应关系都写进去，本机的也要写进去，否则启动 Agent 的时候会提示 hostname 解析错误。

4.2.2　打通 SSH，设置 ssh 无密码登录（所有节点）

创建主机之间的互相信任关系方式有好几种：

1. 第一种（假如是在 root 用户下面创建信任关系）

在节点（SZB-L0020040）上执行 ssh-keygen -t rsa 一路回车，生成无密码的密钥对。
将公钥添加到认证文件中：

```
cat ~/.ssh/id_rsa.pub >> ~/.ssh/authorized_keys
```

并设置 authorized_keys 的访问权限：

```
chmod 600  ~/.ssh/authorized_keys
```

除了 SZB-L0023776 节点外，其他 4 个节点也执行上面的操作生成无密码的密钥对。
复制其他 4 个节点的公钥文件内容到 SZB-L0020040 节点的 authorized_keys 中。
将节点 SZB-L0020040 的 authorized_keys 复制到其他节点的/root/.ssh/下面，这样 CDH 集群的所有节点之间都拥有其他节点的公钥，所以每个节点之间都可以免密码登录。

具体实战操作步骤说明如下。

（1）CDH 集群的所有节点都执行如下 Linux 命令：

```
ssh-keygen -t rsa
```

（2）将所有节点（除了 SZB-L0020040 节点）生成的 id_rsa.pub 复制到某一个节点（SZB-L0020040）并重命名：

```
[root@SZB-L0020041 .ssh]# scp ~/.ssh/id_rsa.pub SZB-
L0020040:/root/.ssh/id_rsa_41.pub
    [root@SZB-L0020042 .ssh]# scp ~/.ssh/id_rsa.pub SZB-
L0020040:/root/.ssh/id_rsa_42.pub
    [root@SZB-L0020043 .ssh]# scp ~/.ssh/id_rsa.pub SZB-
L0020040:/root/.ssh/id_rsa_43.pub
```

（3）将（2）复制过来的每个节点的 id_rsa.pub 内容都追加到 SZB-L0020040 节点的 authorized_keys 文件中，具体 Linux 命令如下：

```
[root@SZB-L0020040 .ssh]# cat id_rsa_41.pub >> authorized_keys
[root@SZB-L0020040 .ssh]# cat id_rsa_42.pub >> authorized_keys
[root@SZB-L0020040 .ssh]# cat id_rsa_43.pub >> authorized_keys
```

（4）将 SZB-L0023776 节点的 authorized_keys 复制到所有节点：

```
[root@SZB-L0020040 .ssh]# scp authorized_keys SZB-
L0020041:/root/.ssh/
    [root@SZB-L0020040 .ssh]# scp authorized_keys SZB-
L0020042:/root/.ssh/
```

```
[root@SZB-L0020040 .ssh]# scp authorized_keys SZB-
L0020043:/root/.ssh/
```

到此所有节点都可以免密码相互登录了。

2. 第二种（假如是在 root 用户下面创建信任关系）

我们使用 ssh-copy-id 命令，将本节点的公钥自动复制到指定的节点的 authorized_keys 文件中，省去了自己手工复制公钥的过程了。

具体的操作如下：

（1）在 CDH 集群的每一个节点执行如下命令：

```
ssh-keygen -t rsa
```

一路回车，生成无密码的密钥对。

（2）如果从 SZB-L0020040 节点免密码登录到 SZB-L0020041 节点，则执行如下命令：

```
[root@SZB-L0020040 .ssh]# ssh-copy-id SZB-L0020041
```

这个命令执行后会提示输入 SZB-L0020041 的 root 用户密码。

如果从 SZB-L0020041 节点免密码登录到 SZB-L0020040 节点，则执行如下命令：

```
[root@SZB-L0020041 .ssh]# ssh-copy-id SZB-L0020040
```

这个命令执行后会提示输入 SZB-L0020040 的 root 用户密码。

（3）测试

从 SZB-L0020040 登录到 SZB-L0020041：

```
[root@SZB-L0020040 ~]# ssh SZB-L0020041
[root@SZB-L0020041 ~]#
```

从 SZB-L0020041 登录到 SZB-L0020040：

```
[root@SZB-L0020041 ~]# ssh SZB-L0020040
[root@SZB-L0020040~]#
```

（4）其他节点采用上面的步骤进行操作，这里就省略掉了。

3. 安装 Oracle 的 Java（所有节点）

CentOS 一般默认自带 OpenJDK，不过运行 CDH5 需要使用 Oracle 的 JDK，需要 Java 7 的支持。

卸载自带的 OpenJdk，使用 rpm -qa | grep java 查询 java 相关的包，使用 rpm -e --nodeps 包名卸载。示例如下（显示 openjdk 版本有可能不一样）：

```
# rpm -qa | grep java
java-1.6.0-openjdk-1.6.0.0-1.21.b17.el6.x86_64
# rpm -e --nodeps java-1.6.0-openjdk-1.6.0.0-1.21.b17.el6.x86_64
```

我们可以去 Oracle 的官网下载 JDK，这里我是直接从 Cloudera 上面获取，下载地址为：

```
http://archive.cloudera.com/cm5/redhat/6/x86_64/cm/5.7.0/RPMS/x86_64/
oracle-j2sdk1.7-1.7.0+update67-1.x86_64.rpm
```

执行安装操作：

```
# rpm -ivh oracle-j2sdk1.7-1.7.0+update67-1.x86_64.rpm
```

安装后的目录如下：

```
# cd /usr/java/
# ls
jdk1.7.0_67-cloudera
```

创建软链接：

```
# ln -s jdk1.7.0_67-cloudera latest
# ln -s /usr/java/latest default
```

再次查看：

```
# ls -l
lrwxrwxrwx 1 root root   16 Apr  7 09:34 default -> /usr/java/latest
drwxr-xr-x 8 root root 4096 Apr  8 11:09 jdk1.7.0_67-cloudera
lrwxrwxrwx 1 root root   30 Apr  7 09:34 latest ->
/usr/java/jdk1.7.0_67-cloudera
```

配置 Java 的环境变量，添加如下内容到/etc/profile 文件的末尾：

```
export JAVA_HOME=/usr/java/default
export PATH=$JAVA_HOME/bin/:$PATH
export CLASSPATH=.:$JAVA_HOME/lib/dt.jar:$JAVA_HOME/lib/tools.jar
```

查看目前系统的 JDK 版本号：

```
# java -version
java version "1.7.0_67"
Java(TM) SE Runtime Environment (build 1.7.0_67-b01)
Java HotSpot(TM) 64-Bit Server VM (build 24.65-b04, mixed mode)
```

4. 安装配置 MySQL(SZB-L0020040，SZB-L0020041)

 SZB-L0020040 存储 CM 监控等元数据，SZB-L0020041 存储 Hive 元数据。

这里只演示在 SZB-L0020041 部署 MySQL 数据库的步骤，SZB-L0020040 同理。

（1）从 Oracle 官网上下载 MySQL 的安装包放到/usr/local 目录下，解压缩和创建日志目录。MySQL 的安装目录根据实际情况，决定部署在什么地方。

```
# pwd
/usr/local
```

解压缩：

```
# tar -zxvf mysql-advanced-5.6.21-linux-glibc2.5-x86_64.tar.gz
```

设置软链接：

```
# ln -s mysql-advanced-5.6.21-linux-glibc2.5-x86_64 mysql
```

创建日志目录：

```
#cd mysql
# mkdir logs
```

（2）生成 my.cnf 配置文件。

```
# cp mysql/support-files/my-default.cnf /etc/my.cnf
```

配置 my.cnf 内容为：

```
[mysqld]
transaction-isolation = READ-COMMITTED
# Disabling symbolic-links is recommended to prevent assorted
security risks;
# to do so, uncomment this line:
# symbolic-links = 0
key_buffer_size = 32M
max_allowed_packet = 32M
thread_stack = 256K
thread_cache_size = 64
query_cache_limit = 8M
query_cache_size = 64M
query_cache_type = 1
max_connections = 550
#expire_logs_days = 10
#max_binlog_size = 100M
```

```
  #log_bin should be on a disk with enough free space. Replace
'/var/lib/mysql/mysql_binary_log' with an appropriate path for your
system
  #and chown the specified folder to the mysql user.
  log_bin=/usr/local/mysql/logs/mysql_binary_log
  # For MySQL version 5.1.8 or later. Comment out binlog_format for
older versions.
  binlog_format = mixed
  read_buffer_size = 2M
  read_rnd_buffer_size = 16M
  sort_buffer_size = 8M
  join_buffer_size = 8M
  # InnoDB settings
  innodb_file_per_table = 1
  innodb_flush_log_at_trx_commit  = 2
  innodb_log_buffer_size = 64M
  innodb_buffer_pool_size = 4G
  innodb_thread_concurrency = 8
  innodb_flush_method = O_DIRECT
  innodb_log_file_size = 512M
  explicit_defaults_for_timestamp
  [mysqld_safe]
  log-error=/usr/local/mysql/logs/mysqld.log
  pid-file=/usr/local/mysql/data/mysqld.pid
  sql_mode=STRICT_ALL_TABLES
```

（3）正式创建数据库。

```
# pwd
/usr/local/mysql
# scripts/mysql_install_db --user=root
```

（4）修改/etc/profile 文件，添加 MySQL 环境变量。

```
export MYSQL_HOME=/usr/local/mysql
export PATH=$MYSQL_HOME/bin:$PATH
```

使环境变量生效：

```
# source /etc/profile
```

（5）启动数据库。

```
mysqld_safe --user=root &
```

（6）修改 MySQL 数据库的 root 密码。

```
# mysqladmin -u root password 'xxxxxx'
# mysqladmin -u root -h SZB-L0020041  password 'xxxxxx'
```

（7）删除 test 数据库和匿名用户等，尤其对于生产环境更要操作。

```
# mysql_secure_installation
```

按照提示一步一步操作，此处略。

（8）安装 MySQL 的 JDBC 驱动。

对于 MySQL 5.6 版本的数据库需要 5.1.26 或更高版本的 JDBC 驱动。
下载地址：http://dev.mysql.com/downloads/connector/j/5.1.html。
当然我们也可以在 Linux 环境下，直接使用 wget 下载：

```
# wget http://dev.mysql.com/get/Downloads/Connector-J/mysql-
connector-java-5.1.38.tar.gz
```

解压缩：

```
# tar -zxvf mysql-connector-java-5.1.38.tar.gz
```

将 JDBC 驱动复制到指定的位置：

```
# cp mysql-connector-java-5.1.38/mysql-connector-java-5.1.38-bin.jar
/usr/share/java/mysql-connector-java.jar
```

（9）为 CM 管理的各个组件创建对应的数据库、用户等，如表 4-3 所示。

表 4-3

Role	Database	User	Password
CM Server	scm	scm	xxxxxx
Activity Monitor	amon	amon	xxxxxx
Reports Manager	rman	rman	xxxxxx
HiveMetastore Server	metastore	hive	xxxxxx
Sentry Server	sentry	sentry	xxxxxx
Cloudera Navigator Audit Server	nav	nav	xxxxxx
Cloudera Navigator Metadata Server	navms	navms	xxxxxx

创建 metastore 数据库和用户，其他用户类似：

```
mysql> create database metastore DEFAULT CHARACTER SET latin1;
```

```
mysql> grant all on metastore.* TO 'hive'@'%' IDENTIFIED BY 'xxxxxx';
mysql> flush privileges;
```

具体详细信息请参考 MySQL 官方配置文档：

```
http://www.cloudera.com/documentation/enterprise/latest/topics/cm_ig_
mysql.html?scroll=cmig_topic_5_5_2_unique_1
```

5. 关闭防火墙和 SELinux

 需要在所有的节点上执行，因为涉及的端口太多了，临时关闭防火墙是为了安装起来更方便，安装完毕后可以根据需要设置防火墙策略，保证集群安全。

关闭防火墙：

```
service iptables stop （临时关闭）
chkconfig iptables off（重启后生效）
```

关闭 SELINUX：

```
setenforce 0 （临时生效）
```

修改 /etc/selinux/config 下的 SELINUX=disabled（重启后永久生效）。

6. 所有节点配置 NTP 服务

要求 CDH 集群的每个节点时间保持同步，请配置集群的 NTP 服务。

7. 配置操作系统内核参数

（1）参数 1：kernel.mm.redhat_transparent_hugepage.defrag

该参数默认值为 always，这可能带来 CPU 利用率过高的问题，需要将其设置为 never，使用如下的 linux 命令：

```
# echo never > /sys/kernel/mm/redhat_transparent_hugepage/defrag
```

为了保证重启生效，可以把这个命令写到/etc/rc.local 文件中，保证每次开机都能调用。

（2）参数 2：vm.swappiness

该参数默认值为 60，这里将其设置为 0，让操作系统尽可能不使用交互分区，有助于提高集群的性能。将该配置参数写入配置文件/etc/sysctl.conf，可以执行下面的命令：

```
# echo "vm.swappiness = 0" >> /etc/sysctl.conf
```

运行如下命令使配置参数生效：

```
# sysctl -p
```

4.3　正式安装 CDH：准备工作

1. 安装 Cloudera Manager Server 和 Agent

首先在主节点（SZB-L0020040）解压安装 CM。

将下载的 CM 包放在/opt/目录中解压：

```
# cd /opt
# tar xzf cloudera-manager*.tar.gz
```

CM Agent 配置

修改/opt/cm-5.7.0/etc/cloudera-scm-agent/config.ini 中的 server_host 为主节点的主机名和端口号：

```
# CM server 的主机名
server_host=SZB-L0020040

# CM server 监听的端口号
server_port=7182
```

同步主节点（SZB-L0020040）的 Agent 到其他节点：

```
# scp -r /opt/cm-5.7.0    SZB-L0020041:/opt/
# scp -r /opt/cm-5.7.0    SZB-L0020042:/opt/
# scp -r /opt/cm-5.7.0    SZB-L0020043:/opt/
```

2. 所有节点都创建 cloudera-scm 用户

```
# useradd --system --home=/opt/cm-5.7.0/run/cloudera-scm-server --no-
create-home --shell=/bin/false --comment "Cloudera SCM User" cloudera-scm
```

3. 为 Cloudera Manager 5 建立数据库（选择存放 CM 元数据的 MySQL 数据库）

首先需要去 MySql 的官网下载 JDBC 驱动，下载地址为：

```
http://dev.mysql.com/downloads/connector/j/
```

下载完成后，进行解压缩，找到 mysql-connector-java-5.1.38-bin.jar 文件并放到/opt/cm-5.7.0/share/cmf/lib/中。

然后在主节点初始化 CM 5 的数据库。

在 MySQL 数据库中创建 scm 用户：

```
mysql> grant all on scm.* TO 'scm'@'%' IDENTIFIED BY 'xxxxxx';
mysql> flush privileges;
```

再执行创建 scm 数据库等操作：

```
# /opt/cm-5.7.0/share/cmf/schema/scm_prepare_database.sh mysql -
hlocalhost -uroot -pxxxxxx --scm-host SZB-L0020040 scm scm scm
```

4. 准备 Parcels，用以安装 CDH5

在 CM Server 上创建存放 Parcels 的目录并修改属主和属组：

```
# mkdir -p /opt/cloudera/parcel-repo
# chown cloudera-scm:cloudera-scm /opt/cloudera/parcel-repo
```

在集群的每个节点创建目录：

```
# mkdir -p /opt/cloudera/parcels
# chown cloudera-scm:cloudera-scm /opt/cloudera/parcels
```

 如果 CM5 安装包解压缩就存在上面两个目录，那么就不需要创建此目录了。

将 CDH5 相关的 Parcel 包放到主节点的/opt/cloudera/parcel-repo/目录中。

相关的文件如下：

```
CDH-5.7.0-1.cdh5.7.0.p0.45-el6.parcel
CDH-5.7.0-1.cdh5.7.0.p0.45-el6.parcel.sha1
manifest.json
```

最后，将 CDH-5.7.0-1.cdh5.7.0.p0.45-el6.parcel.sha1 重命名为 CDH-5.7.0-1.cdh5.7.0.p0.45-el6.parcel.sha，这点必须注意，否则，系统会重新下载 CDH-5.7.0-1.cdh5.7.0.p0.45-el6.parcel 文件。

5. CM 相关启动脚本

通过/opt/cm-5.7.0/etc/init.d/cloudera-scm-server start 启动服务端。

通过/opt/cm-5.7.0/etc/init.d/cloudera-scm-agent start 启动 Agent 服务。

我们启动的其实是个 service 脚本，需要停止服务将以上的 start 参数改为 stop 就可以了，重启是 restart。

针对我们的环境，需要在 SZB-L0020040 主节点上启动 Server 和 Agent，然后其余节点启动 Agent 服务。

4.4 正式安装 CDH5：安装配置

4.4.1 CDH5 的安装配置

Cloudera Manager Server 和 Agent 都启动以后，就可以进行 CDH5 的安装配置了。这时我们可以通过浏览器访问主节点的 7180 端口测试一下了（由于 CM Server 的启动需要花点时间，这里可能要等待一会才能访问），默认的用户名和密码均为 admin，如图 4-1 所示。

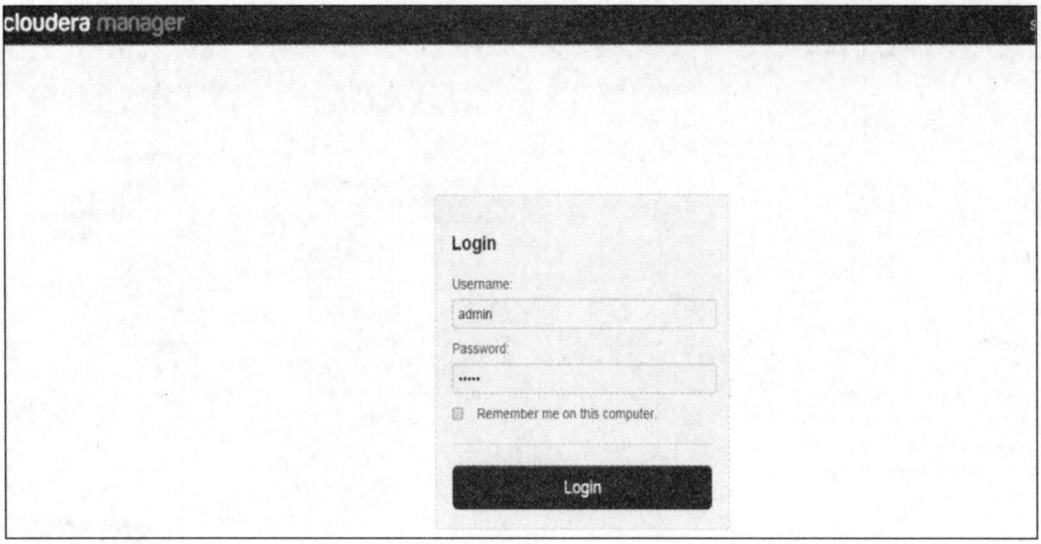

图 4-1

输入用户名和密码后，单击 Login 进行登录，进入下一步骤，如图 4-2 所示。

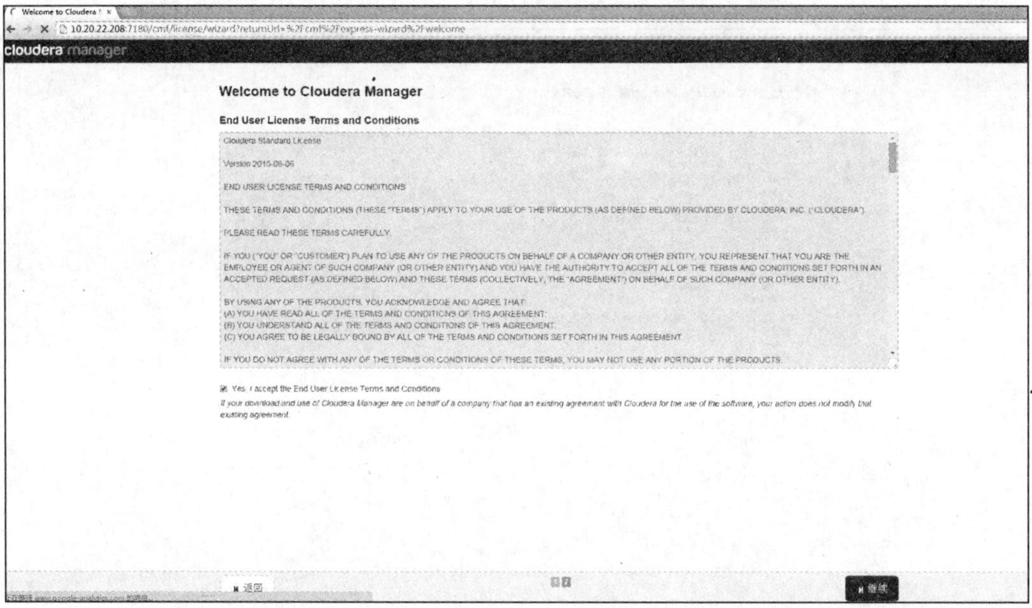

图 4-2

选中同意协议，并单击"继续"。可以看到，免费版本的 CM5 已经没有原来 50 个节点数量的限制了。我这里可以选用企业试用版，体验一些功能，如图 4-3 所示。

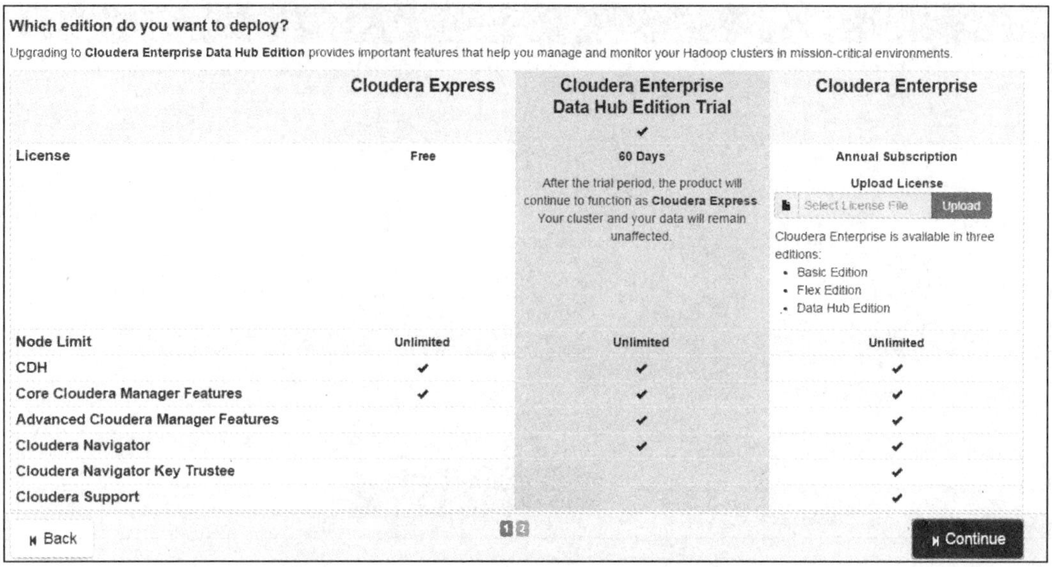

图 4-3

继续单击 Continue，进入下一步，如图 4-4 所示。

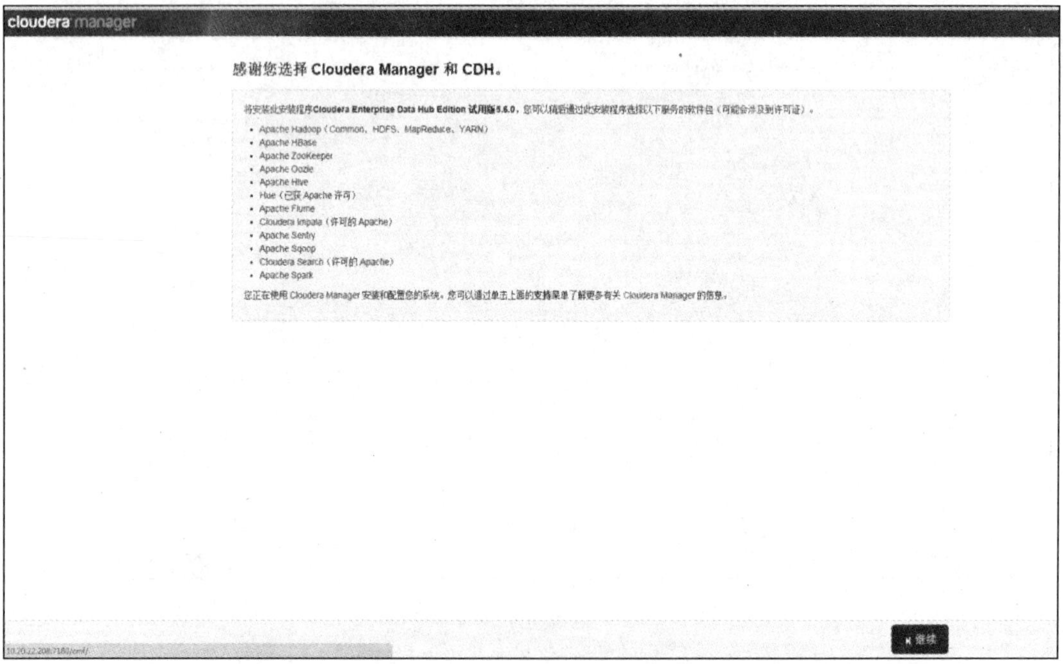

图 4-4

感谢选择 CM 和 CDH，列出 CDH 中集成的组件清单，单击"继续"。

各个 Agent 节点正常启动后，可以在当前管理的主机列表中看到对应的节点，选择要安装的节点。对于我们的集群环境，选择 4 个节点，单击"继续"，进入下一步，如图 4-5 所示。

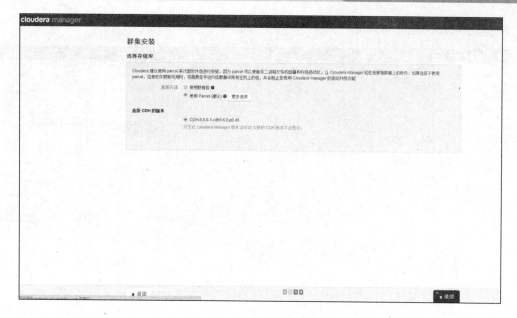

图 4-5

　　这一步出现了我们需要安装的 CDH 版本号，说明本地 Parcel 包配置无误，直接单击"继续"，进入下一步，如图 4-6 所示。

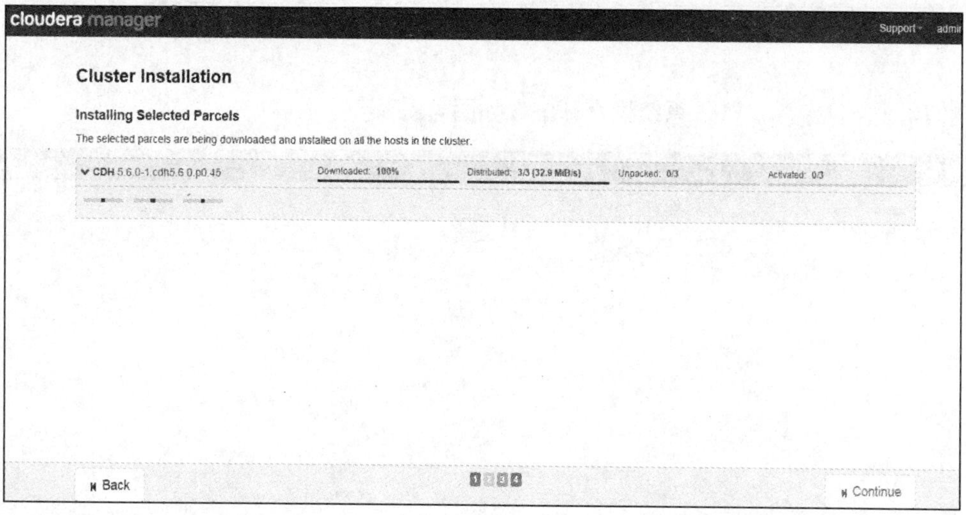

图 4-6

　　如果配置本地 Parcel 包无误，那么图 4-6 中的"Downloaded"应该是瞬间就完成，然后就是耐心等待分配过程，解包过程和激活过程，一般 10~20 分钟，取决于内网网速。

　　这一步骤其实做了几个事情：

（1）从 CM Server 节点分发 CDH-5.7.0-1.cdh5.7.0.p0.45-el6.parcel 到每个 CM Agent 节点。

（2）解压每个 CM Agent 下的 CDH-5.7.0-1.cdh5.7.0.p0.45-el6.parcel 包。

（3）激活每个 CM Agent 的 CDH。

激活完成后的状态，如图 4-7 所示。

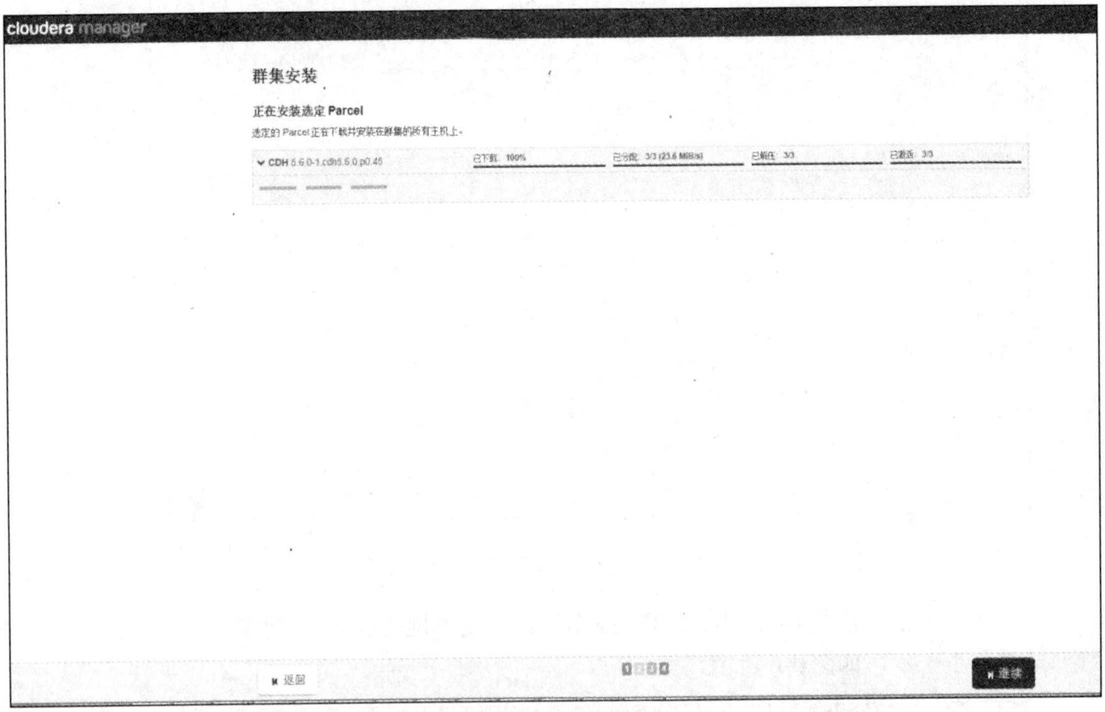

图 4-7

我们单击"继续"，进入系统检查环节，如图 4-8 所示。

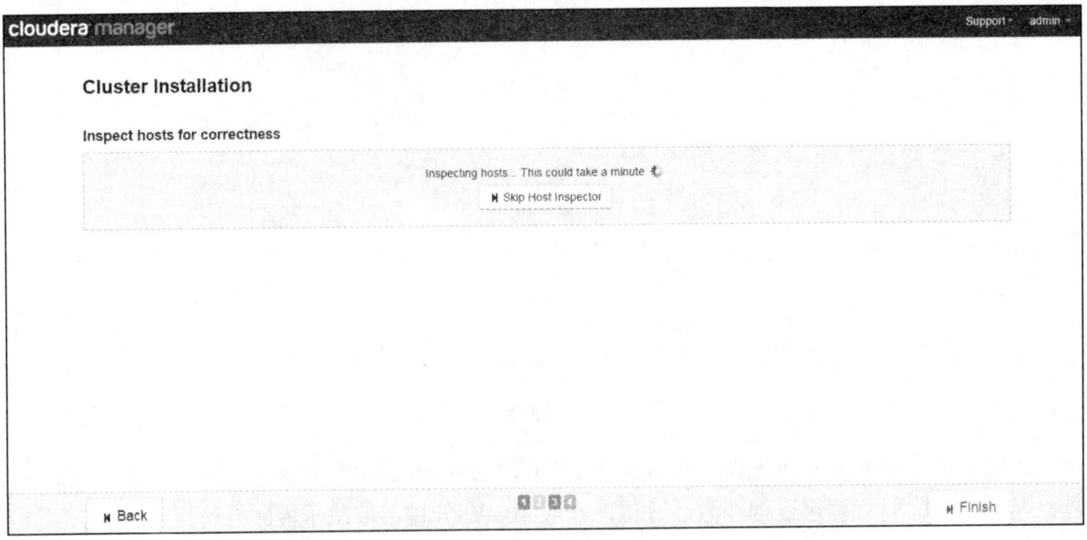

图 4-8

如果你的环境检查有问题，根据提示修改后再次检查，直到所有问题消除为止。

接下来是选择安装服务，这里选择安装所有的服务的方式，如图 4-9 所示。

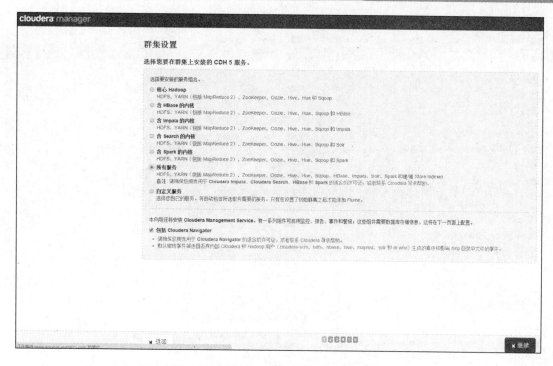

图 4-9

　　选择好安装的服务组合后，进入服务配置环节，一般情况下保持默认就可以了（Cloudera Manager 会根据机器的配置自动进行配置，如果需要特殊调整，自行进行设置就可以了），如图 4-10~图 4-12 所示。

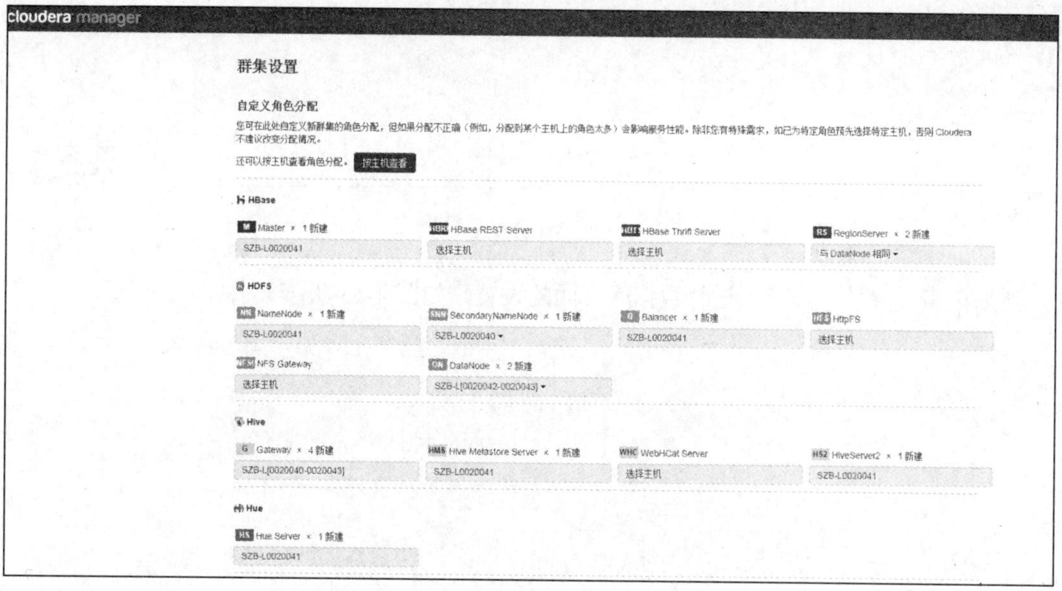

图 4-10

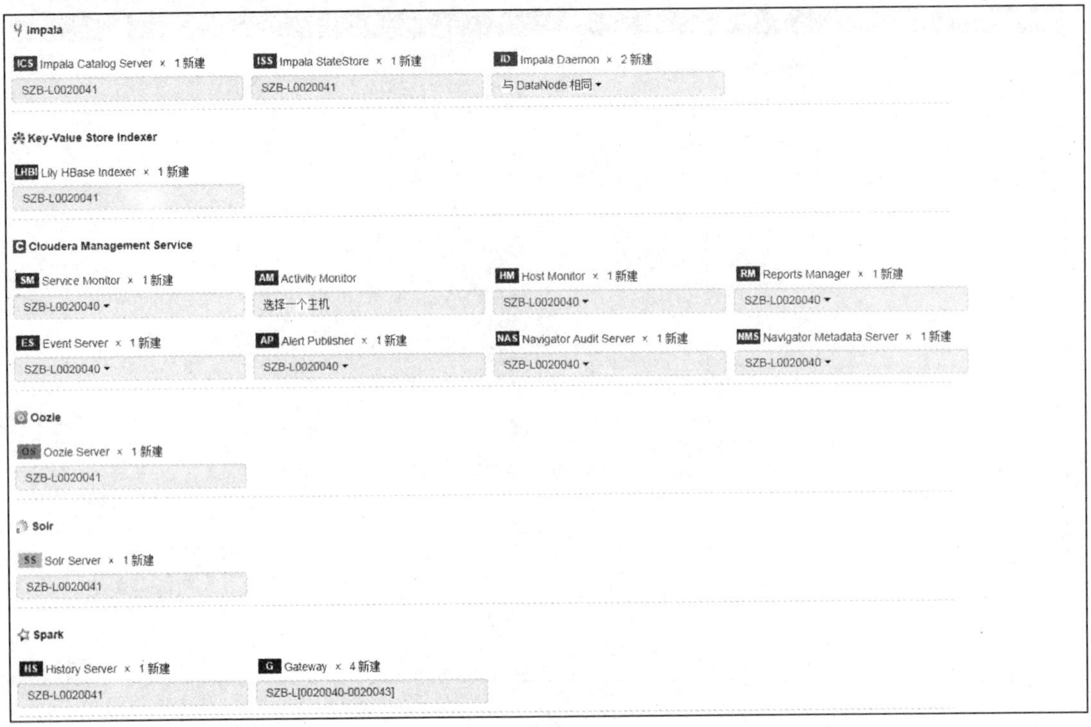

图 4-11

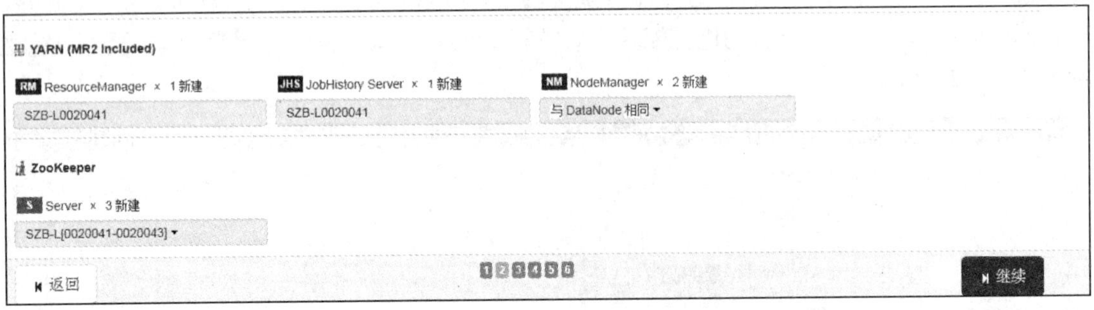

图 4-12

然后单击“继续”，开始进行数据库方面的设置，如图 4-13 所示。

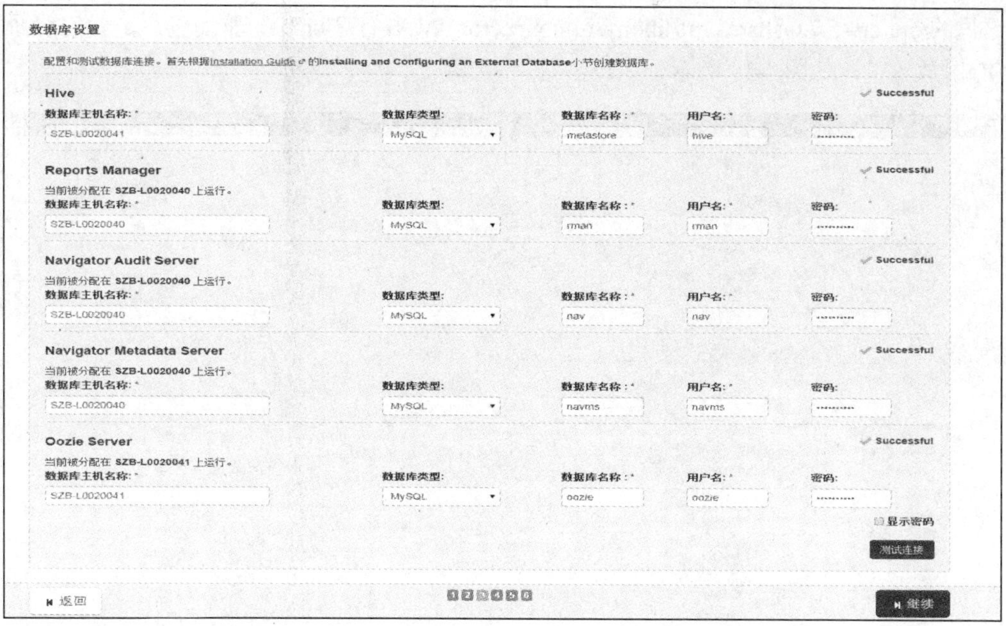

图 4-13

配置好后，进行测试连接。检查通过后单击"继续"就可以进行下一步操作了。

下面是集群设置页面，根据实际情况配置，这里我只截图一小部分，如图 4-14 所示。

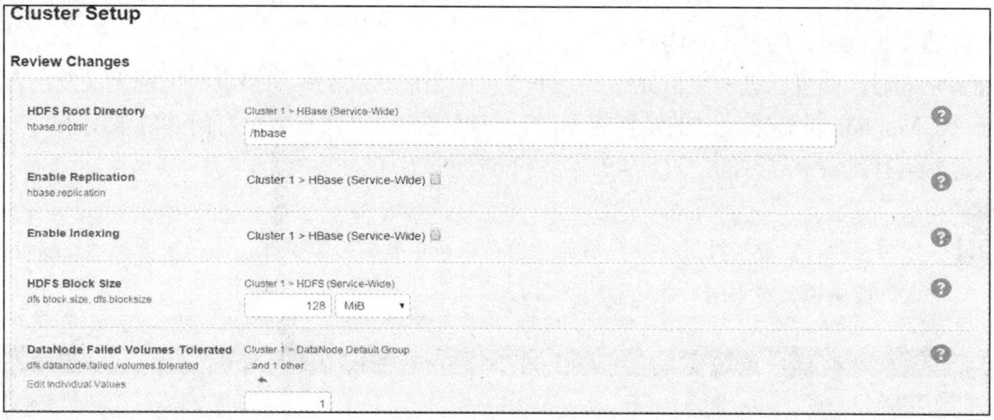

图 4-14

下面我们正式进入安装各个服务的重要步骤了。

> 这里安装 Hive 的时候会报错，因为我们使用了 MySQL 作为 Hive 的元数据存储，Hive 默认
> 没有带 MySQL 的驱动，通过以下命令复制 MySQL 的驱动就可以了（所有 Hive 节点都执行
> 此操作）：

```
# cp /opt/cm-5.7.0/share/cmf/lib/mysql-connector-java-5.1.38-bin.jar
/opt/cloudera/parcels/CDH-5.7.0-1.cdh5.7.0.p0.45/lib/hive/lib/
```

这里的/opt/cm-5.7.0/share/cmf/lib/mysql-connector-java-5.1.38-bin.jar 驱动包，是我们前面安装 MySQL 时放置的，如图 4-15 所示。

图 4-15

服务的安装过程大约半小时内就可以完成。

安装完成后，就可以进入集群界面看一下集群的当前状况了。如果页面出现无法发出查询，对 Service Monitor 的请求超时的错误提示时，在确定各个组件安装没有问题的情况下，一般是因为服务器运行比较卡导致的，过一会刷新一下页面就好了。

根据经验，一般情况下安装完后此页面有很多告警和异常情况，需要根据提示逐项进行修改。图 4-16 是我们进行优化后的页面。

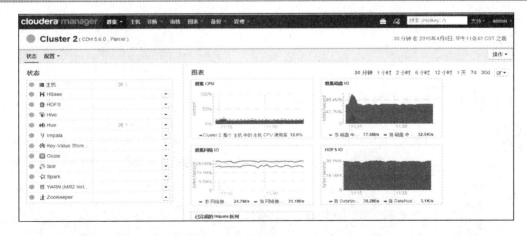

图 4-16

到目前为止，我们基于 CM 部署的 CDH 大数据平台就搭建起来了。

4.4.2　对 Hive、HBase 执行简单操作

下面我们对 Hive、HBase 执行简单操作，确保 Kylin 依赖的环境没有问题。另外需要说明的是，我们后续会给 Kylin 单独部署一套 HBase 集群环境。

1. Hive 简单操作

（1）创建数据库和表并导入本地数据，如图 4-17 所示。

```
# su - hdfs
$ hive
Logging initialized using configuration in jar:file:/opt/cloudera/parcels/CDH-5.7.0-1.cdh5.7.0.p0.45/jars/hive-common-1.1.0-cdh5.7.0.jar
WARNING: Hive CLI is deprecated and migration to Beeline is recommended.
hive> create database hellokylin;
OK
Time taken: 1.698 seconds
hive> use hellokylin;
OK
Time taken: 0.042 seconds
hive> create table kylin(id int,name string) row format delimited fields terminated by '|' lines terminated by '\n' stored as textfile;
OK
Time taken: 0.43 seconds
hive> load data local inpath '/var/lib/hadoop-hdfs/hellokylin.txt' into table kylin;
Loading data to table hellokylin.kylin
Table hellokylin.kylin stats: [numFiles=1, totalSize=32]
OK
Time taken: 0.77 seconds
hive> select id,name from kylin;
OK
1       Hadoop
2       HBase
3       Hive
4       Kylin
Time taken: 0.473 seconds, Fetched: 4 row(s)
hive>
```

图 4-17

其中/var/lib/hadoop-hdfs/hellokylin.txt 是自己构造的数据文件，里面的每一行有两列，以竖线分隔。

（2）验证 MapRduce

上面直接查表数据操作是不会提交 MapReduce 程序的，我们这里使用 group by 操作，执行 MapReduce 程序，如图 4-18 所示。

```
hive> select id,count(1) from kylin group by id;
Query ID = hdfs_20160731094343_e435a7a0-84b3-4d22-931d-3527ff283b77
Total jobs = 1
Launching Job 1 out of 1
Number of reduce tasks not specified. Estimated from input data size: 1
In order to change the average load for a reducer (in bytes):
  set hive.exec.reducers.bytes.per.reducer=<number>
In order to limit the maximum number of reducers:
  set hive.exec.reducers.max=<number>
In order to set a constant number of reducers:
  set mapreduce.job.reduces=<number>
Starting Job = job_1469373167347_0041, Tracking URL = http://SZB-L0023777:8088/proxy/application_1469373167347_0041/
Kill Command = /opt/cloudera/parcels/CDH-5.7.0-1.cdh5.7.0.p0.45/lib/hadoop/bin/hadoop job  -kill job_1469373167347_0041
Hadoop job information for Stage-1: number of mappers: 1; number of reducers: 1
2016-07-31 09:51:05,179 Stage-1 map = 0%,  reduce = 0%
2016-07-31 09:51:13,665 Stage-1 map = 100%,  reduce = 0%, Cumulative CPU 1.77 sec
2016-07-31 09:51:22,097 Stage-1 map = 100%,  reduce = 100%, Cumulative CPU 3.8 sec
MapReduce Total cumulative CPU time: 3 seconds 800 msec
Ended Job = job_1469373167347_0041
MapReduce Jobs Launched:
Stage-Stage-1: Map: 1  Reduce: 1   Cumulative CPU: 3.8 sec   HDFS Read: 6860 HDFS Write: 16 SUCCESS
Total MapReduce CPU Time Spent: 3 seconds 800 msec
OK
1       1
2       1
3       1
4       1
Time taken: 30.231 seconds, Fetched: 4 row(s)
hive>
```

图 4-18

根据执行过程，可以看出 MapReduce 程序有一个 mapper 和一个 reducer 操作。

2. HBase 简单操作

（1）创建表 kylin 并插入一条记录，如图 4-19 所示。

```
hbase(main):001:0> create 'kylin','info'
0 row(s) in 2.9560 seconds

=> Hbase::Table - kylin
hbase(main):002:0> put 'kylin','100001','info:id','1'
0 row(s) in 0.1800 seconds

hbase(main):003:0> put 'kylin','100001','info:name','Hadoop'
0 row(s) in 0.0120 seconds
```

图 4-19

（2）查看表数据，总行数和表结构，如图 4-20 所示。

```
hbase(main):007:0> scan 'kylin'
ROW                              COLUMN+CELL
 100001                          column=info:id, timestamp=1469930920802, value=1
 100001                          column=info:name, timestamp=1469930934184, value=Hadoop
1 row(s) in 0.0210 seconds

hbase(main):008:0> count 'kylin'
1 row(s) in 0.0410 seconds

=> 1
hbase(main):009:0> describe 'kylin'
Table kylin is ENABLED
kylin
COLUMN FAMILIES DESCRIPTION
{NAME => 'info', DATA_BLOCK_ENCODING => 'NONE', BLOOMFILTER => 'ROW', REPLICATION_SCOPE => '0', VERSIONS => '1', CO
TED_CELLS => 'FALSE', BLOCKSIZE => '65536', IN_MEMORY => 'false', BLOCKCACHE => 'true'}
1 row(s) in 0.0620 seconds

hbase(main):010:0> █
```

图 4-20

好了，咱们就简单对 Hive 和 HBase 介绍到此，因为我们本书的重点是深入研究 Kylin。下一章我们将基于 CDH 来部署 Kylin 的大数据分析平台。

第 5 章
使用Kylin构建企业大数据分析平台的4种部署方式

本节重点介绍如何使用 Kylin 来构建大数据分析平台。

根据官网介绍，其实部署 Kylin 非常简单，称为非侵入式安装，也就是不需要去修改已有的 Hadoop 大数据平台。你只需要根据环境下载适合的 Kylin 安装包，选择一个 Hadoop 节点部署即可，Kylin 使用标准的 Hadoop API 跟各个组件进行通信，不需要对现有的 Hadoop 安装额外的 Agent。

5.1　Kylin 部署的架构

Kylin 部署的架构是一个分层的结构，如图 5-1 所示。

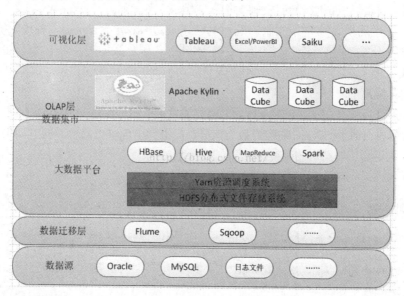

图 5-1

最底层是数据来源层，我们可以通过 Sqoop 等工具将数据迁移到 HDFS 分布式文件系统。Kylin 依赖 Hadoop 平台，包括组件 HBase、Hive、MapReduce 等，即 Kylin 运行在 Hadoop 构建的大数据平台层之上。Kylin 分析平台部署好之后，各业务系统连接 Kylin 做相关计算时，Kylin 就把压力转移到 Hadoop 平台上做并行计算和查询。

5.2 Kylin 的四种典型部署方式

对于 Kylin 的部署架构，一般有四种典型部署方式，从简单到复杂。

1. 第一种方式

单实例部署方式（Single instance）。在 Hadoop 集群的一个节点上部署，然后启动即可。建模人员通过 Kylin Web 登录，进行建模和创建 Cube。业务分析系统等发送 SQL 到 Kylin，Kylin 查询 Cube 并返回结果。

这种部署最大特点是简单快捷，而是单点，如果并发请求比较多（QPS > 50），单台 Kylin 节点将成为瓶颈，所以推荐使用集群（Cluster）部署方式。

2. 第二种方式

Kylin 部署集群方式相对来说也简单，只需要增加 Kylin 的节点数，因为 Kylin 的元数据（Metadata）是存储在 HBase 中，只需要在 Kylin 中配置，让 Kylin 的每个节点都能访问同一个 Metadata 表就形成了 Kylin 集群（kylin.metadata.url 值相同），并且 Kylin 集群中只有一个 Kylin 实例运行任务引擎（kylin.server.mode＝all），其他 Kylin 实例都是查询引擎（kylin.server.mode=query）模式。通常可以使用 LDAP 来管理用户权限。

为了实现负载均衡，即将不同用户的访问请求通过 Load Balancer（负载均衡器）（比如 lvs、Nginx 等）分发到每个 Kylin 节点，保证 Kylin 集群负载均衡。对于负载均衡器可以启用 SSL 加密，安装防火墙，对外部用户只用暴露负载均衡器的地址和端口号，这样也保证 Kylin 系统对外部来说是隔离的。

我们的生产环境中使用的 LB 是 Nginx，用户通过 LB 的地址访问 Kylin 时，LB 将请求通过负载均衡调度算法分发到 Kylin 集群的某一个节点，不会出现单点问题，同时如果某一个 Kylin 节点挂掉了，也不会影响用户的分析。

这种方式也不是完美的，但是一般场景下是可以满足的。

3. 第三种方式

Kylin 非常适合读写分离，原因是 Kylin 的工作负载有两种：

● Cube 的计算，调用 MapReduce 进行批量计算，而且延时很长的计算，需要密集的 CPU 和 IO 资源。
● 在线的实时查询计算，就是 Cube 计算结束后进行查询，而且都是只读的操作，要求响应快，延迟低。

通过分析，我们发现第一种 Cube 的计算会对集群带来很大负载，从而会影响在线的实时查询计算，所以需要做读写分离。如果你的环境，基本都是利用夜间执行 Cube 计算，白天上班时间进行查询分析，那么可以考虑采用第三种部署方式。

其实 Kylin 也很容易部署这种组网方式。你需要单独部署一套 HBase 集群，在部署 Kylin 时，Hadoop 配置项指向运算的集群，HBase 的配置项指向单独部署的 HBase 集群。说白了，就是 Hadoop 和 HBase 集群的分离。

这种部署方式通常有以下步骤：

（1）分布部署 Hadoop（MapReduce 计算集群，以下简称计算）集群和 HBase（HDFS 存储，以下简称存储）集群；两套集群环境的 Hadoop 核心版本要一致，分别有各自的 HDFS、Zookeeper 等组件。

（2）在准备运行 Kylin 的服务器上，安装和配置 Hadoop（计算）集群的客户端；通过 hadoop、hdfs、hive、mapred 等命令，可以访问 Hadoop 集群上的服务和资源。

（3）在准备运行 Kylin 的服务器上，安装和配置 HBase（存储）集群的 HBase 客户端；通过 hbase 命令，可以访问和操作 HBase 集群。

（4）确保 Hadoop（计算）集群和 HBase（存储）集群的网络互通，且无须额外验证；可以从 Hadoop（计算）集群的任一节点上，复制文件到 HBase（存储）集群的任一节点。

（5）确保在准备运行 Kylin 的服务器上，通过 HDFS 命令行加上 HBase 集群 NameNode 地址的方式（比如 hdfs dfs -ls hdfs://pro-jsz800000:8020/），可以访问和操作存储集群的 HDFS。

（6）为了提升 Kylin 查询响应效率，准备运行 Kylin 的服务器，在网络上应靠近 HBase 集群，以确保密集查询时的网络低延迟。

（7）编辑 conf/kylin.properties，设置 kylin.hbase.cluster.fs 为 HBase 集群 HDFS 的 URL，例如：kylin.hbase.cluster.fs=hdfs://pro-jsz800000:8020。

（8）重启 Kylin 服务实例。

4. 第四种方式

前面三种方式，应该是绝大多数公司或个人研究采用的部署方式，其实还有一种更高级的部署是 Staging 和 production 多环境的部署。其实做开发的一般都会经历这样的环境，我们一个需求完成后，首先会进行开发环境测试，然后部署到 Staging（可以理解为 Production 生产环境的镜像，或者测试环境），最后没有问题后才会发布到 Production 生产环境，这样做可以避免不当的设计导致对生产环境的破坏。

使用这种方案的场景：

假如一个新用户使用 Kylin，可能他对 Cube 设计不是很熟悉，创建了一个非常不好的 Cube，导致 Cube 计算时产生大量的不必要的运算，或者查询花费的时间很长，会对其他业务造成影响。我们不希望这个有问题的 Cube 能进入生产环境，那么就需要建立一个 Staging 环境，或者成为 QA 的环境。

Kylin 提供了一个工具，几分钟就可以将一个 Cube 从 Staging 环境迁移到 Production 环境，不需要在新环境中重新 build。因为在生产环境的 Cube，将不允许修改，只能做增量的 build。这样做保证了 Staging 和 Production 的分离，保证发布到 Production 上的 Cube 都是经过评审过的，所以对 Production 环境不会造成不可预料的影响，从而保证了 Production 环境的稳定。

第 6 章
◄ 单独为Kylin部署HBase集群 ►

如果你的 CDH 大数据平台的 HBase 集群已经为其他部门提供服务，为了保证 Kylin 读写 Cube 数据性能的稳定，你打算给 Kylin 单独部署一套 HBase 集群环境，这也是非常推荐的做法。

如果朋友们不想单独部署一套 HBase 集群，打算使用 CDH 5.7.0 自带的 HBase 集群，那么可以跳过本章，直接进入下一章学习。或者朋友们可以直接看本章的最后内容，介绍 HBase 的基本操作。

上一节我们已经介绍了使用 Kylin 构建企业级大数据分析平台的 4 种部署方式后，本节将正式进入搭建 Kylin 环境的实战环节，迫不及待了吧。为了方便更广大朋友的实战体验，我们选择第三种方式，将 Kylin 搭建在已有的 CDH Hadoop 集群上面，但是必须说明的是，我们的环境没有采用 HBase 和 Hadoop 分离部署的方式，而是将 HBase 部署在已有的 CDH Hadoop 平台上面，然后我们做了控制资源分配的方案，满足现有的作业要求。如果条件允许的话，最佳实践还是单独部署一套 HBase 集群，独立于 Hadoop 集群。

开始进入部署 HBase 集群环境，以及简单介绍一下 HBase 的基本操作，但不会太深入，毕竟我们本书的重点还是要探讨 Kylin 的世界，建议朋友可以阅读《HBase 权威指南》。

在正式部署 HBase 集群之前，说明几点：

● 为了统一管理，我们将 Kylin 和 HBase 都部署到 Kylin 用户下面。

● HBase 的端口号和相关路径进行调整，避免和 CDH 的 HBase 默认的端口号冲突。

● 如果资源允许的话，建议单独申请新机器部署 HBase 集群。

● Hive 不需要单独部署，使用 CDH 集成的。

● 选择的 HBase 版本号为 1.1.5 版本，如果你部署时 HBase 有最新的 1.1.x 版本，那么就选择最新的吧，可以解决一些 Bug。

为了和 Kylin 最新版本以及 CDH 5.7.0 包含的 Hadoop 和 Hive 有比较好的兼容，目前最好选择 HBase 1.1.x 版本。

下面详解部署 HBase 集群环境。

1. 步骤一：为 HBase 和 Kylin 创建统一的 Linux 管理用户

这一步需要在所有的 HBase 节点上，为 HBase 和 Kylin 创建统一的 Linux 管理用户。

#后面的命令表示使用 root 用户执行的命令，$后面的命令代表使用 kylin 用户执行的命令。

```
# groupadd -g 1001 kylin
# useradd -m -d /var/lib/kylin -g kylin -u 2002 kylin
# passwd kylin
```

2. 步骤二：创建信任关系

在 Linux 不同机器中创建信任关系的方式有很多种，感兴趣的朋友可以自主到网上搜索。我之前也开发了一些工具，只要指定机器的 IP 或主机名列表（包括系统用户名和密码）就可以自动在集群之间创建信任关系。由于代码比较多，本书中展示不太方便，感兴趣的朋友可以联系我，后续我也会开源到 github，或者也可以关注我的 CSDN 博客。

这里我们使用简单的方式来创建信任关系，如下几个步骤：

为了演示方便，假如 HBase 有 2 个节点，192.168.1.128（gpmaster）和 192.168.1.129（gpseg）。

（1）所有 HBase 集群节点登录 kylin 用户。

```
# su - kylin
$ ssh-keygen -t rsa
```

然后一直按回车键即可，最终会在 kylin 用户产生一个.ssh 目录，里面包含密钥和公钥，如下列出文件：

```
$ ls -l .ssh
-rw------- 1 kylin kylin 1671 7月  23 08:35 id_rsa
-rw-r--r-- 1 kylin kylin  396 7月  23 08:35 id_rsa.pub
```

（2）将 192.168.1.128 的公钥通过 ssh-copy-id 命令复制到 192.168.1.129。

```
$ ssh-copy-id 192.168.1.129
```

执行上面的命令，根据提示可能需要输入 yes 和必须输入 192.168.1.129 的 kylin 用户密码，如下所示：

```
The authenticity of host '192.168.1.129 (192.168.1.129)' can't be
established.
RSA key fingerprint is
27:43:7c:0a:7d:74:0a:55:36:68:dd:7c:08:e6:4b:18.
Are you sure you want to continue connecting (yes/no)? yes
Warning: Permanently added '192.168.1.129' (RSA) to the list of known
hosts.
kylin@192.168.1.129's password:
Now try logging into the machine, with "ssh '192.168.1.129'", and
```

```
check in:
   .ssh/authorized_keys
   to make sure we haven't added extra keys that you weren't expecting.
```

（3）免密码登录。

使用 ssh 尝试免密码登录 192.168.1.129 的 kylin 用户：

```
[kylin@gpmaster ~]$ ssh 192.168.1.129
Last login: Sat Jul 23 08:37:47 2016 from gpmaster
[kylin@gpseg ~]$
```

（4）如果你还希望 192.168.1.129 可以免密码登录到 192.168.1.128 的 kylin 用户，再次使用上面同样的方法。

这种方法的好处是，不需要手动复制公钥文件和配置 authorized_keys 文件，都是命令自动完成的。

有的朋友喜欢将所有节点的公钥全部加入到一个文件，然后再复制到所有节点用户下的.ssh/authorized_keys 文件中。

3. 步骤三：下载并安装 HBase（选择 HBase Master 节点操作，比如 SZB-L0023777）

如果你的 Linux 节点可以连接外网，那么可以在 kylin 用户下面直接使用 wget 方式下载：

```
$ wget https://mirrors.tuna.tsinghua.edu.cn/apache/hbase/1.1.5/hbase-1.1.5-bin.tar.gz
```

如果无法连接外网那么可以从外部下载好之后上传到 Linux 节点的 kylin 用户下面，HBase 的官网为：http://hbase.apache.org。

对 HBase 的安装包进行解压缩以及创建软链接：

```
$ tar -zxvf hbase-1.1.5-bin.tar.gz
$ ln -s hbase-1.1.5 hbase
```

查看 kylin 用户家目录：

```
$ ls -l
lrwxrwxrwx 1 kylin kylin       11 7月  23 09:36 hbase -> hbase-1.1.5
drwxrwxr-x 7 kylin kylin     4096 7月  23 09:36 hbase-1.1.5
-rw-rw-r-- 1 kylin kylin 112050155 5月   9 14:31 hbase-1.1.5-bin.tar.gz
```

4. 步骤四：配置 HBase 集群环境（选择 HBase Master 节点操作，比如 SZB-L0023777）

（1）配置 hbase-env.sh

```
#使用 CDH 环境的 JDK
```

```
export JAVA_HOME=/usr/java/latest
export HBASE_OPTS="-Xmx268435456 -XX:+HeapDumpOnOutOfMemoryError -
XX:+UseConcMarkSweepGC -XX:+CMSIncrementalMode -
Djava.net.preferIPv4Stack=true $HBASE_OPTS"
#可以对 Master 和 RegionServer 单独设置
# Configure PermSize. Only needed in JDK7. You can safely remove it
for JDK8+
export HBASE_MASTER_OPTS="$HBASE_MASTER_OPTS -XX:PermSize=128m -
XX:MaxPermSize=128m"
export HBASE_REGIONSERVER_OPTS="$HBASE_REGIONSERVER_OPTS -
XX:PermSize=128m -XX:MaxPermSize=128m"
export HBASE_LOG_DIR=${HBASE_HOME}/logs

#建议修改 HBase 的 pid 文件路径，默认在/tmp 目录下面
export HBASE_PID_DIR=${HBASE_HOME}/logs

#使用 CDH 的 ZooKeeper 集群环境
export HBASE_MANAGES_ZK=false
```

（2）配置 regionservers

将 HBase 集群的 RegionServers 都加入到 regionservers 文件中如下：

```
SZB-L0023776
SZB-L0023777
SZB-L0023778
SZB-L0023779
SZB-L0023780
```

这里说明一下，其实这些主机名和对样的 IP 地址都需要加入到主机的/etc/hosts 文件中，因为我们是基于 CDH 环境搭建的，其实都已经配置好了，这里给大家再提一下：

```
10.20.18.16      SZB-L0023776
10.20.17.244     SZB-L0023777
10.20.18.25      SZB-L0023778
10.20.18.28      SZB-L0023779
10.20.18.24      SZB-L0023780
```

（3）配置 HBase 的核心配置文件 hbase-site.xml

这里我配置的内容比较多，有些都是端口号配置，因为要避免和已有的 CDH 的 HBase 集群的端口号冲突。如果你的 CDH 环境没有部署 HBase 集群，那么只要基本的 HBase 配置项就可以了。

完整配置内容如下（有点多，请朋友们谅解）：

```xml
<configuration>
  <property>
    <name>hbase.rootdir</name>
    <value>hdfs://SZB-L0023776:8020/hbaseforkylin</value>
  </property>

  <property>
    <name>hbase.client.write.buffer</name>
    <value>2097152</value>
  </property>

  <property>
    <name>hbase.client.pause</name>
    <value>100</value>
  </property>

  <property>
    <name>hbase.client.retries.number</name>
    <value>35</value>
  </property>

  <property>
    <name>hbase.client.scanner.caching</name>
    <value>100</value>
  </property>

  <property>
    <name>hbase.client.keyvalue.maxsize</name>
    <value>10485760</value>
  </property>

  <property>
    <name>hbase.ipc.client.allowsInterrupt</name>
    <value>true</value>
  </property>

  <property>
    <name>hbase.client.primaryCallTimeout.get</name>
    <value>10</value>
```

```xml
</property>

<property>
  <name>hbase.client.primaryCallTimeout.multiget</name>
  <value>10</value>
</property>

<property>
  <name>hbase.regionserver.thrift.http</name>
  <value>false</value>
</property>

<property>
  <name>hbase.thrift.support.proxyuser</name>
  <value>false</value>
</property>

<property>
  <name>hbase.rpc.timeout</name>
  <value>60000</value>
</property>

<property>
  <name>hbase.snapshot.enabled</name>
  <value>true</value>
</property>

<property>
  <name>hbase.snapshot.master.timeoutMillis</name>
  <value>60000</value>
</property>

<property>
  <name>hbase.snapshot.region.timeout</name>
  <value>60000</value>
</property>

<property>
  <name>hbase.snapshot.master.timeout.millis</name>
```

```
      <value>60000</value>
  </property>


<property>
  <name>hbase.security.authentication</name>
  <value>simple</value>
</property>


<property>
  <name>hbase.rpc.protection</name>
  <value>authentication</value>
</property>


<property>
  <name>zookeeper.session.timeout</name>
  <value>60000</value>
</property>

<property>
  <name>zookeeper.znode.parent</name>
  <value>/hbaseforkylin</value>
</property>


<property>
  <name>zookeeper.znode.rootserver</name>
  <value>root-region-serverforkylin</value>
</property>

<property>
  <name>hbase.zookeeper.quorum</name>
  <value>SZB-L0023778,SZB-L0023779,SZB-L0023780</value>
</property>


<property>
  <name>hbase.zookeeper.property.clientPort</name>
  <value>2181</value>
</property>


<property>
```

```
    <name>hbase.rest.ssl.enabled</name>
    <value>false</value>
</property>

<property>
    <name>hbase.regionserver.port</name>
    <value>36020</value>
</property>


<property>
    <name>hbase.regionserver.info.port</name>
    <value>36030</value>
</property>

<property>
    <name>hbase.master.port</name>
    <value>36000</value>
</property>

<property>
    <name>hbase.master.info.port</name>
    <value>36010</value>
</property>

<property>
    <name>hbase.rest.port</name>
    <value>30550</value>
</property>

<property>
    <name>hbase.status.multicast.address.port</name>
    <value>36100</value>
</property>


<property>
 <name>hbase.rest.info.port</name>
 <value>38085</value>
```

```
  </property>

  <property>
    <name>hbase.regionserver.thrift.port</name>
    <value>39090</value>
  </property>

  <property>
    <name>hbase.thrift.info.port</name>
    <value>39095</value>
  </property>
 <property>
    <name>hbase.cluster.distributed</name>
    <value>true</value>
  </property>

</configuration>
```

配置中核心的部分内容包括 HBase 的数据根目录、HBase 使用的 ZooKeeper 集群主机地址列表和端口号、HBase 在 ZooKeeper 中的 znode 节点目录等。

（4）配置 HBase 环境变量

在 kylin 的家目录的.bashrc 加入如下内容：

```
export HBASE_HOME=/var/lib/kylin/hbase
export PATH=$HBASE_HOME/bin:$PATH
```

执行 source 使环境变量生效：

```
$ source .bashrc
```

验证环境变量是否生效：

```
$ which hbase
~/hbase/bin/hbase
```

（5）将 HBase 的 Master 节点的 hbase-1.1.5 和.bashrc 复制到所有的其他 HBase 集群节点上，比如：

```
$ scp -r hbase-1.1.5 SZB-L0023776:~/
$ scp -r .bashrc SZB-L0023776:~/
```

然后在每个节点上也创建软链接。

5. 步骤五：启动 HBase 集群

在启动之前说一下，最好将 HBase Master 节点自身也创建信任关系。

在 Master 节点启动 HBase 集群，如图 6-1 所示。

```
[kylin@SZB-L0023777 ~]$ start-hbase.sh
starting master, logging to /var/lib/kylin/hbase/logs/hbase-kylin-master-SZB-L0023777.out
SZB-L0023777: starting regionserver, logging to /var/lib/kylin/hbase/logs/hbase-kylin-regionserver-SZB-L0023777.out
SZB-L0023778: starting regionserver, logging to /var/lib/kylin/hbase/logs/hbase-kylin-regionserver-SZB-L0023778.out
SZB-L0023780: starting regionserver, logging to /var/lib/kylin/hbase/logs/hbase-kylin-regionserver-SZB-L0023780.out
SZB-L0023776: starting regionserver, logging to /var/lib/kylin/hbase/logs/hbase-kylin-regionserver-SZB-L0023776.out
SZB-L0023779: starting regionserver, logging to /var/lib/kylin/hbase/logs/hbase-kylin-regionserver-SZB-L0023779.out
[kylin@SZB-L0023777 ~]$
```

图 6-1

在 Master 节点查看进程，如图 6-2 所示。

在 RegionServer 查看进程，如图 6-3 所示。

```
[kylin@SZB-L0023777 ~]$ jps
28067 Jps
27369 HMaster
27556 HRegionServer
[kylin@SZB-L0023777 ~]$
[kylin@SZB-L0023777 ~]$
```

```
[kylin@SZB-L0023780 ~]$ jps
23830 Jps
23027 HRegionServer
[kylin@SZB-L0023780 ~]$
```

图 6-2　　　　　　　　　　图 6-3

如果启动有问题，你也可以查看 HBase 的日志定位问题，日志都位于${HBASE_HOME}/logs 目录下面。

当然，我们可以通过 hbase-site.xml 配置文件中的 hbase.master.info.port 端口号来访问 Master，如图 6-4 所示。

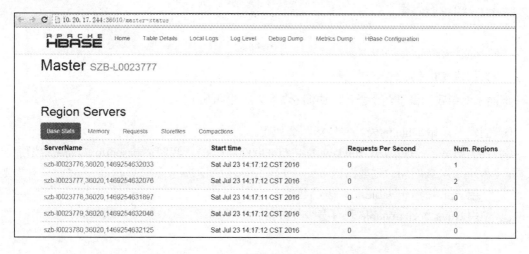

图 6-4

也可以通过 hbase-site.xml 配置文件中的 hbase.regionserver.info.port 端口号来访问每个 RegionServer，如图 6-5 所示。

图 6-5

6. 步骤六：简单使用 HBase

（1）通过 shell 方式登录 hbase 服务器，并查看 HBase 集群状态，如图 6-6 所示。

```
[kylin@SZB-L0023777 ~]$ hbase shell
SLF4J: Class path contains multiple SLF4J bindings.
SLF4J: Found binding in [jar:file:/var/lib/kylin/hbase-1.1.5/lib/slf4j-log4j12-1.7.5.jar!
SLF4J: Found binding in [jar:file:/opt/cloudera/parcels/CDH-5.7.0-1.cdh5.7.0.p0.45/jars/s]
SLF4J: See http://www.slf4j.org/codes.html#multiple_bindings for an explanation.
SLF4J: Actual binding is of type [org.slf4j.impl.Log4jLoggerFactory]
HBase Shell; enter 'help<RETURN>' for list of supported commands.
Type "exit<RETURN>" to leave the HBase Shell
Version 1.1.5, r239b80456118175b340b2e562a5568b5c744252e, Sun May  8 20:29:26 PDT 2016

hbase(main):001:0> status
5 servers, 0 dead, 0.6000 average load

hbase(main):002:0>
```

图 6-6

（2）创建表并添加数据

下面示例中我们做了几个操作，如图 6-7 所示，说明如下：

① 创建一张 mytable 的表，并包括两个列族。

② 我们创建了一行数据，rowkey 为 P000000000000001。我们往 baseinfo 的列族中增加四列数据，extrainfo 列族增加一列数据。

③ 使用 scan 扫描 mytable 整张表的数据。

④ 使用 count 统计 mytable 表有多少行数据。

```
hbase(main):001:0> create 'mytable','baseinfo','extrainfo'
0 row(s) in 1.8290 seconds

=> Hbase::Table - mytable
hbase(main):002:0> put 'mytable','P000000000000001','baseinfo:name','Jack'
0 row(s) in 0.3670 seconds

hbase(main):003:0> put 'mytable','P000000000000001','baseinfo:age','21'
0 row(s) in 0.0220 seconds

hbase(main):004:0> put 'mytable','P000000000000001','baseinfo:tel','18000000000'
0 row(s) in 0.0290 seconds

hbase(main):005:0> put 'mytable','P000000000000001','baseinfo:identity_card','320114199012129087'
0 row(s) in 0.0070 seconds

hbase(main):006:0> put 'mytable','P000000000000001','extrainfo:company','Dream'
0 row(s) in 0.0130 seconds

hbase(main):007:0> scan 'mytable'
ROW                        COLUMN+CELL
 P000000000000001          column=baseinfo:age, timestamp=1469244939291, value=21
 P000000000000001          column=baseinfo:identity_card, timestamp=1469245038316, value=320114199012129087
 P000000000000001          column=baseinfo:name, timestamp=1469244930798, value=Jack
 P000000000000001          column=baseinfo:tel, timestamp=1469244962213, value=18000000000
 P000000000000001          column=extrainfo:company, timestamp=1469245119213, value=Dream
1 row(s) in 0.0760 seconds

hbase(main):008:0> count 'mytable'
1 row(s) in 0.0610 seconds

=> 1
hbase(main):009:0>
```

图 6-7

（3）查询相关操作

① 查询一行所有数据，如图 6-8 所示。

```
hbase(main):024:0> get 'mytable','P000000000000001'
COLUMN                     CELL
 baseinfo:age              timestamp=1469248999785, value=21
 baseinfo:identity_card    timestamp=1469248999957, value=320114199012129087
 baseinfo:name             timestamp=1469248999703, value=Jack
 baseinfo:tel              timestamp=1469248999833, value=18000000000
 extrainfo:company         timestamp=1469249001048, value=Dream
5 row(s) in 0.0890 seconds
```

图 6-8

② 获取指定行和列族的所有列数据，如图 6-9 所示。

```
hbase(main):025:0> get 'mytable','P000000000000001','baseinfo'
COLUMN                     CELL
 baseinfo:age              timestamp=1469248999785, value=21
 baseinfo:identity_card    timestamp=1469248999957, value=320114199012129087
 baseinfo:name             timestamp=1469248999703, value=Jack
 baseinfo:tel              timestamp=1469248999833, value=18000000000
4 row(s) in 0.0360 seconds
```

图 6-9

③ 获取指定行、列族和列的所有数据，如图 6-10 所示。

```
hbase(main):026:0> get 'mytable','P000000000000001','baseinfo:name'
COLUMN                     CELL
 baseinfo:name             timestamp=1469248999703, value=Jack
1 row(s) in 0.0150 seconds
```

图 6-10

（4）更新相关操作，如图 6-11 所示。

```
hbase(main):026:0> get 'mytable','P000000000000001','baseinfo:name'
COLUMN                                    CELL
 baseinfo:name                            timestamp=1469248999703, value=Jack
1 row(s) in 0.0150 seconds

hbase(main):027:0> put 'mytable','P000000000000001','baseinfo:name','Tom'
0 row(s) in 0.0100 seconds

hbase(main):028:0> get 'mytable','P000000000000001','baseinfo:name'
COLUMN                                    CELL
 baseinfo:name                            timestamp=1469249263686, value=Tom
1 row(s) in 0.0110 seconds

hbase(main):029:0>
```

图 6-11

 提 示

在创建表的时候，可以指定列族的多版本信息，比如将 VERSIONS 设为 3，那么在第一次 put 值后连续更新两次不同的值，三个值都会保留下来，如果查询不指定版本数的话，默认返回最新时间的值。演示结果如图 6-12 所示。

```
hbase(main):030:0> create 'multi_vesions',{ NAME => 'baseinfo', VERSIONS => 3 }
0 row(s) in 1.2590 seconds

=> Hbase::Table - multi_vesions
hbase(main):031:0> put 'multi_vesions','10000','baseinfo:name','Jack'
0 row(s) in 0.0410 seconds

hbase(main):032:0> put 'multi_vesions','10000','baseinfo:name','Tom'
0 row(s) in 0.0270 seconds

hbase(main):033:0> put 'multi_vesions','10000','baseinfo:name','Mark'
0 row(s) in 0.0340 seconds

hbase(main):034:0> get 'multi_vesions','10000','baseinfo:name'
COLUMN                                    CELL
 baseinfo:name                            timestamp=1469249657377, value=Mark
1 row(s) in 0.1020 seconds

hbase(main):035:0> get 'multi_vesions','10000', {COLUMN => 'baseinfo:name', VERSIONS => 3}
COLUMN                                    CELL
 baseinfo:name                            timestamp=1469249657377, value=Mark
 baseinfo:name                            timestamp=1469249647858, value=Tom
 baseinfo:name                            timestamp=1469249643546, value=Jack
3 row(s) in 0.0360 seconds
```

图 6-12

（5）删除相关操作

下面我们演示如何删除一个列族中的一列数据，或者一个列族，或者整张表。

① 删除一列数据，如图 6-13 所示。

```
hbase(main):034:0> delete 'mytable','P000000000000001','baseinfo:identity_card'
0 row(s) in 0.0550 seconds

hbase(main):035:0> scan 'mytable'
ROW                                    COLUMN+CELL
 P000000000000001                      column=baseinfo:age, timestamp=1469244939291, value=21
 P000000000000001                      column=baseinfo:name, timestamp=1469244930798, value=Jack
 P000000000000001                      column=baseinfo:tel, timestamp=1469244962213, value=18000000000
 P000000000000001                      column=extrainfo:company, timestamp=1469245119213, value=Dream
1 row(s) in 0.0400 seconds
```

图 6-13

② 删除一个列族

在删除列族之前先 disable 表，然后将列族标记为 delete，再 enable 表，最后可以查看数据或表结构验证一下，如图 6-14 所示演示过程。

```
hbase(main):062:0> disable 'mytable'
0 row(s) in 2.2490 seconds

hbase(main):063:0> alter 'mytable', NAME => 'extrainfo', METHOD => 'delete'
Updating all regions with the new schema...
1/1 regions updated.
Done.
0 row(s) in 1.9060 seconds

hbase(main):064:0> enable 'mytable'
0 row(s) in 1.3620 seconds

hbase(main):065:0> scan 'mytable'
ROW                                    COLUMN+CELL
 P000000000000001                      column=baseinfo:age, timestamp=1469244939291, value=21
 P000000000000001                      column=baseinfo:name, timestamp=1469244930798, value=Jack
 P000000000000001                      column=baseinfo:tel, timestamp=1469244962213, value=18000000000
1 row(s) in 0.0270 seconds

hbase(main):066:0> describe 'mytable'
Table mytable is ENABLED
mytable
COLUMN FAMILIES DESCRIPTION
{NAME => 'baseinfo', DATA_BLOCK_ENCODING => 'NONE', BLOOMFILTER => 'ROW', REPLICATION_SCOPE => '0', VERSIONS =>
_CELLS => 'FALSE', BLOCKSIZE => '65536', IN_MEMORY => 'false', BLOCKCACHE => 'true'}
1 row(s) in 0.0270 seconds

hbase(main):067:0>
```

图 6-14

③ 删除表

我们可以执行 is_enabled 看一下表有没有被 disable，如果表为 enable 的，则删除表之前必须要 disable，否则无法删除。

最后我们执行 list 查看表是否存在，如图 6-15 所示。

```
hbase(main):067:0> is_enabled 'mytable'
true
0 row(s) in 0.0180 seconds

hbase(main):068:0> disable 'mytable'
0 row(s) in 2.2510 seconds

hbase(main):069:0> drop 'mytable'
0 row(s) in 1.2650 seconds

hbase(main):070:0> list
TABLE
0 row(s) in 0.0070 seconds

=> []
hbase(main):071:0>
```

图 6-15

第 7 章
◀ 部署Kylin集群环境 ▶

上一章节，我们已经为 Kylin 搭建了一套独立于 CDH 平台的 HBase 集群环境，并演示了 HBase 的相关操作，本章将搭建 Kylin 企业级的大数据分析平台。

7.1 部署 Kylin 的先决条件

为了兼容新搭建的 HBase 集群环境，我们选择 Kylin 稳定版本为：apache-kylin-1.5.2.1-HBase1.x-bin.tar.gz（截至目前，Kylin 最新版本为 1.5.3，后面章节会实战升级到最新版本）。

下载地址为：

```
http://mirrors.cnnic.cn/apache/kylin/apache-kylin-1.5.2.1/apache-
kylin-1.5.2.1-HBase1.x-bin.tar.gz
```

这里需要注意：如果你计划在 CDH 5.7.0 环境上部署 Kylin 集群环境的话，那么建议选择的版本为：apache-kylin-1.5.2.1-cdh5.7-bin.tar.gz，这是为了和 CDH5.7.0 自带的 HBase 版本号 HBase 1.2.0-cdh5.7.0 保持兼容。

如果你的环境也没有使用 CDH 部署大数据平台的话，建议按照官方要求选择配置的 Hive、Hadoop、HBase 和 Kylin 版本，比如我们实践过的版本组合：

- Hadoop：2.6.0
- HBase：1.1.5
- Hive：1.2.1
- JDK：1.7.0_80

在部署 Kylin 之前，先将 Kylin 的先决条件罗列一下，即如果 Kylin 正常运行的话，需要提前部署好以下客户端，如图 7-1 所示。

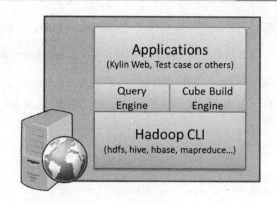

图 7-1

- Hadoop 客户端，通过图 7-1 可以看出 kylin 的查询引擎和 cube 执行引擎需要通过 Hadoop 组件的接口进行交互。
- Hive 客户端，通过 hive 命令与 Hive 进行交互。
- HBase 客户端，通过 hbase 命令与 HBase 进行交互。
- 配置 HCAT_HOME 家目录。

根据上面的先决条件，我们需要配置一些环境变量，如果现在不配置的话，部署 Kylin 完成后执行脚本检查时也会提示的。

因为我们的环境除了 HBase 集群是自己独立部署的，其他组件都是 CDH 集成的，我们执行相关检查时提示，如图 7-2 所示。

```
[kylin@SZB-L0023777 ~]$ which hive
/usr/bin/hive
[kylin@SZB-L0023777 ~]$ which hbase
~/hbase/bin/hbase
[kylin@SZB-L0023777 ~]$ which hdfs
/usr/bin/hdfs
[kylin@SZB-L0023777 ~]$ which yarn
/usr/bin/yarn
[kylin@SZB-L0023777 ~]$ █
```

图 7-2

从上面可以看出 kylin 用户下面都是可以使用需要的组件命令的。

此外，因为我们部署 Kylin 为集群环境，所以这里对 Kylin 的集群模式进行介绍。

Kylin 实例是无状态的，对于运行时的状态保存在 HBase 的元数据中（在 kylin.properties 文件中设置 kylin.metadata.url）。对于考虑负载均衡的情况，就需要部署多个 Kylin 实例，因此需要共享相同的元数据（共享 table schemas、job、cube 等相同的状态信息）。

对于每一个 Kylin 实例，kylin.properties 文件中有一个参数 kylin.server.mode，用来指定每个 Kylin 实例运行的模式。kylin.server.mode 的值有三种：

- 第一种：job，表示只能运行 job 引擎。
- 第二种：query，表示只能运行查询引擎。

- 第三种：all，表示既可以运行 job 引擎，也可以运行 query 引擎。

前两种是可以执行任务的，而 query 模式下 kylin server 只提供元数据的操作以及 SQL 查询，不能执行构建 cube、合并 cube 之类的任务。

需要注意的是，只能有一个 Kylin 实例运行 job 引擎（all 模式或 job 模式），其他实例必须都是 query 模式。

一个典型的组网如图 7-3 所示。

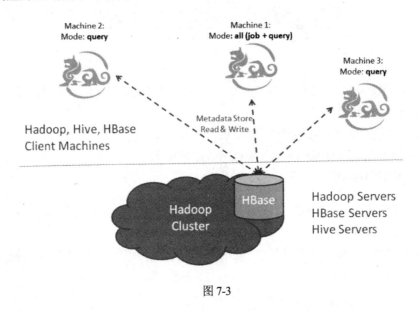

图 7-3

如果 Kylin 运行集群模式时，需要设置多个 Kylin REST 服务实例，可以通过 ${KYLIN_HOME}/conf/kylin.properties 文件中的两个配置参数进行设置：

- 参数一：kylin.rest.servers

列出所有使用的 REST Web Servers，这将使一个 Web Server 实例和另外一个 Web Server 实例同步。比如设置为：kylin.rest.servers=SZB-L0023777:7070、SZB-L0023778:7070、SZB-L0023779:7070、SZB-L0023780:7070。

- 参数二：kylin.server.mode

确保只有一个实例配置的值是 all 或者 job，其他都为 query。

既然我们将 Kylin 部署为集群，那么对于用户访问的请求，我们就要分发到 Kylin 集群的任意一个实例上，这就需要部署负载均衡器来实现，这部分放到本章的最后来部署。

7.2　部署 Kylin 集群环境

下面我们正式部署 Kylin 集群环境。

1. 步骤一：下载 Kylin 安装包和解压缩

访问 Kylin 的官方网址：http://kylin.apache.org，下载截至目前稳定的安装包：

```
http://apache.fayea.com/kylin/apache-kylin-1.5.2.1/apache-kylin-
1.5.2.1-HBase1.x-bin.tar.gz
```

如果你的 Linux 环境可以访问外网，则可以直接下载：

```
$ wget http://apache.fayea.com/kylin/apache-kylin-1.5.2.1/apache-
kylin-1.5.2.1-HBase1.x-bin.tar.gz
```

如果 Linux 环境不能连接外网的话，那就下载好后再上传到 HBase 集群的 Master 节点的
kylin 用户下面。

上传好之后开始解压缩：

```
$ tar -zxvf apache-kylin-1.5.2.1-HBase1.x-bin.tar.gz
```

建立软链接：

```
$ ln -s apache-kylin-1.5.2.1-bin kylin
```

查看目录结构：

```
$ ls -l
drwxr-xr-x 7 kylin kylin     4096 6月   7 18:20 apache-kylin-1.5.2.1-
bin
-rw-rw-r-- 1 kylin kylin 88912489 7月  23 16:05 apache-kylin-1.5.2.1-
HBase1.x-bin.tar.gz
lrwxrwxrwx 1 kylin kylin       11 7月  23 09:36 hbase -> hbase-1.1.5
drwxrwxr-x 8 kylin kylin     4096 7月  23 10:53 hbase-1.1.5
lrwxrwxrwx 1 kylin kylin       24 7月  23 16:07 kylin -> apache-kylin-
1.5.2.1-bin
```

2. 步骤二：配置 Kylin 的环境变量

将如下内容加入 kylin 用户家目录下面的.bashrc 文件中：

```
#added by HBase
```

```
export HBASE_HOME=/var/lib/kylin/hbase
export PATH=$HBASE_HOME/bin:$PATH
#added by HCat
export HCAT_HOME=/opt/cloudera/parcels/CDH/lib/hive-hcatalog
#added by Kylin
export KYLIN_HOME=/var/lib/kylin/kylin
#added by Java
export JAVA_HOME=/usr/java/latest
```

注意：

（1） Hadoop 方面的环境变量没有配置，这是因为 CDH 部署时已经自动将相关的命令都加入到系统环境变量里面了，任何用户都可以访问。

（2）如果你使用的 Hive、Hadoop 等都不是 CDH 集成的，而是 Apache 原生开源版本，那么配置的内容大概如下：

```
#added by Hadoop
export HADOOP_HOME=/home/hadoop/hadoop-2.6.0

#added by HCAT
export HCAT_HOME=/home/hadoop/apache-hive-1.2.1-bin/hcatalog

#added by Kylin
export KYLIN_HOME=/home/hadoop/apache-kylin-1.5.2.1-bin
export KYLIN_CONF=/home/hadoop/apache-kylin-1.5.2.1-bin/conf

#added by HBase
export HBASE_HOME=/home/hadoop/hbase-1.1.5

#added by Hive
export HIVE_HOME=/home/hadoop/apache-hive-1.2.1-bin
export PATH=$PATH:$HIVE_HOME/bin

export JAVA_HOME=/usr/java/jdk1.7.0_60

#added by PATH（分两行是为了方便阅读）
export PATH=$JAVA_HOME/bin:$HADOOP_HOME/bin:$HADOOP_HOME/sbin:$PATH
export PATH=${HBASE_HOME}/bin:${KYLIN_HOME}/bin:$PATH
```

最好要确保 kylin 用户能够有权限访问这些环境变量。

3. 步骤三：配置 Kylin 参数

Kylin 的配置参数文件都位于 $KYLIN_HOME/conf 目录下面，全局配置文件为 kylin.properties，Hive 任务的配置文件为 kylin_hive_conf.xml，适用于 Fast Cubing 时的 MapReduce 任务的配置文件为 kylin_job_conf_inmem.xml，常规的 MapReduce 任务的配置文件为 kylin_job_conf.xml。

Kylin 最重要的配置文件是 kylin.properties。重要的配置项基本都在这个文件里面，下面我们详细介绍主要的配置项：

（1）kylin.server.mode

可配置的三种模式值为：all、job 和 query，默认为 all。job 模式指该服务仅用于 Cube 任务调度，不用于 SQL 查询。query 模式表示该服务仅用于 SQL 查询，不用于 Cube 构建任务的调度。all 模式指该服务同时用于任务调度和 SQL 查询。

比如我们配置 SZB-L0023777 节点的 kylin.server.mode 的值为 all，那么剩余节点只能配置为 query。

（2）kylin.rest.servers

列出所有使用的 Web Servers，使一个 Web Server 实例和另一个 Web Server 实例进行同步。

```
kylin.rest.servers= SZB-L0023776:7070,SZB-L0023777:7070,SZB-
L0023778:7070,SZB-L0023779:7070,SZB-L0023780:7070
```

（3）kylin.metadata.url

Kylin 实例使用的元数据存储在 HBase 表中，默认的 HBase 表为 kylin_metadata，即默认配置项为 kylin.metadata.url=kylin_metadata@hbase。用户可以手动修改表名以使用 HBase 中的其他表保存元数据。在同一个 HBase 集群上部署多个 Kylin 服务时，可以为每个 Kylin 服务配置一个元数据库 URL，以实现多个 Kylin 服务间的隔离。例如，Production 实例设置该值为 kylin_metadata_prod，Staging 实例设置该值为 kylin_metadata_staging，在 Staging 实例中的操作不会对 Production 环境产生影响。

（4）kylin.storage.url

在 hbase 中的最终 cube 文件的存储 URL，默认值为 hbase。

（5）kylin.hdfs.working.dir

Kylin 工作时在 HDFS 上的目录，默认为 HDFS 上/kylin 的目录下，以元数据库 URL 中的 HTable 表名为子目录。例如，如果元数据库 URL 设置为 kylin_metadata@hbase，那么该 HDFS 路径默认值就是/kylin/kylin_metadata。请预先确保启动 Kylin 的用户有读写该目录的权限。如果你部署 Kylin 集群环境使用单独的用户，那么一般情况下都是没有权限操作 HDFS 分布式文件系统的，最佳做法是：先用 HDFS 的超级用户创建/kylin 目录，然后修改此目录的属主和属组为 kylin 用户和用户组即可。

（6）kylin.hbase.cluster.fs

HBase 的集群的分布式文件系统的服务地址，即为 HBase 服务的 HDFS 地址，格式为 hdfs://hbase-cluster:8020。如果 HBase 与 Hive 和 MapReduce 运行在同一个集群系统，则不用配置，留空值。

（7）kylin.job.mapreduce.default.reduce.input.mb

Kylin 的 MapReduce 作业的 reduce 阶段默认输入大小，默认为 500MB。

（8）kylin.job.retry

Kylin 作业 error 的最大尝试次数，默认为 0，即不会尝试重试。

（9）kylin.job.run.as.remote.cmd

默认值为 false。如果值为 true 时，Job 引擎和 Hadoop CLI 不在同一个 Server 上，也就是指 Shell 可以支持命令在当前主机执行或者在远端主机上执行，如果在远端执行的话，则需要 kylin.job.remote.cli. hostname、kylin.job.remote.cli.username 和 kylin.job.remote.cli.password 分别指定远程主机的主机名、登录的用户名和密码，实现是通过 SSH 登录到远程主机再执行相应的命令。

（10）kylin.job.concurrent.max.limit

Kylin 作业的最大并行度，默认为 10。

（11）kylin.job.hive.database.for.intermediatetable

Kylin 作业过程中产生的中间表（Flat Table，或称为平面表）位于 Hive 的数据库，默认为 default 数据库，可以根据项目需要修改为其他数据库，要保证有操作数据库的权限。

（12）kylin.hbase.default.compression.codec

Htable 表的压缩编解码方式，支持 snappy、lzo、gzip 和 lz4。默认为 snappy。如果你的集群环境不支持 snappy 压缩，可以修改为其他压缩算法，比如使用 gzip，要记得同时修改其他配置文件的参数值（如 kylin_hive_conf.xm 文件中的 mapreduce.map.output.compress.codec 的值等）。

（13）kylin.hbase.region.cut

hbase 的 region 切分大小，单位为 GB，默认为 5GB。

（14）kylin.hbase.hfile.size.gb

HBase 表的底层存储的 hfile 大小，越小的 hfile 大小，导致转换 hfile 的 MR 就会有更多的 reducers，并且处理的速度更快，如果设置为 0，则取消这个优化策略。默认为 2GB。

（15）kylin.security.profile

指定 Kylin 服务启用的安全方案，可以是 ldap、saml、testing。默认值是 testing，即使用固定的测试账号（KYLIN/ADMIN）进行登录。用户可以修改此参数以接入已有的企业级认证体系，如 ldap、saml。

（16）kylin.rest.timezone

指定 Kylin 的 Rest 服务所使用的时区，默认是 PST。用户可以根据具体应用的需要修改此参数。对于中国所在时区可以设置为 GMT+8。

 GMT 就是格林尼治标准时间的英文缩写(Greenwich Mean Time)，是世界标准时间。GMT+8 是格林尼治时间+8 小时，中国所在时区就是 GMT+8。

（17）kylin.hive.client

指定 Hive 命令行类型，可以是 cli 或 beeline。默认是 cli，即 hive cli。如果实际系统只支持 beeline 作为 Hive 命令行，可以修改此配置为 beeline。

（18）kylin.hive.beeline.params

当使用 beeline 作为 hive 的 client 工具时，需要配置此参数，以提供更多信息给 beeline。比如，如果需要这样使用 beeline 来执行一个 Hive QL 文件的话：

```
beeline -n root -u 'jdbc:hive2://gpmaster:10000' -f kylin_test.sql
```

那么，请设置此参数为：

```
kylin.hive.beeline.params=beeline -n root -u 'jdbc:hive2://gpmaster:10000'
```

（19）deploy.env

指定 Kylin 部署的用途，可以是 DEV、QA 或 PROD。默认是 QA。在 DEV 模式下一些开发者功能将被启用，在 PROD 模式下禁止创建新 Cube。

（20）其他一些都是权限控制的参数配置，这部分参数略过，感兴趣的朋友可以根据实际情况配置。

其实还有一些参数默认没有写在 kylin.properties 中，但是如果设计 Cube 时出现问题，比如你的维度组合方式超过 Kylin 默认设置了，无法创建 Cube，那么可能需要修改下面两个参数：

```
kylin.cube.aggrgroup.max.size
kylin.cube.aggrgroup.max.combination
```

下面我们来看一份典型的 Kylin 集群环境配置。

对于负责 Kylin 的 Job 实例的节点配置（SZB-L0023777）：

```
kylin.server.mode=all
kylin.rest.servers=SZB-L0023777:7070,SZB-L0023778:7070,SZB-
L0023779:7070,SZB-L0023780:7070
kylin.metadata.url=kylin_metadata@hbase
kylin.storage.url=hbase
kylin.hdfs.working.dir=/kylin
kylin.job.mapreduce.default.reduce.input.mb=500
kylin.job.retry=2
```

```
kylin.job.concurrent.max.limit=10
kylin.job.yarn.app.rest.check.interval.seconds=10
kylin.job.hive.database.for.intermediatetable=kylin_flat_db
kylin.hbase.default.compression.codec=snappy
kylin.job.cubing.inmem.sampling.percent=100
kylin.hbase.region.cut=5
kylin.hbase.hfile.size.gb=2
```

对于负责 Kylin 的 query 实例的节点配置（SZB-L0023777、SZB-L0023778、SZB-L0023779、SZB-L0023780），如下：

```
kylin.server.mode=query
kylin.rest.servers=SZB-L0023777:7070,SZB-L0023778:7070,SZB-L0023779:7070,SZB-L0023780:7070
kylin.metadata.url=kylin_metadata@hbase
kylin.storage.url=hbase
kylin.hdfs.working.dir=/kylin
kylin.job.mapreduce.default.reduce.input.mb=500
kylin.job.retry=2
kylin.job.concurrent.max.limit=10
kylin.job.yarn.app.rest.check.interval.seconds=10
kylin.job.hive.database.for.intermediatetable=kylin_flat_db
kylin.hbase.default.compression.codec=snappy
kylin.job.cubing.inmem.sampling.percent=100
kylin.hbase.region.cut=5
kylin.hbase.hfile.size.gb=2
```

从上面的配置可以看出，Job 和 Query 实例的 kylin.server.mode 是不同的。

Kylin 的配置文件除了 kylin.properties，还有其他三个配置文件，如下：

```
kylin_hive_conf.xml, kylin_job_conf_inmem.xml, kylin_job_conf.xml。
```

他们涉及 Hive 和 Hadoop 方面的配置参数，比如可以设置使用的资源队列、HDFS 的 Block 块的副本数等，这里就不扩展介绍了，请朋友们自主查阅和配置。

4. 步骤四：启动 Kylin 前检查相关权限和组件完整性

（1）确保 kylin 用户有权限执行 hadoop、hive、hbase 等 shell 命令，如果不确定，请执行 kylin 自带的工具${KYLIN_HOME}/bin/check-env.sh，如果没有问题的话，应该返回如下结果：

```
$ bash ${KYLIN_HOME}/bin/check-env.sh
KYLIN_HOME is set to /var/lib/kylin/kylin
```

（2）检查 Kylin 依赖的 Hive 和 HBase 包是否完整。

检查 HBase，如图 7-4 所示。

```
[kylin@SZB-L0023777 ~]$ ${KYLIN_HOME}/bin/find-hbase-dependency.sh
hbase dependency: /var/lib/kylin/hbase/lib/hbase-common-1.1.5.jar
[kylin@SZB-L0023777 ~]$
[kylin@SZB-L0023777 ~]$
```

图 7-4

检查 Hive，输出一堆，只截取部分内容，其中请确认 HCAT_HOME 环境变量配置无误，如图 7-5 所示。

```
[kylin@SZB-L0023777 bin]$ ${KYLIN_HOME}/bin/find-hive-dependency.sh
SLF4J: Class path contains multiple SLF4J bindings.
SLF4J: Found binding in [jar:file:/var/lib/kylin/hbase-1.1.5/lib/slf4j-log4j12-1.7
SLF4J: Found binding in [jar:file:/opt/cloudera/parcels/CDH-5.7.0-1.cdh5.7.0.p0.45
SLF4J: See http://www.slf4j.org/codes.html#multiple_bindings for an explanation.
SLF4J: Actual binding is of type [org.slf4j.impl.Log4jLoggerFactory]
2016-07-24 07:59:10,310 WARN  [main] mapreduce.TableMapReduceUtil: The hbase-prefi

Logging initialized using configuration in jar:file:/opt/cloudera/parcels/CDH-5.7.
HCAT_HOME is set to: /opt/cloudera/parcels/CDH/lib/hive-hcatalog, use it to find h
hive dependency: /opt/cloudera/parcels/CDH-5.7.0-1.cdh5.7.0.p0.45/lib/hive/conf:/o
udera/parcels/CDH-5.7.0-1.cdh5.7.0.p0.45/bin/../lib/hive/lib/hive-accumulo-handler
:/opt/cloudera/parcels/CDH-5.7.0-1.cdh5.7.0.p0.45/bin/../lib/hive/lib/hive-shims-0
ar:/opt/cloudera/parcels/CDH-5.7.0-1.cdh5.7.0.p0.45/bin/../lib/hive/lib/hbase-hado
.2.9.jar:/opt/cloudera/parcels/CDH-5.7.0-1.cdh5.7.0.p0.45/bin/../lib/hive/lib/mave
b/commons-codec-1.4.jar:/opt/cloudera/parcels/CDH-5.7.0-1.cdh5.7.0.p0.45/bin/../li
.11.jar:/opt/cloudera/parcels/CDH-5.7.0-1.cdh5.7.0.p0.45/bin/../lib/hive/lib/commo
opt/cloudera/parcels/CDH-5.7.0-1.cdh5.7.0.p0.45/bin/../lib/hive/lib/hive-beeline.j
ra/parcels/CDH-5.7.0-1.cdh5.7.0.p0.45/bin/../lib/hive/lib/jetty-all-server-7.6.0.v
opt/cloudera/parcels/CDH-5.7.0-1.cdh5.7.0.p0.45/bin/../lib/hive/lib/datanucleus-ap
t/cloudera/parcels/CDH-5.7.0-1.cdh5.7.0.p0.45/bin/../lib/hive/lib/hive-jdbc-1.1.0-
s-scheduler-1.1.0-cdh5.7.0.jar:/opt/cloudera/parcels/CDH-5.7.0-1.cdh5.7.0.p0.45/bi
/hive/lib/hive-hbase-handler-1.1.0-cdh5.7.0.jar:/opt/cloudera/parcels/CDH-5.7.0-1.
```

图 7-5

（3）确保 Hive 的 metastore 正常开启。

Kylin 启动过程会通过 thrift 的 URL（比如 thrift://SZB-L0023780:9083）连接 Hive 的 metastore。

（4）可选操作，配置 kylin 的使用内存，执行如下脚本：

```
$KYLIN_HOME/bin/setenv.sh
```

5. 步骤五：启动 Kylin 集群（所有 Kylin 节点，包括 Job 和 Query 实例的节点）

执行${KYLIN_HOME}/bin/kylin.sh start 启动 Kylin，如图 7-6 所示。

```
[kylin@SZB-L0023777 kylin]$ bin/kylin.sh start
KYLIN_HOME is set to bin/../
kylin.security.profile is set to testing
SLF4J: Class path contains multiple SLF4J bindings.
SLF4J: Found binding in [jar:file:/var/lib/kylin/hbase-1.1.5/lib/slf4j-log4j12-1.7.5.jar!/org/slf4j/impl/
SLF4J: Found binding in [jar:file:/opt/cloudera/parcels/CDH-5.7.0-1.cdh5.7.0.p0.45/jars/slf4j-log4j12-1.7
SLF4J: See http://www.slf4j.org/codes.html#multiple_bindings for an explanation.
SLF4J: Actual binding is of type [org.slf4j.impl.Log4jLoggerFactory]
2016-07-24 08:34:07,169 WARN  [main] mapreduce.TableMapReduceUtil: The hbase-prefix-tree module jar conta

Logging initialized using configuration in jar:file:/opt/cloudera/parcels/CDH-5.7.0-1.cdh5.7.0.p0.45/jars
KYLIN_JVM_SETTINGS is -Xms1024M -Xmx4096M -XX:MaxPermSize=128M -verbose:gc -XX:+PrintGCDetails -XX:+Print
NumberOfGCLogFiles=10 -XX:GCLogFileSize=64M
KYLIN_DEBUG_SETTINGS is not set, will not enable remote debugging
KYLIN_LD_LIBRARY_SETTINGS is not set, Usually it's okay unless you want to specify your own native path
A new Kylin instance is started by kylin, stop it using "kylin.sh stop"
Please visit http://<ip>:7070/kylin
You can check the log at bin/..//logs/kylin.log
[kylin@SZB-L0023777 kylin]$ █
```

图 7-6

这里原先显示的日志包含 HBase 和 Hive 的依赖包信息，输出比较多，因为篇幅限制，我修改 kylin.sh 脚本，将里面输出 HBase 和 Hive 依赖包的脚本内容屏蔽掉了，不再执行。

启动过后，你可以查看 logs/kylin.log 日志信息，观察一下 Kylin 的启动过程，如果出现问题，请根据日志内容提示进行解决。

这里补充一下 Kylin 的日志文件方面的内容，Kylin 启动后，会创建 logs 目录，并在 logs 目录下面产生几个日志文件：

（1）kylin.log

该文件是主要的日志文件，所有的 logger 默认写入该文件，其中与 Kylin 相关的日志级别默认是 DEBUG。日志随日期轮转，即每天 0 点时将前一天的日志存放到以日期为后缀的文件中（如 kylin.log.2016-08-06），并把新一天的日志保存到全新的 kylin.log 文件中。

（2）kylin.out

该文件是标准输出的重定向文件，一些非 Kylin 产生的标准输出（如 tomcat 启动输出、Hive 命令行输出等）将被重定向到该文件。其实很多朋友在执行完 Kylin 的启动命令后，就会查看 kylin.log 文件内容，发现一段时间内并没有日志输出，其实这个时候正在启动 tomcat，日志都输入到 kylin.out 文件中了。

（3）kylin.gc

该文件是用来记录 Kylin 的 Java 进程 GC 的日志内容。为避免多次启动覆盖旧文件，该日志使用了进程号作为文件名后缀（如 kylin.gc.3862.0）。

从 Apache Kylin 1.5.3 版本开始，在 conf 目录下面新增了 kylin-server-log4j.properties 文件。Kylin 使用 log4j 对日志进行配置，用户可以编辑 kylin-server-log4j.properties 文件，对日志级别、路径等进行修改。修改后，需要重启 Kylin 服务才可生效。

6. 步骤六：通过 Web 访问 Kylin

Kylin 正常启动后，我们就可以一睹芳容了，比如我们访问 Kylin 的 Job 实例节点：

- 访问地址：http://10.20.17.244:7070/kylin。
- 默认用户名和密码：ADMIN/KYLIN。

登录界面如图 7-7 所示。

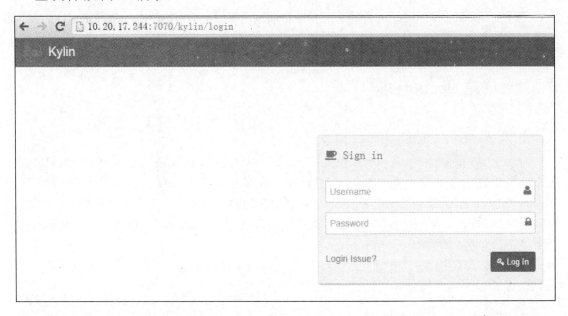

图 7-7

输入用户名和密码后，就进入 Kylin 的花花世界了，以后我们绝大部分工作都沉迷在这里，如图 7-8 所示。

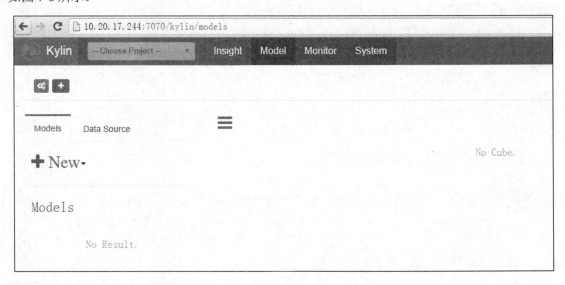

图 7-8

好了，到此打住，后面章节我们会详解里面的每一部分，让你找到久违的成就感。

7.3 为 Kylin 集群搭建负载均衡器

本章的最后，我们为 Kylin 集群搭建负载均衡器，将用户访问的请求，分发到 Kylin 集群的任意一个实例上。我们选择的负载均衡器为 Nginx，下面我们将介绍 Nginx 和搭建 Nginx 环境。

7.3.1 搭建 Nginx 环境

1. Nginx 简介

Nginx（"engine x"）是一个高性能的 HTTP 和反向代理服务器，也是一个 IMAP/POP3/SMTP 服务器。Nginx 是由 Igor Sysoev 为俄罗斯访问量第二的 Rambler.ru 站点开发的，第一个公开版本 0.1.0 发布于 2004 年 10 月 4 日。其将源代码以类 BSD 许可证的形式发布，因它的稳定性、丰富的功能集、示例配置文件和低系统资源的消耗而闻名。2011 年 6 月 1 日，Nginx 1.0.4 发布。

其特点是占有内存少，并发能力强，事实上 Nginx 的并发能力确实在同类型的网页服务器中表现较好。

2. 搭建 Nginx 的前提条件

一般安装 Nginx 都需要先安装 pcre、zlib 和 openssl。pcre 为了重写 rewrite，用于支持正则表达式，Nginx 的 HTTP 模块需要用它解析正则表达式。zlib 为了对 HTTP 包内容 gzip 压缩。openssl 用于支持更安全的 SSH 协议上传输 HTTP。

我们选择 Nginx 为稳定版本 Nginx-1.2.8.tar.gz，那么对应的，我们选择依赖的几个组件的版本为：

```
pcre-8.21.tar.gz
zlib-1.2.8.tar.gz
openssl-1.0.1c.tar.gz
```

下面简单演示一下这些模块的部署。

 所有模块 configure 时可以添加--prefix 参数指定模块安装目录，另外如果你的环境中 pcre、zlib 和 openssl 已经安装过，而且都满足要求，可以跳过这一步，直接安装 Nginx。

（1）pcre 安装

```
# tar -zxvf pcre-8.21.tar.gz
# cd pcre-8.21
# ./configure
# make
```

```
# make install
```

如果编译过程中缺少什么包，请自主通过 yum 或 rpm 或下载源码包编译安装。

（2）zlib 安装

```
# tar xvf zlib-1.2.8.tar.gz
# cd zlib-1.2.8
# ./configure
# make
# make install
```

（3）openssl 安装

```
# tar -zxvf openssl-1.0.1c.tar.gz
# cd openssl-1.0.1c
# ./config
# make
# make install
```

3. 搭建 Nginx

```
# tar -zxvf Nginx-1.2.8.tar.gz
# cd Nginx-1.2.8
# ./configure --prefix=/usr/local/Nginx \
--with-pcre=/software/pcre-8.21 \
--with-zlib=/software/zlib-1.2.8 \
--with-openssl=/software/openssl-1.0.1c
# make
# make install
```

 --with-pcre，--with-zlib 和--with-openssl 分别指我们之前编译过的 pcre、zlib 和 openssl 源码目录。

4. 查看 Nginx 安装目录并启动

```
# cd /usr/local/Nginx/
# ls -l
total 16
drwxr-xr-x 2 root root 4096 Jul 24 10:06 conf
drwxr-xr-x 2 root root 4096 Jul 24 10:06 html
drwxr-xr-x 2 root root 4096 Jul 24 10:06 logs
drwxr-xr-x 2 root root 4096 Jul 24 10:06 sbin
```

下面我们启动 Nginx，确保 80 端口号没有被占用，如果被使用了，请修改 conf/Nginx.conf 文件中的 listen 的值为其他未被占用的端口号。

启动 Nginx：

```
# /usr/local/Nginx/sbin/Nginx
```

查看是否启动：

```
# lsof -i :80
COMMAND  PID    USER    FD   TYPE DEVICE SIZE/OFF NODE NAME
Nginx   52708  root     6u  IPv4 124464      0t0  TCP *:http (LISTEN)
Nginx   52709 nobody    6u  IPv4 124464      0t0  TCP *:http (LISTEN)
```

可以看到 80 端口号已经处于监听状态。

我们访问网址 http://10.20.17.244:80，出现如图 7-9 所示的页面 Nginx，启动正常。

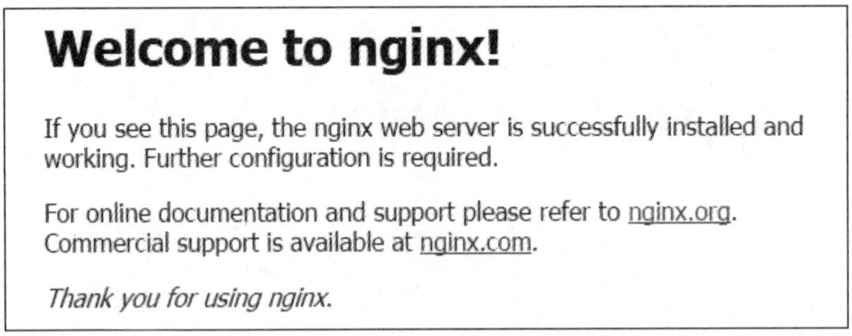

Welcome to nginx!

If you see this page, the nginx web server is successfully installed and working. Further configuration is required.

For online documentation and support please refer to nginx.org.
Commercial support is available at nginx.com.

Thank you for using nginx.

图 7-9

停止 Nginx：

```
# /usr/local/Nginx/sbin/Nginx -s stop
```

Nginx 的常用命令如下：

```
# /usr/local/Nginx/sbin/Nginx -h
Nginx version: Nginx/1.2.8
Usage: Nginx [-?hvVtq] [-s signal] [-c filename] [-p prefix] [-g
directives]
```

Nginx 命令 Options 如下：

```
 -?,-h         : this help
 -v            : show version and exit
 -V            : show version and configure options then exit
 -t            : test configuration and exit
 -q            : suppress non-error messages during configuration
```

```
testing
    -s signal       : send signal to a master process: stop, quit, reopen,
reload
    -p prefix       : set prefix path (default: /usr/local/Nginx/)
    -c filename     : set configuration file (default: conf/Nginx.conf)
    -g directives   : set global directives out of configuration file
```

7.3.2　配置 Nginx 实现 Kylin 的负载均衡

修改/usr/local/Nginx/conf/Nginx.conf 配置文件，内容如下（#为注解部分内容）：

```
#kylin 用户
user  kylin;
#工作进程数
worker_processes  2;

events {
    use epoll;
    worker_connections  1024;
}

http {
    include       mime.types;
    default_type  application/octet-stream;

    sendfile        on;

    keepalive_timeout  65;
#将 Kylin 的集群配置进来，以及根据实际节点资源情况设置权重
    upstream tomcats {
        least_conn;
        server 10.20.18.24:7070 weight=8;
        server 10.20.18.25:7070 weight=8;
        server 10.20.18.28:7070 weight=8;
        server 10.20.17.244:7070 weight=2;
    }

    server {
        #对外提供的主机名和端口号，屏蔽了 Kylin 的集群信息
```

```
            listen        28080;
            server_name  localhost;
            location / {
               proxy_pass http://tomcats;
            }


            error_page   500 502 503 504  /50x.html;
            location = /50x.html {
               root    html;
            }
        }
}
```

我们重新启动 Nginx：

```
/usr/local/Nginx/sbin/ngin
```

然后我们访问 10.20.17.244 主机的 28080 端口，如图 7-10 所示。

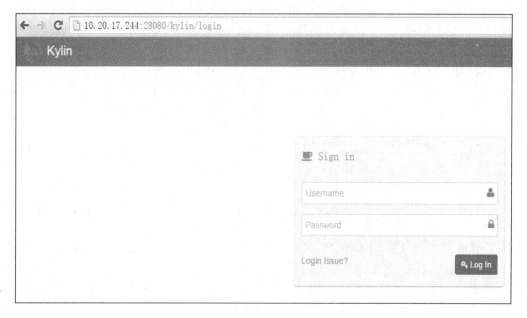

图 7-10

显示如图 7-10 所示页面，说明通过 Nginx 访问 kylin 集群环境正常。

如果此时查看 Kylin 集群每个节点的日志${KYLIN_HOME}/logs/kylin.log 时，其中只有一个节点会响应请求，如果我们打开多个登录页面时，会发现不同的用户请求分发到不同的 Kylin 节点处理。

如果朋友对 Nginx 的分发算法感兴趣的话，可以查阅相关资料，此处我们默认使用轮询的方式分发请求。

第二部分

Apache Kylin
进阶部分

第 8 章

◀Demo案例实战▶

在第一部分中，我们已经将 Kylin 的大数据分析平台搭建好了，并且各个组件运行正常。与此同时，我们还部署了 Nginx 负载均衡器，实现 Kylin 集群环境的高并发访问场景的应用需求。工欲善其事，必先利其器，既然 Kylin 平台正常运行起来了，那我们将开始进入 Kylin 真正的实战阶段吧。

8.1 Sample Cube 案例描述

使用官网自带的 Sample Cube 来演示，带大家熟练掌握 Kylin 的整个作业流程。Kylin 开源版本发布的二进制包中包含了一份用于测试的样例数据集，包含三张表的数据，大小仅 1MB 左右。使用 Linux 命令 wc 查看数据量如下：

```
$ wc -l kylin/sample_cube/data/*
```

结果为：

```
  731 kylin/sample_cube/data/DEFAULT.KYLIN_CAL_DT.csv
  144 kylin/sample_cube/data/DEFAULT.KYLIN_CATEGORY_GROUPINGS.csv
10000 kylin/sample_cube/data/DEFAULT.KYLIN_SALES.csv
```

这里文件名称是由 Hive 的 "数据库名称.表名" 命名的。其中事实表为 KYLIN_SALES，数据量为 1 万条，其余两张表 KYLIN_CAL_DT 和 KYLIN_CATEGORY_GROUPINGS 都是维表，因此这里是一个典型的星型模型的数据结构。

三张表的含义为：

（1）KYLIN_SALES

事实表，其保存了销售订单的明细信息，每一行对应着一笔交易订单。

（2）KYLIN_CATEGORY_GROUPINGS

维表，其保存了商品分类的详细介绍。

（3）KYLIN_CAL_DT

维表，其保存了时间的扩展信息。

我们再介绍后面用到的一些关键字段，如表 8-1 所示。

表 8-1

表名	字段名称	字段含义
KYLIN_SALES	PART_DT	订单日期
KYLIN_SALES	LEAF_CATEG_ID	商品分类 ID
KYLIN_SALES	SELLER_ID	卖家 ID
KYLIN_SALES	PRICE	订单金额
KYLIN_SALES	ITEM_COUNT	购买商品个数
KYLIN_SALES	LSTG_FORMAT_NAME	订单交易类型
KYLIN_CATEGORY_GROUPINGS	USER_DEFINED_FIELD1	用户定义字段 1
KYLIN_CATEGORY_GROUPINGS	USER_DEFINED_FIELD3	用户定义字段 3
KYLIN_CATEGORY_GROUPINGS	UPD_DATE	更新日期
KYLIN_CATEGORY_GROUPINGS	UPD_USER	更新用户
KYLIN_CATEGORY_GROUPINGS	META_CATEG_NAME	商品一级分类
KYLIN_CATEGORY_GROUPINGS	CATEG_LVL2_NAME	商品二级分类
KYLIN_CATEGORY_GROUPINGS	CATEG_LVL3_NAME	商品三级分类
KYLIN_CAL_DT	CAL_DT	日期
KYLIN_CAL_DT	WEEK_BEG_DT	周开始日期

下面开始正式进入 Demo 案例实战环节。

8.2 Sample Cube 案例实战

8.2.1 准备数据

首先我们执行${KYLIN_HOME}/bin/sample.sh 脚本，该脚本执行过程中主要做几个事情：

1. 在 Hive 中创建演示的三张表并导入数据

创建 Hive 表的脚本位于${KYLIN_HOME}/sample_cube/create_sample_tables.sql。

Hive 表的数据位于${KYLIN_HOME}/sample_cube/data 目录下面，三个 csv 格式文件，列都以逗号分隔：

```
DEFAULT.KYLIN_CAL_DT.csv
DEFAULT.KYLIN_CATEGORY_GROUPINGS.csv
DEFAULT.KYLIN_SALES.csv
```

2. 上传 Sample Cube 的 metadata

样例 Cube 的元数据位于${KYLIN_HOME}/sample_cube/metadata 目录下面，我们执行 ls 命令查看一下：

```
$ ls -l ${KYLIN_HOME}/sample_cube/metadata
drwxr-xr-x 2 kylin kylin 4096 7月  24 15:55 cube
drwxr-xr-x 2 kylin kylin 4096 6月   7 18:20 cube_desc
drwxr-xr-x 2 kylin kylin 4096 6月   7 18:20 model_desc
drwxr-xr-x 2 kylin kylin 4096 6月   7 18:20 project
drwxr-xr-x 2 kylin kylin 4096 6月   7 18:20 table
```

每一个目录都代表元数据的一部分，而且目录下面都是 json 格式的文件，我们后面会详细描述。

sample.sh 执行完成后，重启 kylin 服务或者从 Web UI 页面加载元数据，比如我们通过 Web UI 加载元数据，如图 8-1 所示。

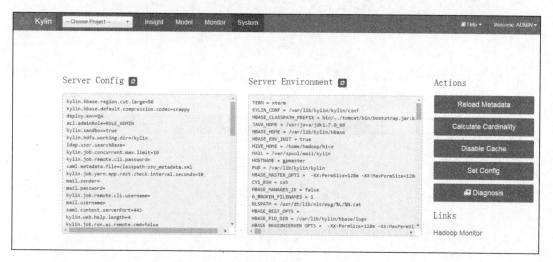

图 8-1

单击图中最右边 Actions 下面的第一个选项"Reload Metadata"，弹出提示框如图 8-2 所示。

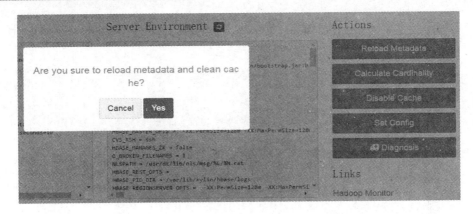

图 8-2

选择 Yes 即可，提示成功加载元数据，如图 8-3 所示。

图 8-3

这个时候，我们就可以从页面的左上角的下拉框中选择 Project "learn_kylin"，然后再从最顶部选择 "Model"，如图 8-4 所示。

图 8-4

从这个 Model 页面我们可以看到以下内容：

● 最左边是 "Models"，即模式设计，定义事实表和维度的关联方式、维度、度量等内容。

- 紧靠着 "Models" 的 "Data Source"，支持从 Hive 中加载数据表，以及使用 Streaming Table。
- 最右边是 "Cubes"，即根据 "Models" 来设计的所有 Cube 列表，你可以选择一个 Cube 进行 Drop、Delete、Build、Refresh 等操作，如图 8-5 所示的 Action 下拉框。

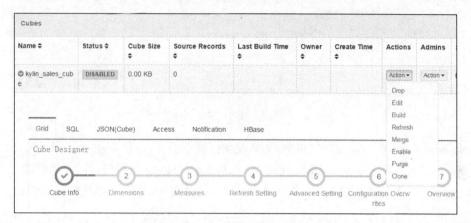

图 8-5

这里我们先直接拿 Sample Cube 样例自带的 Cube 来构建，后面再对 Model 和 Cube 创建过程进行详细演示。

8.2.2　构建 Cube

首先，需要确保你有 Build Cube 的权限。

（1）选择 Project "learn_kylin"，在 Cubes 页面中单击 Cube 名称为 "kylin_sales_cube" 一栏右侧的 Actions 下拉框并选择 Build 操作，如图 8-6 所示。

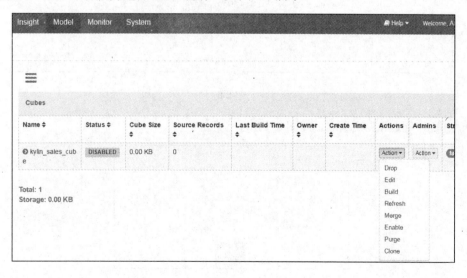

图 8-6

（2）弹出窗口，如图 8-7 所示。

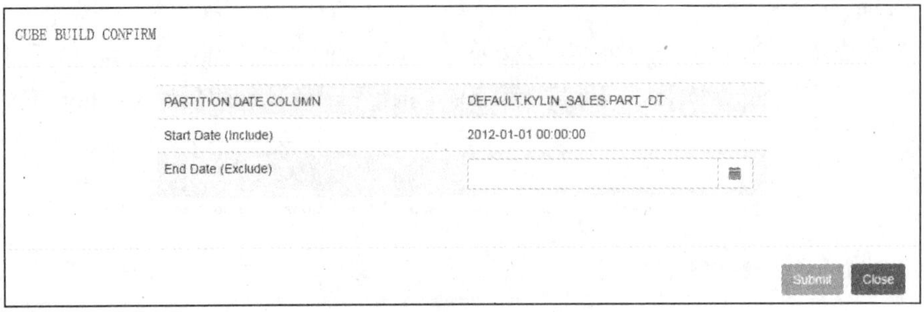

CUBE BUILD CONFIRM

PARTITION DATE COLUMN	DEFAULT.KYLIN_SALES.PART_DT
Start Date (Include)	2012-01-01 00:00:00
End Date (Exclude)	

Submit Close

图 8-7

选择 Build Cube 的时间范围（这个 Cube 是增量更新的），我们可以看到开始时间已经给我们设置好了，这是因为在创建 Cube 过程中设置 Refresh 的分区开始时间时已经设置好了，其实这个时间也是 Hive 表 KYLIN_SALES 字段 PART_DT 的最小时间，我们可以从 Hive 表中确认一下。

```
hive (default)> select min(part_dt) from kylin_sales;
2012-01-01
hive (default)> select max(part_dt) from kylin_sales;
2014-01-01
```

（3）单击 "End Date(Exclude)" 输入框，我们选择增量构建这个 Cube 的结束日期为 2013-01-01 00:00:00（不包含这一天），如图 8-8 所示。

CUBE BUILD CONFIRM

PARTITION DATE COLUMN	DEFAULT.KYLIN_SALES.PART_DT
Start Date (Include)	2012-01-01 00:00:00
End Date (Exclude)	2013-01-01 00:00:00

Submit Close

图 8-8

（4）单击 Submit 提交请求，如图 8-9 所示。

Success!
Rebuild job was submitted successfully

OK

图 8-9

（5）提交请求成功后，你可以从 Monitor 页面的所有 Jobs 中找到新建的 job，如图 8-10 所示。

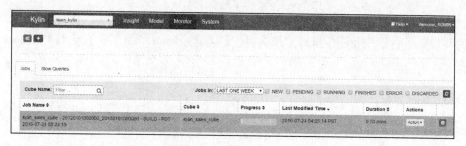

图 8-10

Job 中包含了 Job Name、Cube、Process 等内容，而且还包含了 Actions 相关操作（Discard）。

（6）单击 Job 最右边的箭头符号，如图 8-11 所示，查看 Job 的详细执行流程，如图 8-12 所示。

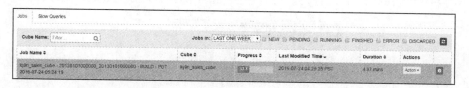

图 8-11

图 8-12

Job 详细信息为跟踪一个 Job 提供了它的每一步记录。你可以将光标停放在一个步骤状态图标上查看基本状态和信息。

这里只截取最开始的一部分任务，其余还有很长的一段任务流程没有展示，我们后面会单独用一个章节的内容来详细介绍 Cube 构建的整个流程。

此时我们可以看到作业还在执行，那么我们趁着这个时间，看一下 Hive 和 Hadoop 方面都有什么变化。

Hive 方面的变化

Cube 构建的过程中，我们可以登录 Hive 数据库查看有什么变化：

```
hive (default)> use kylin_flat_db; #Kylin 配置参数时我们指定了这个数据库名
hive (kylin_flat_db)> show tables;
kylin_intermediate_kylin_sales_cube_desc_20120101000000_20130101000000
```

可以看到有一张名字很长的表，其实这个就是 Intermediate Flat Table，有的人称之为平面表。如果你对这张表的内容比较好奇，可以查看作业中的内容，如图 8-13 所示。

图 8-13

单击第一个钥匙的按钮（Parameters）出现如图 8-14 所示的内容。

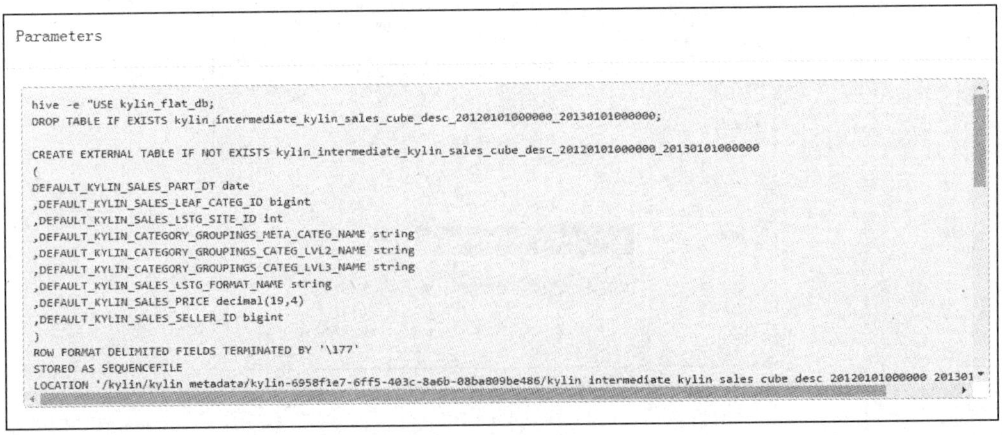

图 8-14

里面内容有点多，不方便全部截图，我就把核心的代码拿出来，如下：

```
INSERT OVERWRITE TABLE
kylin_intermediate_kylin_sales_cube_desc_20120101000000_2013010100000
0 SELECT
KYLIN_SALES.PART_DT
,KYLIN_SALES.LEAF_CATEG_ID
,KYLIN_SALES.LSTG_SITE_ID
,KYLIN_CATEGORY_GROUPINGS.META_CATEG_NAME
,KYLIN_CATEGORY_GROUPINGS.CATEG_LVL2_NAME
,KYLIN_CATEGORY_GROUPINGS.CATEG_LVL3_NAME
,KYLIN_SALES.LSTG_FORMAT_NAME
,KYLIN_SALES.PRICE
,KYLIN_SALES.SELLER_ID
FROM DEFAULT.KYLIN_SALES as KYLIN_SALES
INNER JOIN DEFAULT.KYLIN_CAL_DT as KYLIN_CAL_DT
ON KYLIN_SALES.PART_DT = KYLIN_CAL_DT.CAL_DT
INNER JOIN DEFAULT.KYLIN_CATEGORY_GROUPINGS as
KYLIN_CATEGORY_GROUPINGS
ON KYLIN_SALES.LEAF_CATEG_ID = KYLIN_CATEGORY_GROUPINGS.LEAF_CATEG_ID
AND KYLIN_SALES.LSTG_SITE_ID = KYLIN_CATEGORY_GROUPINGS.SITE_ID
WHERE (KYLIN_SALES.PART_DT >= '2012-01-01' AND KYLIN_SALES.PART_DT <
'2013-01-01');
```

可以看到这个中间临时表的大概内容为事实表和维度的关联后输出维度和度量指标，以及根据我们增量构建 Cube 时指定的开始和结束时间来裁剪数据范围。

当构建 Cube 结束后，此中间临时表就被删除了。

Hadoop 方面的变化

如果你的 Hadoop 没有启动 jobhistory，需要手动开启，否则提交的构建 Cube 作业可能无法执行；同样也方便后续定位问题。

如果搭建的 Hadoop 环境是 CDH 平台的，选择 jobhistory 组件，那么 jobhistory 默认是开启的。

如果你使用 Apache 开源的 Hadoop 版本，可能需要手动开启一下，如下是启动的一种方式，默认端口号是 19888：

```
$HADOOP_HOME/sbin/mr-jobhistory-daemon.sh start historyserver
```

我们查看 Hadoop 的 JobHistory 网址：

```
http://10.20.17.244:19888/jobhistory
```

显示内容如图 8-15 所示，包含了 Kylin 构建 Cube 中执行的 MapReduce 作业。

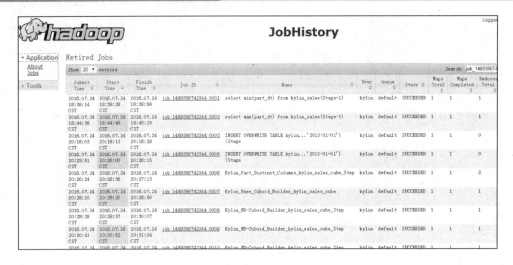

图 8-15

（7）如果你要放弃这个 Job，单击 Job 选项的 Actions 下拉框中的 Discard 按钮，如图 8-16 所示。

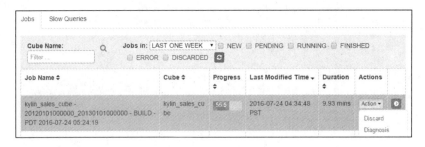

图 8-16

Discard，即放弃此任务，立即停止执行并不会再恢复，也就是无法再次执行 RESUME 操作了（处于 ERROR 状态的任务，用户在排查或解决问题后，通过 RESUME 操作来重试执行任务）。

（8）Job 执行完成情况，如图 8-17 所示。

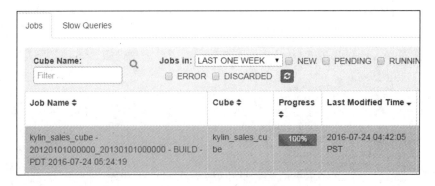

图 8-17

（9）对构建好的 Cube 进行查询。

切换到 Kylin 的 Insight 页面，提供了交互式的 SQL 查询。

```
select part_dt, sum(price) as total_selled, count(distinct seller_id)
as sellers from kylin_sales group by part_dt order by part_dt;
```

我们将上面的 SQL 语句写入到 New Query 的对话框中，然后单击右下角的 Submit 提交 SQL 查询，如图 8-18 所示。

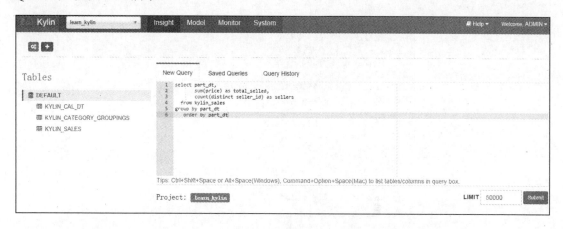

图 8-18

0.44 秒就返回了结果，速度还是很快的，如图 8-19 所示。

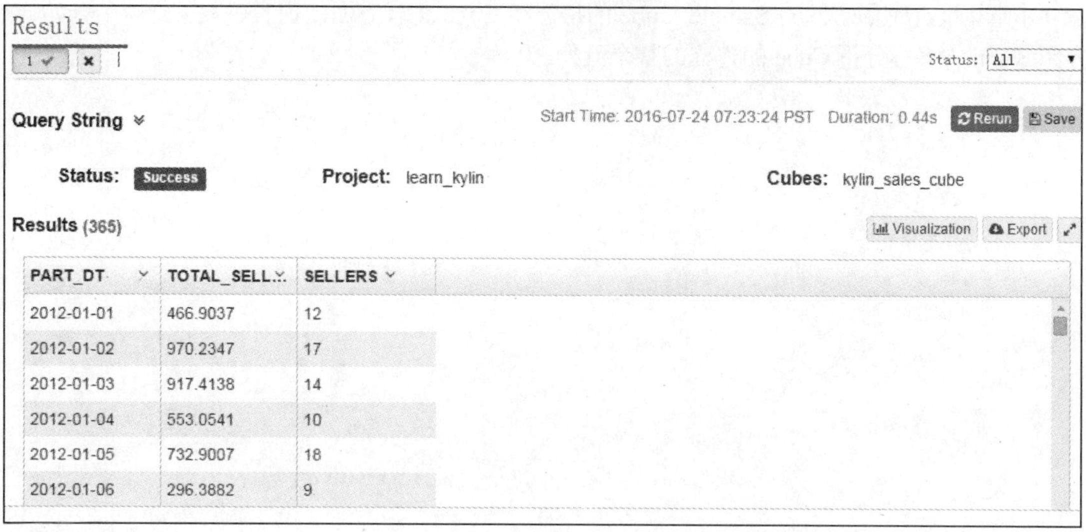

图 8-19

为了验证准确性，你可以将上面的 SQL 放到 Hive 里面执行，并比对查询速度，如图 8-20 所示。

```
hive> select part_dt,
    >        sum(price) as total_selled,
    >        count(distinct seller_id) as sellers
    >   from kylin_sales
    > group by part_dt
    >    order by part_dt;
```

图 8-20

这里省略 MapReduce 执行过程的日志内容。MapReduce 作业执行完成后的结果如图 8-21 所示。

```
2013-12-19      762.416 17
2013-12-20      603.2746        13
2013-12-21      797.4346        17
2013-12-22      1004.7532       19
2013-12-23      587.1644        10
2013-12-24      409.5192        10
2013-12-25      912.0252        17
2013-12-26      799.8385        15
2013-12-27      708.0807        14
2013-12-28      434.5787        10
2013-12-29      797.2707        11
2013-12-30      926.5274        19
2013-12-31      1144.2961       18
2014-01-01      574.341 12
Time taken: 64.217 seconds, Fetched: 731 row(s)
hive>
```

图 8-21

通过比较，Kylin 的查询速度还是很快的。

本章主要介绍了官网的 Sample Cube 的搭建和 Cube 构建方面的内容，从下一章节开始详细介绍 Kylin 中多维分析 Cube 的建立的整个流程。

第 9 章

◀ 多维分析的Cube创建实战 ▶

上一章节，我们已经将 Kylin 官方自带的 Sample Cube 给朋友们演示了一遍，估计大家对 Kylin 进行多维数据分析从整体上有点认识了。本章将会带领大家从无到有详细地创建一个完整的 Cube，其中包括数据源导入、创建 Project、创建 Model、设计 Cube、构建 Cube 等操作。

9.1 Cube 模型

这里再给大家补充说明一下 Kylin 中的 Cube 模型。

Cube 是一种典型的多维数据分析技术，一个 Cube 可以有多个事实表、多个维表构成。本书的开始章节中，我们已经对数据仓库、OLAP、Cube、星型模型、事实表、维度表等都进行了详细的阐述。

我们先举个例子，比如分析网站流量的 Cube，包含一个事实表和四个维度表：

事实表包括：

天、来源 ID、浏览器 ID、操作系统 ID、PV(Page View)、PageNumber 等，其中，小时、来源 ID、浏览器 ID、操作系统 ID 为维度；PV、PageNumber 为指标。

一般事实表中的维度都采用外键 ID 的形式，一来可以节省存储，也可以很好地适用于其他分析工具。

维度表包括：

● 时间维表：年、月、日，其中天为最细粒度，也为该表主键；
● 访问来源维表：来源 ID、来源名称；
● 浏览器维表：浏览器 ID、浏览器名称；
● 操作系统维表：操作系统 ID、操作系统名称；

事实表中的维度，分别与这四张维度表通过主外键的方式关联。Kylin 中的 Cube 使用的就是这种模型，一个事实表和多个维度表。

好了，Cube 就简单补充到这里，感兴趣的朋友，请查询本书的前面章节详细描述。

Kylin 中多维分析 Cube 的建立主要包括以下步骤：

（1）Hive 中事实表，以及多张维表的处理；

（2）Kylin 中建立项目（Project）；

（3）Kylin 中建立数据源（Data Source）；

（4）Kylin 中建立数据模型（Model）；

（5）Kylin 中建立 Cube；

（6）Build Cube；

（7）查询 Cube。

其中核心流程包括：同步 Hive 元数据、新建 Model、新建 Cube、Cube 的预计算过程和 SQL 查询过程。

9.2 创建 Cube 的流程

下面我们开始详解 Kylin 中创建 Cube 的整个流程，创建步骤分为 7 步 7 个小节进行说明。

9.2.1 步骤一：Hive 中事实表，以及多张维表的处理

Kylin 处理的数据来源之一为 Hive，所以首先需要将分析的数据导入到 Hive 中，并在 Hive 作为数据仓库层面进行预处理，目的是满足 Kylin 的 Cube 模型的要求。

现在迁移数据到 Hive 中的方式很多，可以使用 ETL 工具（比如 Kettle）或 Sqoop 开源组件。

本测试案例虽然比较简单，但是也会涵盖创建 Cube 的各个方面，我们这里选择一张事实表和两张维表关联进行演示。

Hive 中的事实表的建表语句为：

```
create table kylin_flat_db.web_access_fact_tbl
(
    day          date,
    cookieid     string,
    regionid     string,
    cityid       string,
    siteid       string,
    os           string,
    pv           bigint
) row format delimited
fields terminated by '|' stored as textfile;
```

事实表 web_access_fact_tbl 包含的维度有 day、regionid、cityid、siteid、os，度量指标有汇总的 pv 或去重计数的 cookieid。

为了方便演示，我们从本地加载数据到 Hive，数据文件 fact_data.txt 部分内容如下：

```
2016-07-19|GBSYO1IMQ7GHQXOVTP|G03|G0302|810|Mac OS|2
2016-07-03|NTJ95UHFUD3UECNS0U|G05|G0502|3171|Mac OS|4
2016-07-20|ZR27L7C79CCJGTN1F7|G04|G0402|8793|Mac OS|2
2016-07-01|C17QEB0560LUZHD26P|G04|G0402|9793|Android 5.0|5
2016-07-01|N9LRCVTU6PGSUDJ9RB|G03|G0301|1292|Mac OS|1
```

如果大家想根据本节提供的数据来实战操作的话，我写了个 Java 程序，用来生成模拟数据，Java 代码全部内容如下：

```java
package com.jsz;

import java.io.BufferedWriter;
import java.io.File;
import java.io.FileWriter;
import java.io.IOException;
import java.util.Random;


public class CreateData {
public static void main(String[] args) {
    String cookieId[] = { "0", "1", "2", "3", "4", "5", "6", "7", "8",
"9","Z", "Y", "X", "W", "V", "U", "T", "S", "R", "Q", "P", "O","N", "M",
"L", "K", "J", "I", "H", "G", "F", "E", "D", "C","B", "A" };
    String regionId[] = { "G01", "G05", "G04", "G03", "G02" };
    String osId[] = { "Android 5.0", "Mac OS", "Window 7" };
    String tempDate = null;
    String cookieIdTemp = "";
    String regionTemp = null;
    String cityTemp = null;
    String sidTemp = null;
    String osTemp = null;
    String pvTemp = null;

    try {                      .
        for (int i = 0; i< 100; i++) {
            int x = (int) (Math.random() * 31);
            if (x == 0) {
```

```
            tempDate = "2016-07-01";
        }else if (x < 10) {
            tempDate = "2016-07-0" + x;
        } else {
            tempDate = "2016-07-" + x;
        }
        //System.out.println(tempDate);

        for (int i1 = 0; i1 < 18; i1++) {
            int j = (int) (Math.random() * 35);
            cookieIdTemp += cookieId[j];
        }
        //System.out.println(cookieIdTemp);

        int k = (int) (Math.random() * 4);
        regionTemp = regionId[k];
        //System.out.println(regionTemp);

        int l = (int) (Math.random() * 2) + 1;
        cityTemp = regionTemp + "0" + 1;
        //System.out.println(cityTemp);

        Random random = new Random();
        int m = (int) Math.floor((random.nextDouble() * 10000.0));
        sidTemp = "" + m;
        //System.out.println(sidTemp);

        int n = (int) (Math.random() * 2);
        osTemp = osId[n];
        //System.out.println(osTemp);

        int h = (int) (Math.random() * 9) + 1;
        pvTemp = "" + h;
        //System.out.println(pvTemp);

        String data =
    tempDate+"|"+cookieIdTemp+"|"+regionTemp+"|"+cityTemp+"|"+sidTemp+"|"
+osTemp+"|"+pvTemp+"\n";
        cookieIdTemp = "";
```

```
        File file = new File("fact_data.txt");

        // if file doesnt exists, then create it
        if (!file.exists()) {
            file.createNewFile();
        }

        // true = append file
        FileWriterfileWriter = new FileWriter(file.getName(), true);
        BufferedWriterbufferWriter = new BufferedWriter(fileWritter);
        bufferWritter.write(data);
        bufferWritter.close();

        //System.out.println("Done");
    }
    } catch (IOException e) {
        e.printStackTrace();
    }
}
}
```

加载数据文件到 Hive 表中：

```
hive> use kylin_flat_db;
hive> load data local inpath '/var/lib/kylin/fact_data.txt' into
table web_access_fact_tbl;
```

region 维度建表语句和数据文件 region.txt，内容如下：

建表语句：

```
create table kylin_flat_db.region_tbl
(
regionid        string,
regionname      string

) row format delimited
fields terminated by '|' stored as textfile;
```

数据文件 region.txt：

```
G01|北京
```

```
G02|江苏
G03|浙江
G04|上海
G05|广州
```

city 维度建表语句和数据文件 city.txt，内容如下 。

建表语句：

```
create table kylin_flat_db.city_tbl
(
regionid      string,
cityid        string,
cityname      string

) row format delimited
fields terminated by '|' stored as textfile;
```

数据文件 city.txt：

```
G01|G0101|朝阳
G01|G0102|海淀
G02|G0201|南京
G02|G0202|宿迁
G03|G0301|杭州
G03|G0302|嘉兴
G04|G0401|徐汇
G04|G0402|虹口
G05|G0501|广州
G05|G0502|海珠
```

我们将两种维表也加载到 Hive 表中：

```
hive> load data local inpath '/var/lib/kylin/region.txt' into table
region_tbl;
hive> load data local inpath '/var/lib/kylin/city.txt' into table
city_tbl;
```

Kylin 采用的是星型模型，即一张事实表和多张维度表。很多时候，我们可能涉及多张事实表，这就需要我们先在 Hive 中进行预处理，产生一张比较大的事实表，或者使用视图 view 来处理，用视图作为多张事实表处理逻辑。

另外还需要注意的是，有些时候 Hive 表的字段类型可能不符合 Kylin 的要求，但是我们又不打算修改 Hive 表的字段类型，那么也可以使用视图来进行处理，将字段类型转换为需要的类型，或者你也可以创建另外一张事实表（占用更多存储空间）。

9.2.2 步骤二：Kylin 中建立项目（Project）

新建一个 Project，如图 9-1 所示。

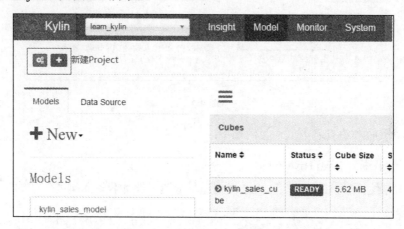

图 9-1

我用线框圈起来的两个图标按钮都可以用来新建 Project 工程。

比如我们单击"+"号按钮，弹出对话框，输入 Project 名称并单击 Submit，如图 9-2 所示。

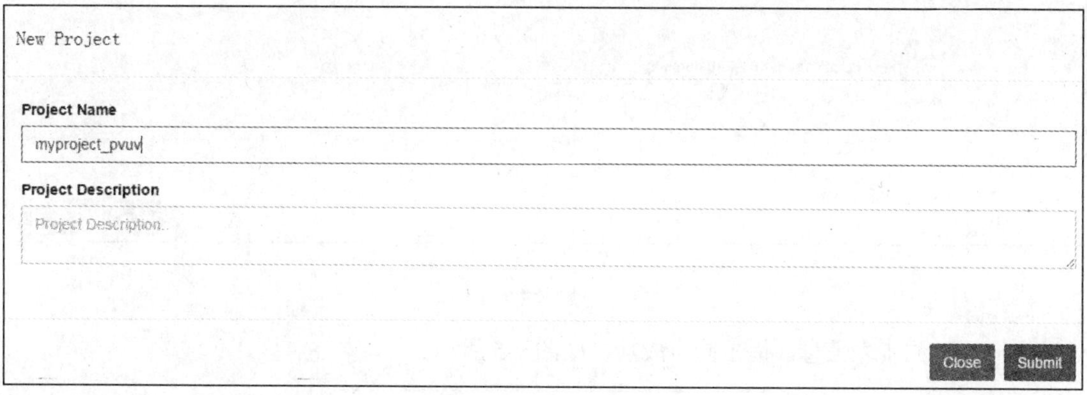

New Project

Project Name

myproject_pvuv

Project Description

Project Description...

Close Submit

图 9-2

9.2.3 步骤三：Kylin 中建立数据源（Data Source）

Kylin 中建立数据源操作如图 9-3 所示，先执行操作 1，选择刚才创建的 Project；再执行操作 2，单击 Data Source；最后再执行操作 3，选择加载数据方式。

图 9-3

加载数据这步操作有几种方式，说明如下：

（1）第一个图标：Load Hive Table

手工填入需要加载的 Hive 列表，表之间用逗号分隔，比如我输入刚才创建的三张表：

```
kylin_flat_db.city_tbl,kylin_flat_db.region_tbl,kylin_flat_db.kylin_f
act_tbl
```

输入方式如图 9-4 所示。

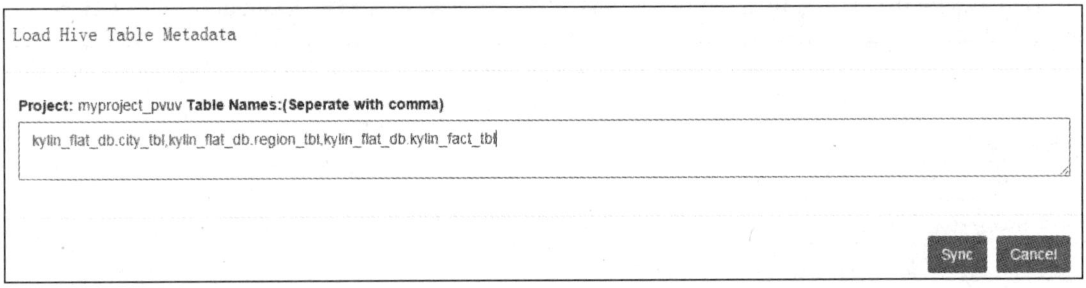

Load Hive Table Metadata

Project: myproject_pvuv **Table Names:(Seperate with comma)**

kylin_flat_db.city_tbl,kylin_flat_db.region_tbl,kylin_flat_db.kylin_fact_tbl

Sync Cancel

图 9-4

单击 Sync 同步表信息，提示同步成功，如图 9-5 所示。

图 9-5

（2）第二个图标：Load Hive Table From Tree

单击数据库 kylin_flat_db 后列出库下面所有的表，然后单击需要同步的表即可，最后单击 Sync 同步，如图 9-6 所示。

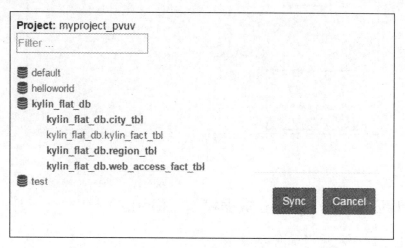

图 9-6

（3）第三个图标：Unload Hive Table

这一步和第一个图标操作一样，只不过此功能是卸载 Kylin 同步的表。

（4）最后一个图标：Add Streaming Table

添加实时数据流的表，格式必须是 Json 格式的。从 1.5.2 版本开始，官网给出了在 Kylin 中基于 Kafka 定义 Streaming Table，从而完成准实时 Cube 的构建，如图 9-7 所示。

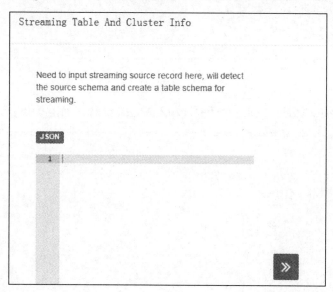

图 9-7

我们这里只要加载之前创建的三张 Hive 表就可以了，如图 9-8 所示。

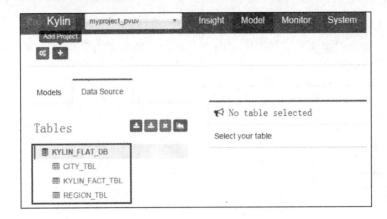

图 9-8

9.2.4　步骤四：Kylin 中建立数据模型（Model）

Kylin 中建立数据模型操作如图 9-9 所示。

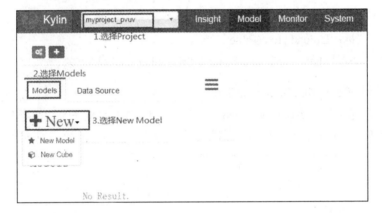

图 9-9

我们这里选择 New Model，弹出对话框，输入 Model 名称，如图 9-10 所示。

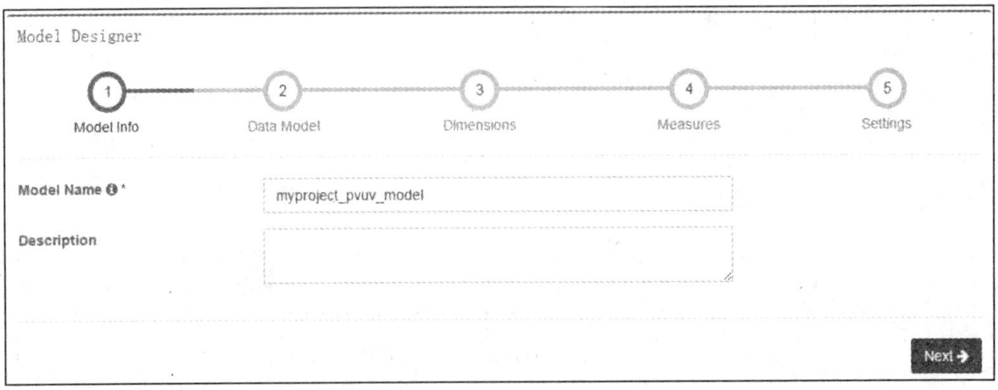

Model Designer

① Model Info	② Data Model	③ Dimensions	④ Measures	⑤ Settings

Model Name ❶ *　　myproject_pvuv_model

Description

Next →

图 9-10

单击 Next，如图 9-11 所示。

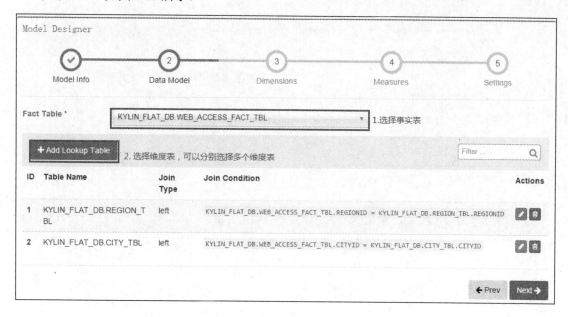

图 9-11

这里主要用来选择事实表和维度表，以及它们的关联方式（left join 或 inner join）和关联条件（等式关联条件）。

配置完成后，单击 Next，如图 9-12 所示。

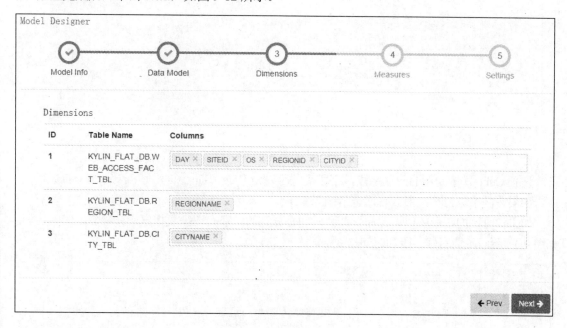

图 9-12

选择模型的维度，选好后，单击 Next，如图 9-13 所示。

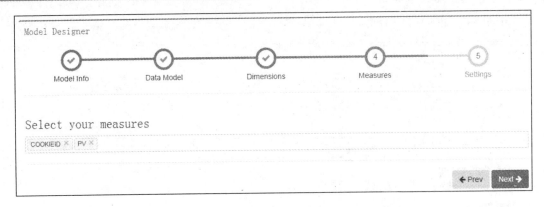

图 9-13

选择好度量指标字段后，继续单击 Next，如图 9-14 所示。

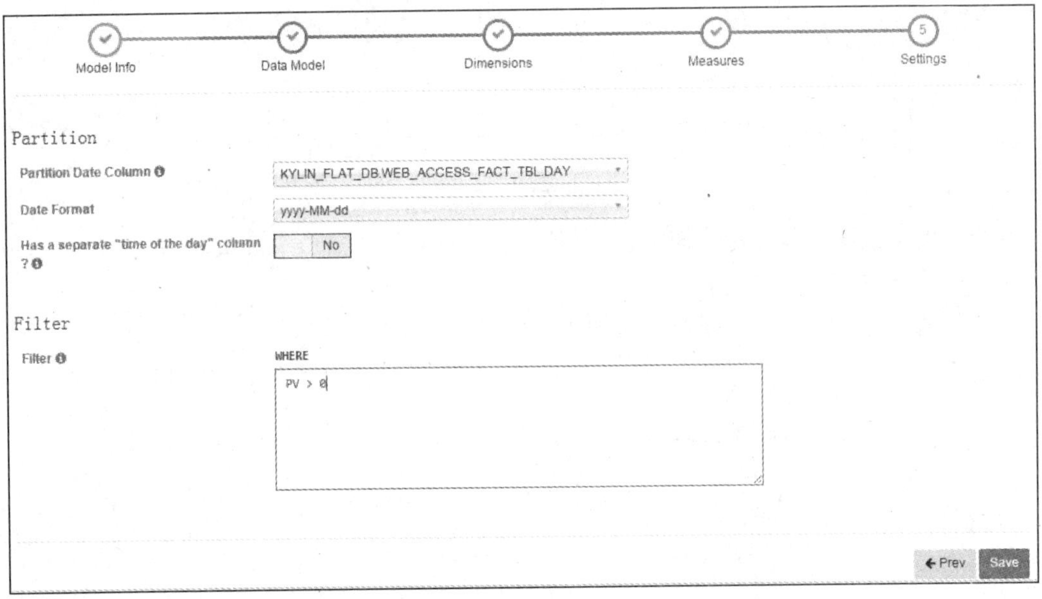

图 9-14

设置 Cube 增量刷新的分区字段，字段类型可以为 Date、Timestamp、String、Varchar 等。
如果分区字段为空，那么每次全量刷新 Cube。

如果你分区的字段的值，比如日期和时间是分开的，那么还需要指定额外独立的时间字段，
如图 9-15 所示，填写好字段和时间格式。

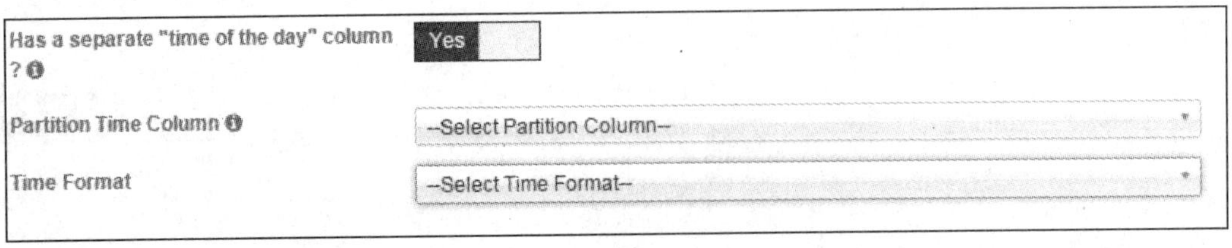

图 9-15

我们还可以从 Hive 源数据表中过滤数据，这里不要指定 where 关键字，只要直接写过滤条件就可以了。

最后，我们单击 Save，保存模型，如图 9-16 所示。

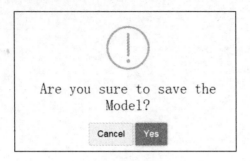

图 9-16

单击 Yes 保存 Model，那么我们的 Model 就创建好了。

在创建 Model 的过程中，有几个步骤的点需要说明：

- Model Name：全局唯一。
- Data Model：星型模型，一个事实表和多个维度表。
- Dimensions：选择事实表和维度表的维度，这里设置的维度表在新建 Cube 时使用。
- Measures：设置度量，只能来自事实表。
- Settings：如果事实表是日增量数据，Partition Date Column 可以选择事实表的日期分区字段。在 Kylin 1.5.2 版本中新增加小时分区设置 filter 条件，用于对表中的数据进行过滤。

模型检查

既然模型创建好了，那么我们浏览一下创建好的模型，看看有没有什么问题，如图 9-17 所示。

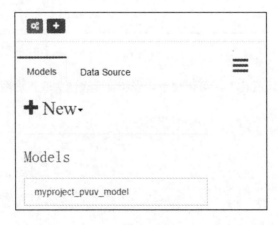

图 9-17

单击 Model 的名称"myproject_pvuv_model"，弹出窗口，如图 9-18 所示。

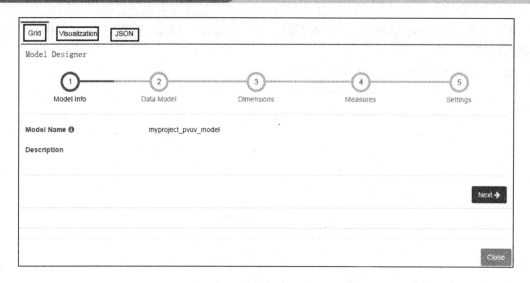

图 9-18

这里有三种方式查看，分别为 Grid（表格）、Visualization（可视化）、JSON（JSON 格式）。

（1）Grid（表格）：刚才创建 Model 的整个过程，如图 9-19 所示。

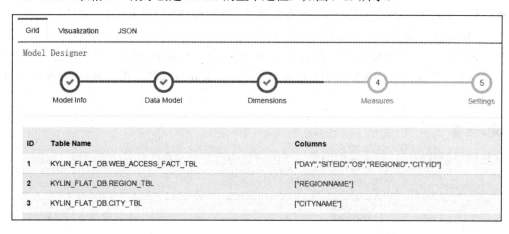

图 9-19

（2）Visualization（可视化）：可视化事实表和维度表的关联，如图 9-20 所示。

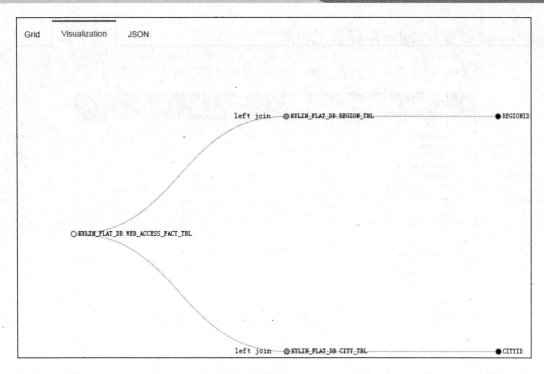

图 9-20

（3）JSON（JSON 格式）：以 JSON 格式配置了 Model 模型中的表关联、维度字段、度量字段、Cube 刷新方式、过滤条件等，如图 9-21 所示。

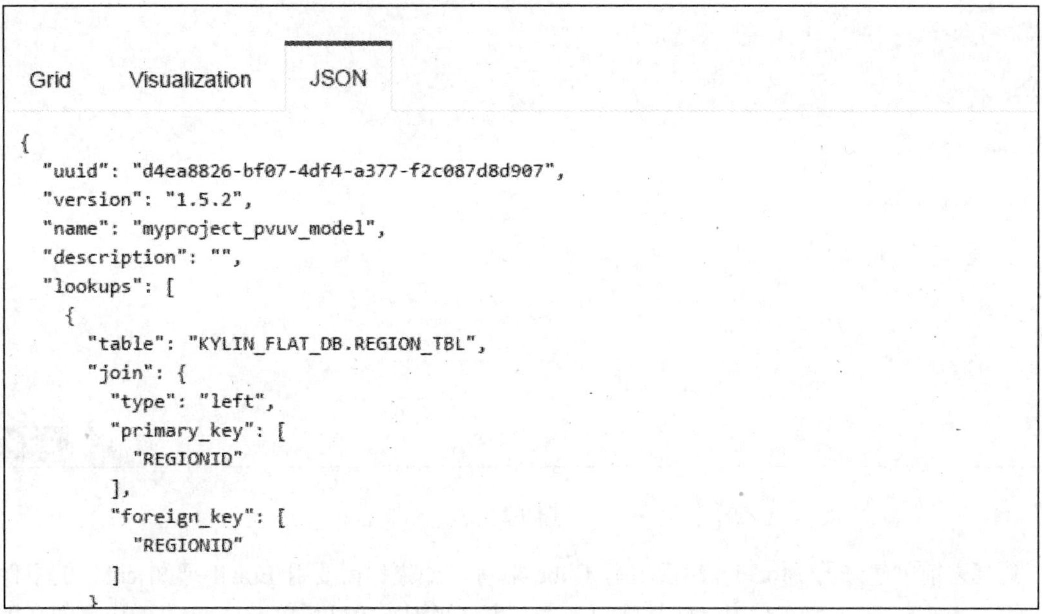

```
Grid     Visualization     JSON

{
    "uuid": "d4ea8826-bf07-4df4-a377-f2c087d8d907",
    "version": "1.5.2",
    "name": "myproject_pvuv_model",
    "description": "",
    "lookups": [
      {
        "table": "KYLIN_FLAT_DB.REGION_TBL",
        "join": {
          "type": "left",
          "primary_key": [
            "REGIONID"
          ],
          "foreign_key": [
            "REGIONID"
          ]
```

图 9-21

9.2.5　步骤五：Kylin 中建立 Cube

这一步是 Kylin 构建 Cube 的核心过程，操作如图 9-22 所示。

图 9-22

按照图中标记的顺序操作即可，最后一步我们选择 New Cube，弹出界面，如图 9-23 所示。

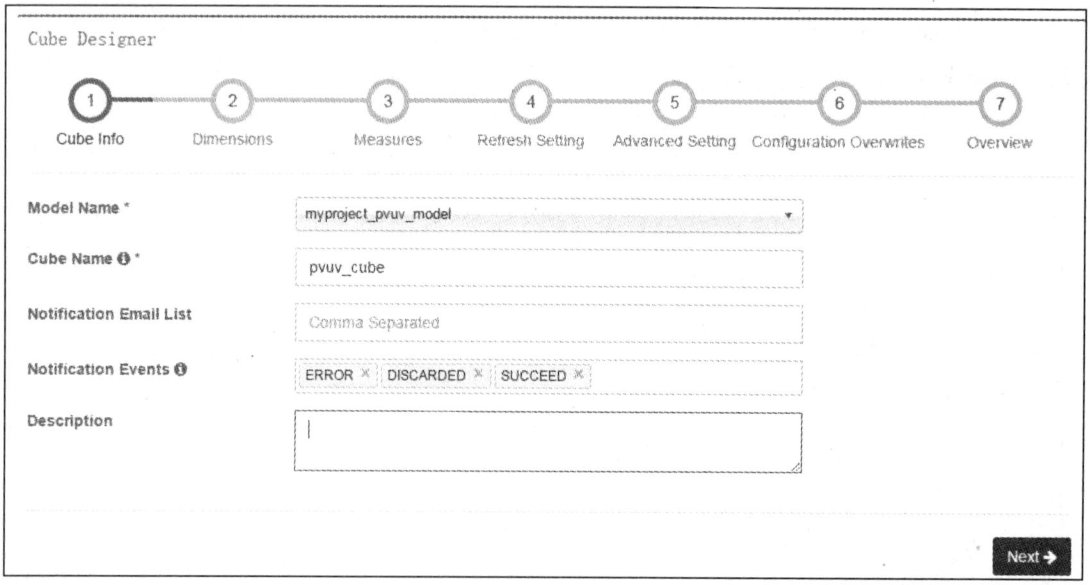

图 9-23

选择之前创建好的 Model，然后填写 Cube 名称，如果你需要用 Email 通知 cube 的事件的话，填写 notification 相关信息，包括邮箱列表、事件级别。填好后单击 Next，弹出界面，用来添加维度信息，如图 9-24 所示。

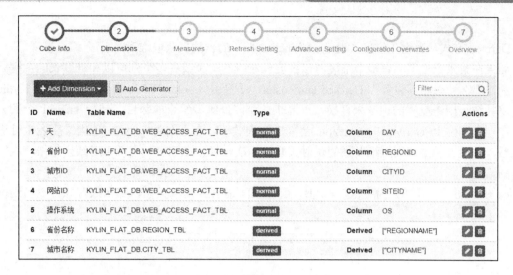

图 9-24

这里你可以使用 "Add Dimension" 手工添加；也可以使用 "Auto Generator" 自动帮我们生成维度信息，你只要从弹出的页面选择你想要的维度字段即可。

大家应该也注意到了，这里的维度有两种类型：normal 和 derived。

其实 dimension 类型的定义非常重要，也决定着维度组合的数量以及 Cube 的大小。

在一个多维数据集合中，维度的个数决定着维度之间可能的组合数，而每一个维度中成员集合的大小决定着每一个可能的组合的个数，例如有三个普通的维度 A、B、C，他们的不同成员数分别为 10、100、1000，那么一个维度的组合有 2 的 3 次方个，分别是{空、A、B、C、AB、BC、AC、ABC}，每一个成员我们称为 cuboid（维度的组合），而这些集合的成员组合个数分别为 1、10、100、1000、10*100、100*1000、10*1000 和 10*100*1000。我们称每一个dimension 中不同成员个数为 Cardinality，我们要尽量避免存储 Cardinality 比较高的维度的组合，在上面的例子中我们可以不缓存 BC 和 C 这两个 cuboid，可以用计算的方式通过 ABC 中成员的值计算出 BC 或者 C 中某个成员组合的值，这相当于是时间和空间的一个权衡吧。其实我们也可以从 "Data Source" 中查看维度表的 Dimension 的 Cardinality，如图 9-25 所示。

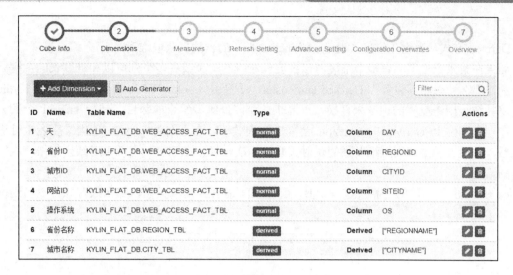

图 9-25

（1）Derived 方式

Derived 方式从有衍生维度（derived dimensions）的查找表获取维度。

如果在某张维度表上有多个维度，该维度表对应的一个或者多个列可以和维度表的主键是一对一的，那么可以将其设置为 Derived Dimension（只能由 Lookup Table 的列生成），在 Kylin 内部会将其统一用维度表的主键来替换，以此来达到降低维度组合的数目（减少 cuboid 个数），当然在一定程度上 Derived Dimension 会降低查询效率，在查询时，Kylin 使用维度表主键进行聚合后，再通过主键和真正维度列的映射关系做一次转换，在 Kylin 内部再对结果集做一次聚合后返回给用户。

如图 9-26 所示，ID 为主键，A、B、C 与 ID 存在一对一关系，那么只有 ID 参与维度组合，并生成 cuboid。

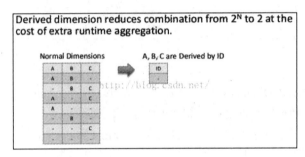

图 9-26

（2）Normal 方式

最常见的类型，与所有其他的 dimension 组合构成 Cuboid。

1. Kylin 维度的优化方式简介

后面会有专门的章节介绍 Kylin 维度的优化方式（Hierarchies、Derived 等），这里就简单说明。

添加好 Dimension 维度信息之后，单击 Next，进入度量指标设计界面，如图 9-27 所示.

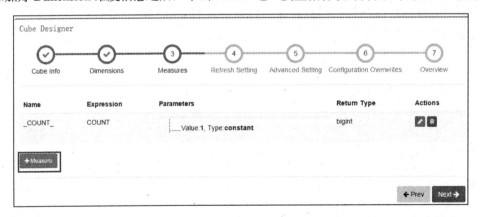

图 9-27

这里可以通过"+Measure"图标进行度量值的增加，比如我们配置如图 9-28 所示。

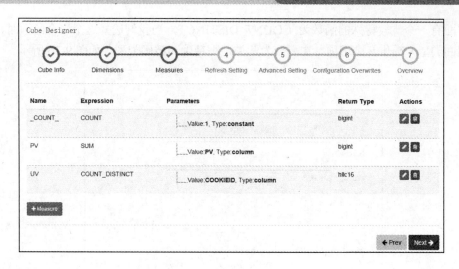

图 9-28

我们这里是对 pv 进行 sum 汇总计算，对 cookieid 进行 count distinct 去重过滤统计个数。

根据图 9-28 我们可以发现 Kylin 会为每一个 cube 创建一个聚合函数为 count(1)的度量，它不需要关联任何列。用户自定义的度量字段可以选择 SUM、MIN、MAX、COUNT、TOP N、RAW 和 COUNT DISTINCT 等函数处理，而每一个度量字段定义时还可以选择这些聚合函数的参数，可以选择常量或者事实表的某一列，一般情况下我们都会选择某一列。这里我们发现 Kylin 并不提供 AVG 等相对较复杂的聚合函数，主要是因为它需要基于缓存的 cube 做增量计算并且合并成新的 cube，而这些复杂的聚合函数并不能简单地对两个值计算之后得到新的值，例如需要增量合并的两个 cube 中某一个 key 对应的 sum 值分别为 A 和 B，那么合并之后的则为 A+B，而如果此时的聚合函数是 AVG，那么我们必须知道这个 key 的 count 和 sum 之后才能做聚合。这就要求使用者必须自己额外进行计算。

 对于 Kylin 1.5.2.x 版本支持的聚合函数如图 9-29 所示。

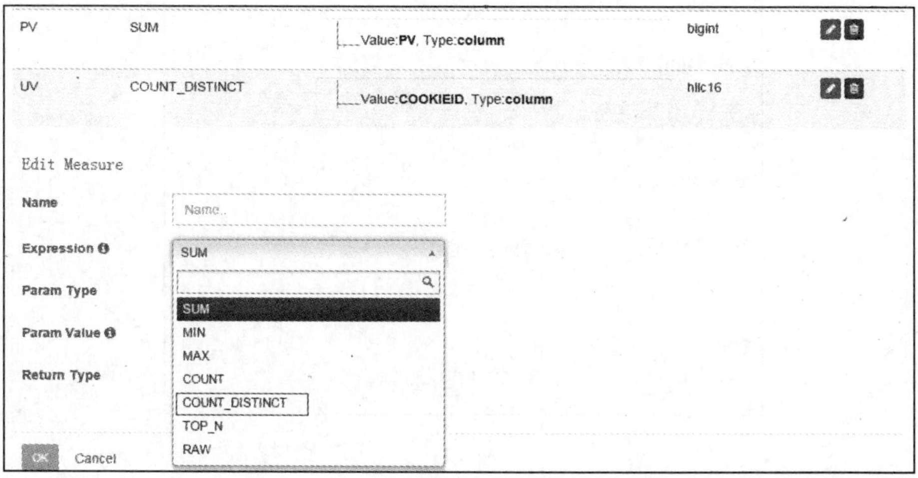

图 9-29

这里面有一个比较特殊的函数为 COUNT_DISTINCT，当我们选择这个聚合函数时，Return Type（返回类型）提供几个选项，主要分为两类，不精确和精确类型，如图 9-30 所示。

图 9-30

以前版本的 Kylin 使用 COUNT_DISTINCT 时，采用的是 HyperLogLog(近似的 Count Distinct 算法)，可以指定错误率，错误率越低，占用的存储越大，Build 耗时越长。从 1.5 版本中加入了 User Defined Aggregation Types，即用户自定义聚合类型，后来 Kylin 基于 Bit-Map 算法实现精确 Count Distinct，但也仅仅支持整数 Integer 家族（比如 int，bigint）的字段类型，字符等类型暂时支持。

详见：https://issues.apache.org/jira/browse/KYLIN-1186

补充：对于 Kylin 1.5.3 版本来说，新增 extended_column，完整的函数如图 9-31 所示。

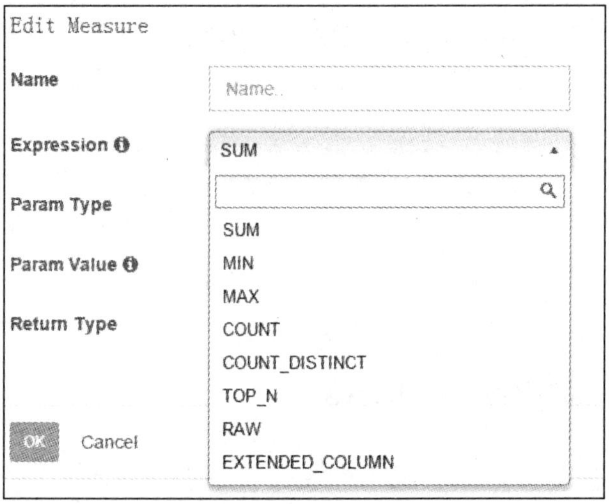

图 9-31

继续单击 Next，进入 Cube 刷新界面设置，如图 9-32 所示。

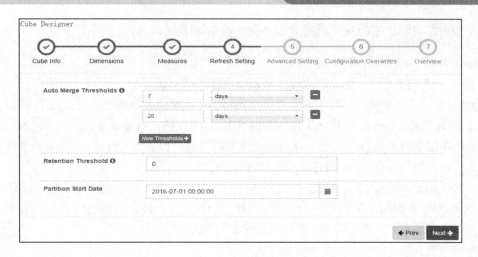

图 9-32

这部分主要是用来设计增量 Cube 合并信息，默认为每隔 7 天就 merge 增量的 segments（每一个 segment 逻辑上对应着一个物理 cube），每隔 28 天 merge 那些前面 7 天合并的 segments。当前你也可以完全自己定义 merge 策略。

说明一下图 9-32 中的三块内容：

- Auto Merge Thresholds：根据自己的需求，设计 merge 策略。
- Retention Threshold：默认为 0，保留所有历史的 Cube Segments。当然你也可以设置保留最新的多少天 Cube Segments。
- Partition Start Date：Cube 增量刷新的开始时间，根据你业务需求设计从哪一天开始计算计算 Cube。

2. Kylin 的高级配置

设计完成后，单击 Next，进入 Kylin 的高级配置界面，如图 9-33 所示。由于此界面内容比较多，分开截图展示并介绍。

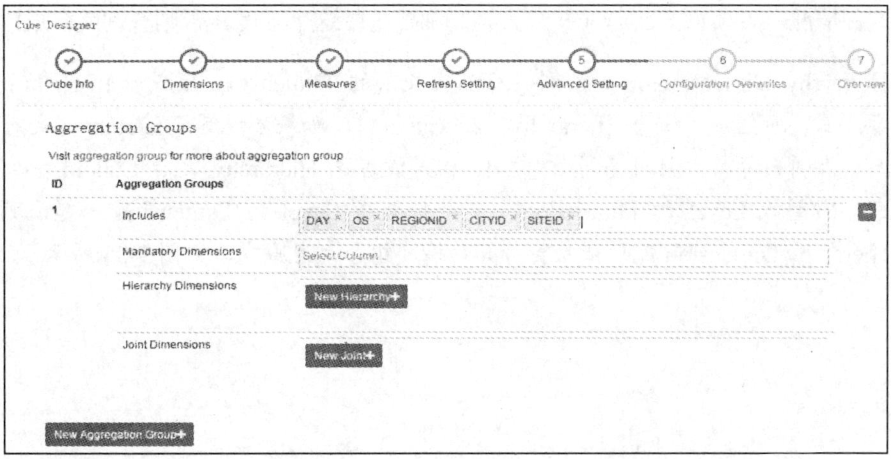

图 9-33

这里的内容主要是对 Cube 的维度进行优化，简单介绍一下。

Aggregation Groups: 聚合组

这是一个将维度进行分组，以求达到降低维度组合数目的手段。不同分组的维度之间组成的 Cuboid 数量会大大降低，维度组合从 2 的（k+m+n）次幂至多能降低到 2 的 k 次幂加 2 的 m 次幂加 2 的 n 次幂。Group 的优化措施与查询 SQL 紧密依赖，可以说是为了查询定制的优化。如果查询的维度是跨 Group 的，那么 Kylin 需要以较大的代价从 N-Cuboid 中聚合得到所需要的查询结果，这需要我们在 Cube 构建时仔细考虑和评估。

换个角度来说，维度组的设置主要是为了让不出现在一个查询中的两个维度不计算 cuboid（通过划分到两个不同的维度组中），这其实相当于把一个 cube 的树结构划分成多个不同的树，可以在不降低查询性能的情况下减少 cuboid 的计算量。

对于每个聚合组内部又存在几个优化方式：

● Includes: 此属性用于指定包含在 Aggregation Groups 的维度。属性的值必须是一个完整的子集维度，尽量保持维度最小并只包括必要的维度。

● Mandatory Dimensions: 如果每次查询的 group by 中都会携带某维度，那么我们可以将这个 dimension 设置为 Mandatory，这样就可以将维度组合数量减少一半（cuboid 的个数减少一半），如图 9-34 所示。

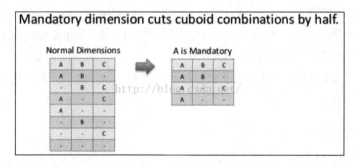

图 9-34

针对这种情况，后续每一次 group by 查询时都要携带这个维度，否则查询就会报错。

● Hierarchy Dimensions: 一系列具有层次关系的 Dimension 组成一个 Hierarchy，比如年、月、日组成了一个 Hierarchy，在 Cube 中，如果不设置 Hierarchy，会有年、月、日、年月、年日、月日 6 个 cuboid，但是设置了 Hierarchy 之后 Cuboid 增加了一个约束，希望低 Level 的 Dimension 一定要伴随高 Level 的 Dimension 一起出现。设置了 Hierarchy Dimension 能使得需要计算的维度组合大大减少，如图 9-35 所示.

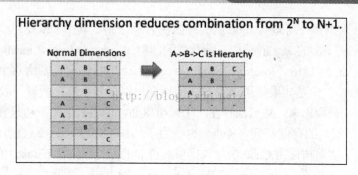

图 9-35

比如查询时指定 group by year，group by year,month 或 group by year,month,day 都可以查询，如果指定 group by month,day 就不可以查询了，直接报错。

● Joint Dimensions：这是一个新引入的规则。如果两个或更多个维度是"Joint"，那么任何有效的 cuboid 要么都不包含这些维度，要么包含所有维度。换句话说，这些维度将始终在一起。当多维数据集设计肯定有某些维度总是会一起查询，这将非常有用。这也是结合修剪上可能不太使用维度的非常好的方法。假设你有 20 个维度，前 10 个维度经常使用，后者 10 不太可能被使用，你可以通过为"Joint"加入后 10 个维度，有效地将 cuboid 数据从 2 的 20 次方减少到 2 的 11 次方。

这部分的内容就暂时介绍到这里，接着我们再看一下高级部分的其他内容，如图 9-36 所示。

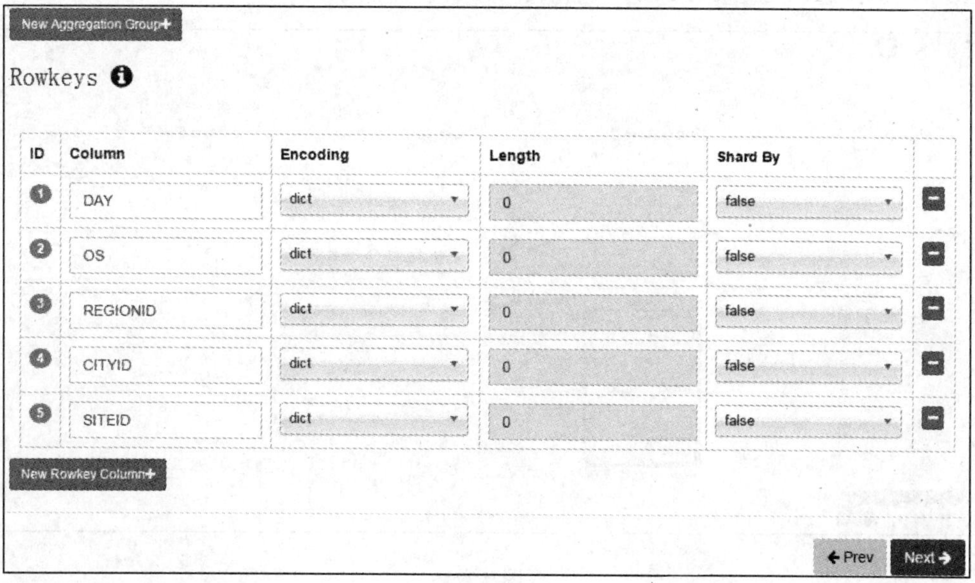

图 9-36

这里对 HBase 的 rowkey（行键）进行设计，默认行键是由维度的值进行组合的，你也可以继续添加 rowkey 组合的字段。一般不需要修改，使用默认值即可。

Kylin 的 Cube 数据是使用 key-value 结构存储在 HBase 中，其中 key 是每一个维度成员的组合值，不同的 cuboid 下面的 key 的结构是不一样的，例如 cuboid={time，location，product}下面的一个 key 可能是 time='2016'，location='Nanjing'，product='IPhone6s'，那么这个 key 就可以写成 2016:Nanjing:Iphone6s，但是如果使用这种方式的话会出现很多重复，所以一般情况下我们会把一个维度下的所有成员取出来，然后保存在一个数组里面，使用数组的下标组合成为一个 key，这样可以大大节省 key 的存储空间，Kylin 也使用了相同的方法，只不过使用了字典树（Trie 树），每一个维度的字典树作为 Cube 的元数据以二进制的方式存储在 HBase 中。

Rowkeys 的 Encoding 分为 dict、int 和 fixed_length 三种方式。

dict 就是 Dictionary 方式，表示需要为这个维度建立字典树。

fixed_length 需要设置 Length 大小，而 Length 则意味着在实际存储到 HBase 的 rowkey 时使用该维度的前 Length 个字符作为它的值（截取每一个成员值只保留前 Length 个字符），一般情况下是不建议设置 Length 的，而是设置为 dict，只有当 cardinality 比较大时并且只需要取前 N 个字节就可以表示这个维度时才建议设置 Length=N，因为每一个维度的 dictionary 都会保存在内存中，如果字典树占用很大的内存会影响 Kylin 的使用，甚至导致 OOM 的问题产生。对于 dictionary 的编码使用的是字典树，它的原理实际上是为每一个维度成员赋予一个整数的 id，实际存储的时候存储的是这个 id 的二进制值（使用 int 最多占用 4 个字节），并且保证每一个 id 的顺序和维度成员的顺序相同的，例如 AAA 的 id=1，AAB 的 id=2，AAC 的 id=3，这样在查询的时候就可以直接根据 column>AAA 转换成 id>1，方便 HBase Coprocessor 的处理。

补充：对于 Kylin 1.5.3 版本，新增了 date 和 time 编码，比如我们 Kylin 升级到 1.5.3 版本后，这里的字段 DAY 就变成后 date 格式编码，如图 9-37 所示。

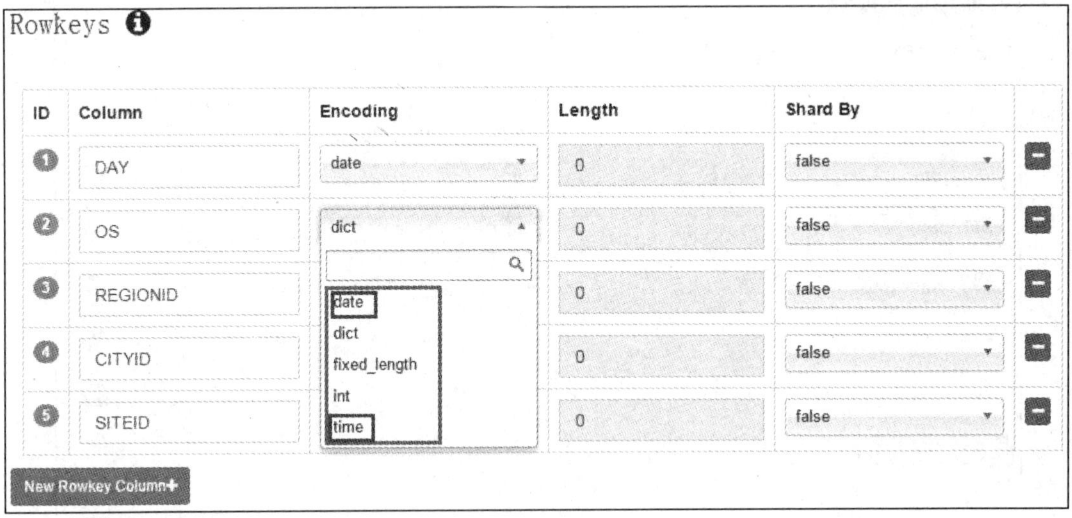

图 9-37

单击 Next，进行 Cube 级别的参数设置，如图 9-38 所示。

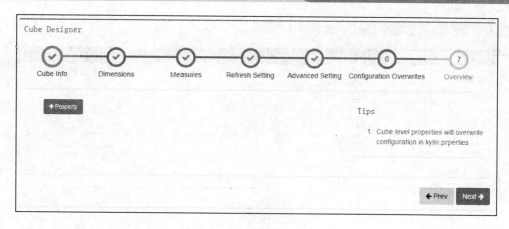

图 9-38

单击"+Property"，可以设置 Cube 级别的参数值，此处配置的参数值将覆盖 kylin.prperties 文件中的值。

我们这里暂时不需要设置，直接单击 Next，进入最后一步，如图 9-39 所示。

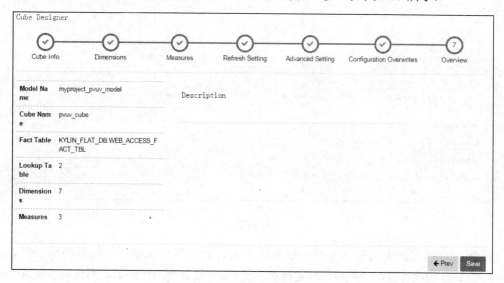

图 9-39

列出创建 Cube 的统计信息。如果确定没有问题的话，直接单击"Save"，在弹出的页面中直接单击"Yes"，如图 9-40 所示，完成整个 Cube 的创建。

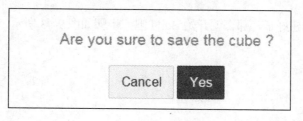

图 9-40

查看一下我们刚创建的 Cube，如图 9-41 所示。

图 9-41

如图 9-41 所示，我们单击小箭头，查看更详细的 Cube 信息，如图 9-42 所示。

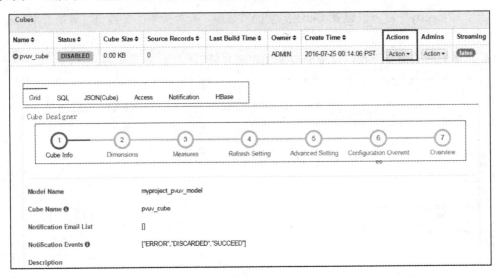

图 9-42

上面用方框标记出来的每一步都可以单击查看，如果发现 Cube 有问题的话，可以单击 Action 中的 Edit 进行修改，当然如果你觉得对这个 Cube 设计有问题的话，那也可以从 Action 中使用 Drop 删除。

9.2.6　步骤六：Build Cube

既然 Cube 已经创建好了，那么就开始 Build 吧。步骤如图 9-43 所示。

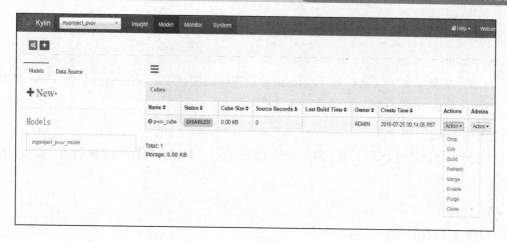

图 9-43

对一些常见的操作，比如创建 Project、创建 Model、创建 Cube、构建 Cube 等，后续我们不再截图说明，以节省纸张。对于一些特殊的或者未介绍过的操作，还是需要截图展示并加以说明。到目前为止，相信朋友们也应该熟悉这些常见操作了，如果部分内容忘记的话，请查阅前面的演示过程。

我们 Build 时，弹出的页面显示默认开始时间为：2016-07-01 00:00:00，这个是我们在创建 Cube 时指定的。为了演示，我们将 End Date 设置为 2016-07-02 00:00:00，然后 Submit。

这里我们必须对 Cube 上能够执行哪些操作都说明一遍，方便大家深入理解，我们也尽量做到每个知识点都不遗漏。根据图 9-41 中 Action 下拉框选项显示 Cube 操作有：

（1）Drop

删除此 Cube。

（2）Edit

如果发现 Cube 设计有问题，可以选择 Edit 进行修改。

（3）Build

执行构建 Cube 操作，如果是增量 Cube，则需要指定开始和结束时间，这两个时间区间标识本次构建的 segment 的数据源只选择这个时间范围内的数据。对于 Build 操作而言，startTime 是不需要的，因为它总是会选择最后一个 segment 的结束时间作为当前 segment 的起始时间。

由于 Kylin 基于预计算的方式提供数据查询，构建操作是指将原始数据（存储在 Hadoop 中，通过 Hive 获取）转换成目标数据（存储在 HBase 中）的过程。

（4）Refresh

对某个已经构建过的 Cube Segment，重新从数据源抽取数据并构建，从而获得更新。

（5）Merge

对于增量 Cube，即设置分区字段，这样的 Cube 就可以进行多次 Build，每一次的 Build 会生成一个 segment，每一个 segment 对应着一个时间区间的 Cube，这些 segment 的时间区间是连续并且不重合的，对于拥有多个 segment 的 cube 可以执行 merge，相当于将一段时间区间内部的

segment 合并成一个，可以减少 Segment 的数量，同时减少 Cube 的存储空间。

（6）Enable

使 Cube 生效。如果 Cube 处于 disabled 状态时改变 Cube Schema，那么 Cube 的所有 segments 将因为 Data 和 Schema 不匹配而被丢弃。

（7）Disabled

使 Cube 失效，此时无法再通过 SQL 查询 Cube 数据。如果再执行 Enable 的话，就可以继续查询了。

（8）Purge

将 Cube 的所有 Cube Segment 删除。

（9）Clone

如果我们想保留原先已经创建好的 Cube，但是又想创建一个类似的 Cube，那么此时就可以使用 Clone 功能重新克隆一个一模一样的 Cube，然后对这个 Cube 进行修改等操作。

对于 Cube 不同的状态，能够执行的 Action 也是不同的，比如 Cube 处于 Ready 状态时可以执行的 Action，如图 9-44 所示。

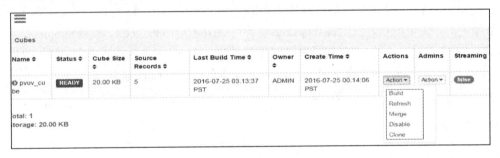

图 9-44

 如果 Cube 的状态变成"Ready"意味着已经准备好对外 SQL 查询服务。

下面我们切换到 Monitor 界面，查看刚才提交的 Job，如图 9-45 所示。

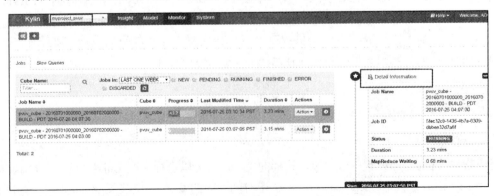

图 9-45

通过指定 Project 名称，可以查看指定工程下面的所有作业，从图 9-45 中可以看出我们刚提交的作业还在执行。对于图中最右边的内容，也就是整个 Cube 构建的全部过程，我们下个章节会对其中每一步执行过程都加以详细说明。

等作业执行完成后，Monitor 中的 Job 状态显示为 FINISHED，并且 Progress 显示为 100%。这里补充一下 Job 的几种状态：

- NEW：新任务，刚刚创建。
- PENDING：等待被调度执行的任务。
- RUNNING：正在运行的任务。
- FINISHED：正常完成的任务（终态）。
- ERROR：执行出错的任务。
- DISCARDED：丢弃的任务（终态）。

此外，我们也可以看到 Cube 的状态显示为 Ready 了，如图 9-46 所示。

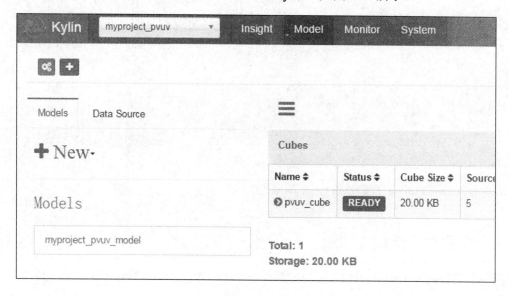

图 9-46

Build Cube 完成后，我们可以从 Cube 的详细信息中看到 HBase 的信息了（Build Cube 之前没有任何信息），如图 9-47 所示。

图 9-47

此 Cube 数据存储在 HBase 的表 KYLIN_C37CNMSYXA 中，2 个 Region，小于 1MB，并且包含开始和结束时间。我们登录到 HBase 环境中查看：

```
hbase(main):001:0> list
TABLE
KYLIN_AMLAK436TI
KYLIN_C37CNMSYXA
kylin_metadata
3 row(s) in 0.3120 seconds

=> ["KYLIN_AMLAK436TI", "KYLIN_C37CNMSYXA", "kylin_metadata"]
hbase(main):002:0>
```

可以看到表 KYLIN_C37CNMSYXA 是存在的。

9.2.7 步骤七：查询 Cube

我们通过 Insight 页面来验证 Cube 构建的结果是否正常，比如执行如下 SQL 语句：

```
select "DAY",regionname,cityname ,sum(pv),count(distinct cookieid)
from WEB_ACCESS_FACT_TBL a
left join CITY_TBL b
ona.cityid = b.cityid
left join REGION_TBL c
onc.regionid = a.regionid
group by "DAY", regionname,cityname;
```

当初设计表结构时，故意挑选了 DAY 这个字段名称，其实在 Hive 里面是没有问题的，但是在 Kylin 里面，这个字段是关键字，所以查询时需要使用双引号。

查询结果如图 9-48 所示。

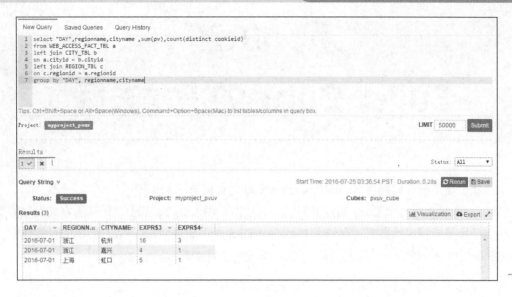

图 9-48

然后，我们在 Hive 里面进行验证，如下：

```
hive> select DAY,regionname,cityname ,sum(pv),count(distinct cookieid)
>from WEB_ACCESS_FACT_TBL a
>left join CITY_TBL b
>ona.cityid = b.cityid
>left join REGION_TBL c
>onc.regionid = a.regionid
>where day >= '2016-07-01' and day < '2016-07-02'
>group by DAY, regionname,cityname;
```

结果为：

```
2016-07-01 上海虹口5    1
2016-07-01 浙江嘉兴4    1
2016-07-01 浙江杭州16   3
Time taken: 34.595 seconds, Fetched: 3 row(s)
```

可以看到 Kylin 里面只使用 0.28 秒，Hive 中使用了 34.595 秒，对于 Kylin 预处理过后查询速度还是不错的。

到此为止，整个 Cube 的创建、构建、查询等已经完整介绍完了，而且对每个细节都进行了详解。其实细心聪明的朋友们，已经发现对于 Build Cube 的过程和 Cube 的查询流程都还没有细说。朋友们说的没错，接下来两个章节我们就会为朋友们揭秘 Kylin 中的 Cube 到底是如何计算和 Cube 如何查询的。

朋友们赶紧喝点白开水或咖啡，休息一下，准备进入下一章节吧。

第 10 章
◄ Build Cube的来龙去脉 ►

本章我们会为朋友们揭秘 Kylin 中的 Cube 到底是如何 Build 出来的。

Build 操作是构建一个 Cube 指定时间区间的数据，由于 Kylin 基于预计算的方式提供数据查询，构建操作是指将原始数据（存储在 Hadoop HDFS 中，通过 Hive 获取）转换成目标数据（存储在 HBase 中）的过程。主要的步骤可以按照顺序分为四个阶段：

● 根据用户的 Cube 信息计算出多个 cuboid 文件。
● 根据 cuboid 文件生成 htable。
● 更新 cube 信息。
● 回收临时文件。

每一个阶段操作的输入都需要依赖于上一步的输出，所以这些操作全是顺序执行的。

10.1 流程分析

我们选择上一章节完成的 Job 进行整个流程分析，如图 10-1 所示。

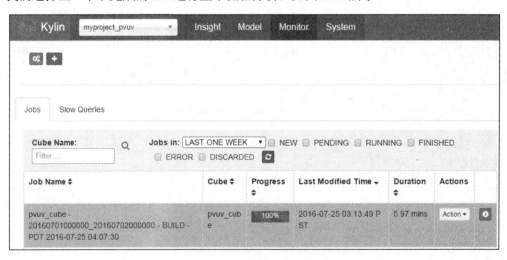

图 10-1

单击 ▸ 查看更详细的流程，由于流程内容比较多，我们分开进行说明。

1. 流程一：作业整体描述

Job 作业的整体描述信息，比如 Job 名称、Job 的 ID、Job 状态、耗时、MapReduce 等待时长，如图 10-2 所示。

对于 Kylin 1.5.3 版本开始，"Detail Information"作业整体描述流程之后增加了一个流程，名称为"Count Source Table"，用来统计事实表的记录总行数，如图 10-3 所示。

图 10-2

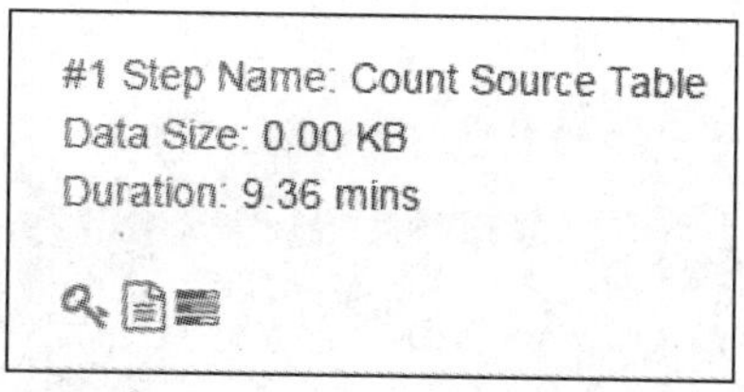

#1 Step Name: Count Source Table
Data Size: 0.00 KB
Duration: 9.36 mins

图 10-3

单击钥匙图标，内容如图 10-4 所示。

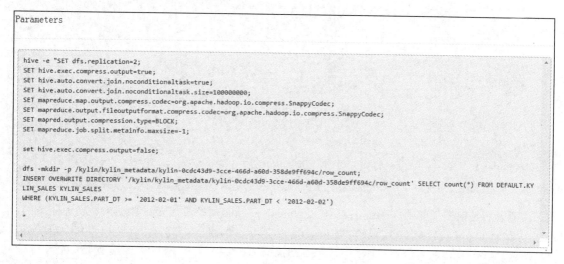

```
Parameters

hive -e "SET dfs.replication=2;
SET hive.exec.compress.output=true;
SET hive.auto.convert.join.noconditionaltask=true;
SET hive.auto.convert.join.noconditionaltask.size=100000000;
SET mapreduce.map.output.compress.codec=org.apache.hadoop.io.compress.SnappyCodec;
SET mapreduce.output.fileoutputformat.compress.codec=org.apache.hadoop.io.compress.SnappyCodec;
SET mapred.output.compression.type=BLOCK;
SET mapreduce.job.split.metainfo.maxsize=-1;

set hive.exec.compress.output=false;

dfs -mkdir -p /kylin/kylin_metadata/kylin-0cdc43d9-3cce-466d-a60d-358de9ff694c/row_count;
INSERT OVERWRITE DIRECTORY '/kylin/kylin_metadata/kylin-0cdc43d9-3cce-466d-a60d-358de9ff694c/row_count' SELECT count(*) FROM DEFAULT.KY
LIN_SALES KYLIN_SALES
WHERE (KYLIN_SALES.PART_DT >= '2012-02-01' AND KYLIN_SALES.PART_DT < '2012-02-02')

"
```

图 10-4

可以看到，把构建 Cube 的来源表的总行数写到指定的 HDFS 文件中。

2. 流程二：生成中间临时数据（Create Intermediate Flat Hive Table）

这一步的操作是根据 Cube 设计中的定义生成原始数据，这里会新创建一个 Hive 外部表，然后再根据 Cube 中定义的星型模型，查询出维度（对于 Derived 类型的维度使用的是外键）和度量的值并插入到新创建的表中，表的数据文件（存储在 HDFS）作为下一个子任务的输入，它首先根据维度中的列和度量中作为参数的列得到需要出现在该表中的列，然后执行三步 Hive 操作，这三步 Hive 操作是通过 hive -e 的方式执行的 shell 命令，我们单击图 10-5 所示的钥匙图标，就可以查看完整内容，这里我们只展示整体逻辑即可。

图 10-5

（1）第一步：如果临时表存在就删除

```
USE kylin_flat_db;
DROP TABLE IF EXISTS
kylin_intermediate_pvuv_cube_20160701000000_20160702000000;
```

（2）第二步：创建外部表

```
CREATE EXTERNAL TABLE IF NOT EXISTS
kylin_intermediate_pvuv_cube_20160701000000_20160702000000
(
......省略表字段结构
)
ROW FORMAT DELIMITED FIELDS TERMINATED BY '\177'
STORED AS SEQUENCEFILE
LOCATION '/kylin2/kylin_metadata/kylin-5fec32c8-1435-4b7a-8309-
dbbee32d7a6f/kylin_intermediate_pvuv_cube_20160701000000_20160702000000';
```

其中表名是根据当前的 Cube 名称和 segment 的 uuid（增量 Cube 为时间范围）生成的，location 是当前 job 的临时文件，只有当 insert 插入数据的时候才会创建，注意这里每一行的分隔符指定的是'\177'（目前是代码固定的，十进制为 127）。

（3）第三步：插入数据

```
SET dfs.replication=2;
```

```
......省略参数设置

INSERT OVERWRITE TABLE
kylin_intermediate_pvuv_cube_20160701000000_20160702000000 SELECT
  ......省略字段
  FROM KYLIN_FLAT_DB.WEB_ACCESS_FACT_TBL as WEB_ACCESS_FACT_TBL
  LEFT JOIN KYLIN_FLAT_DB.REGION_TBL as REGION_TBL
  ON WEB_ACCESS_FACT_TBL.REGIONID = REGION_TBL.REGIONID
  LEFT JOIN KYLIN_FLAT_DB.CITY_TBL as CITY_TBL
  ON WEB_ACCESS_FACT_TBL.CITYID = CITY_TBL.CITYID
  WHERE (PV > 0)  AND (WEB_ACCESS_FACT_TBL.DAY >= '2016-07-01' AND
WEB_ACCESS_FACT_TBL.DAY < '2016-07-02');
```

在执行插入数据之前，首先设置一些配置项，这些配置项通过 hive 的 SET 命令设置，是根据这个 Cube 的 Job 的配置文件（位于 Kylin 的 conf 目录下，kylin_job_conf.xml）设置的。

最后执行的是 INSERT OVERWRITE TABLE xxx SELECT xxxx 语句，SELECT 子句中选出 Cube 星状模型中事实表与维度表按照设置的方式 join 之后出现在维度或者度量参数中的列（特殊处理 derived 列），然后再加上用户设置的 where 条件和 partition 的时间条件（根据输入 Build 的参数）。

这一步执行完成之后 location 指定的目录下就有了原始数据的文件，为接下来的任务提供了输入。

3. 流程三：创建事实表的 Distinct Columns 文件（Extract Fact Table Distinct Columns）

创建事实表的 Distinct Columns 文件如图 10-6 所示。

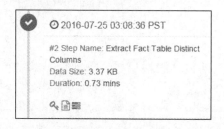

图 10-6

我们可以先单击钥匙图标查看参数内容：

```
-conf /var/lib/kylin/kylin/bin/../conf/kylin_job_conf.xml
-cubename pvuv_cube
-output /kylin2/kylin_metadata/kylin-5fec32c8-1435-4b7a-8309-
dbbee32d7a6f/pvuv_cube/fact_distinct_columns
-segmentname 20160701000000_20160702000000
-statisticsenabled true
```

```
-statisticsoutput /kylin2/kylin_metadata/kylin-5fec32c8-1435-4b7a-
8309-dbbee32d7a6f/pvuv_cube/statistics
-statisticssamplingpercent 100
-jobname Kylin_Fact_Distinct_Columns_pvuv_cube_Step
```

根据参数 output 的值，可以查看这一步输出结果（我们省略了一些无关紧要的输出）：

```
$ hdfs dfs -ls /kylin2/kylin_metadata/kylin-5fec32c8-1435-4b7a-8309-
dbbee32d7a6f/pvuv_cube/fact_distinct_columns
/kylin2/kylin_metadata/kylin-5fec32c8-1435-4b7a-8309-
dbbee32d7a6f/pvuv_cube/fact_distinct_columns/CITYID
/kylin2/kylin_metadata/kylin-5fec32c8-1435-4b7a-8309-
dbbee32d7a6f/pvuv_cube/fact_distinct_columns/DAY
/kylin2/kylin_metadata/kylin-5fec32c8-1435-4b7a-8309-
dbbee32d7a6f/pvuv_cube/fact_distinct_columns/OS
/kylin2/kylin_metadata/kylin-5fec32c8-1435-4b7a-8309-
dbbee32d7a6f/pvuv_cube/fact_distinct_columns/REGIONID
/kylin2/kylin_metadata/kylin-5fec32c8-1435-4b7a-8309-
dbbee32d7a6f/pvuv_cube/fact_distinct_columns/SITEID
/kylin2/kylin_metadata/kylin-5fec32c8-1435-4b7a-8309-
dbbee32d7a6f/pvuv_cube/fact_distinct_columns/_SUCCESS
/kylin2/kylin_metadata/kylin-5fec32c8-1435-4b7a-8309-
dbbee32d7a6f/pvuv_cube/fact_distinct_columns/part-r-00000
/kylin2/kylin_metadata/kylin-5fec32c8-1435-4b7a-8309-
dbbee32d7a6f/pvuv_cube/fact_distinct_columns/part-r-00001
/kylin2/kylin_metadata/kylin-5fec32c8-1435-4b7a-8309-
dbbee32d7a6f/pvuv_cube/fact_distinct_columns/part-r-00002
/kylin2/kylin_metadata/kylin-5fec32c8-1435-4b7a-8309-
dbbee32d7a6f/pvuv_cube/fact_distinct_columns/part-r-00003
/kylin2/kylin_metadata/kylin-5fec32c8-1435-4b7a-8309-
dbbee32d7a6f/pvuv_cube/fact_distinct_columns/part-r-00004
/kylin2/kylin_metadata/kylin-5fec32c8-1435-4b7a-8309-
dbbee32d7a6f/pvuv_cube/fact_distinct_columns/part-r-00005
```

这一步是根据流程二中生成的 hive 临时表作为输入，计算出表中的每一个出现在事实表中的维度和度量的 distinct 值，并写入到以列命名的文件中。如果某一个维度列的 distinct 值比较大，那么可能导致 MapReduce 任务执行过程中的 OOM。

4. 流程四：构建维度词典（Build Dimension Dictionary）

构建维度词典如图 10-7 所示。

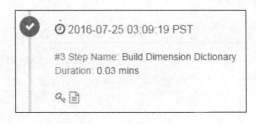

图 10-7

依旧我们单击钥匙图标，查看参数内容：

```
-cubename pvuv_cube
-segmentname 20160701000000_20160702000000
-input /kylin2/kylin_metadata/kylin-5fec32c8-1435-4b7a-8309-
dbbee32d7a6f/pvuv_cube/fact_distinct_columns
```

　　这一步是根据上一步（流程三）生成的 distinct column 文件和维度表计算出所有维度的词典信息。词典是为了节约存储而设计的，用于将一个成员值编码成一个整数类型并且可以通过整数值获取到原始成员值，每一个 cuboid 的成员以一个 key-value 形式存储在 HBase 中，key 是维度成员的组合，但是一般情况下维度是一些字符串之类的值，所以可以通过将每一个维度值转换成唯一整数而减少内存占用，在从 HBase 查找出对应的 key 之后再根据词典获取真正的成员值。

　　这一步是在 Kylin 进程内的一个线程中执行的，它会创建所有维度的 dictionary。如果是事实表上的维度则可以从上一步生成的文件（HDFS 文件）中读取该列的 distinct 成员值，否则需要从原始的 Hive 表中读取每一列的信息，根据不同的源（HDFS 文件或者 Hive 表）获取所有的列去重之后的成员列表，然后根据这个列表生成 dictionary。Kylin 中针对不同类型的列使用不同的实现方式，对于 time 之类的使用 DateStrDictionary。针对数值型的使用 NumberDictionary，其余的都使用一般的 TrieDictionary（字典树）。这些 dictionary 会作为 Cube 的元数据存储在 Kylin 元数据库里面，当执行 Query 的时候进行转换。

　　之后，还需要计算维度表的 SnapshotTable，每一个 snapshot 和一个 Hive 维度表对应，生成的过程是：首先从原始的 Hive 维度表中顺序地读取每一行每一列的值，然后使用 TrieDictionary 方式对这些所有的值进行编码，这样每一行每一列的值都能够得到一个编码之后的 id（相同的值 id 也相同），然后再次读取原始表中每一行的值，将每一列的值使用编码之后的 id 进行替换，得到了一个只有 id 的新表，这样同时保存这个新表和 dictionary 对象（id 和值得映射关系）就能够保存整个维度表了，同样，Kylin 也会将这个数据存储在 HBase 的元数据表中。

　　需要注意的问题：这个流程中的操作会在 Kylin 进程的一个线程中执行的，也会加载某一个维度的所有 distinct 成员到内存，如果某一个维度的 Cardinality 比较大，可能会导致内存出现 OOM。

5. 流程五：保存 Cuboid 的统计信息（Save Cuboid Statistics）

保存 Cuboid 的统计信息如图 10-8 所示。

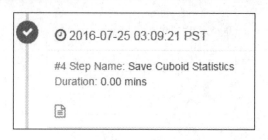

图 10-8

6. 流程六：创建 HTable（Create HTable）

创建 HTable 如图 10-9 所示。

图 10-9

单击钥匙图标查看参数内容：

```
-cubename pvuv_cube
-segmentname 20160701000000_20160702000000
-partitions hdfs://JSZ-L0023776:8020/kylin2/kylin_metadata/kylin-
5fec32c8-1435-4b7a-8309-dbbee32d7a6f/pvuv_cube/rowkey_stats/part-r-00000
-statisticsenabled true
```

这一步非常简单，就是创建 HTable。

创建一个 HTable 的时候需要考虑：

● 列族的设置。

● 每一个列族的压缩方式。

● 部署 coprocessor。

● HTable 中每一个 region 的大小。

列族的设置是根据用户创建 Cube 的时候设置的，在 HBase 中存储的数据 key 是维度成员的组合，value 是对应聚合函数的结果。在创建 HTable 时可以指定使用压缩方式，支持 GZ、LZ4、LZO、SNAPPY 几种压缩方式。Kylin 强依赖于 HBase 的 coprocessor，所以需要创建 HTable 为该表部署 coprocessor，这个文件会首先上传到 HBase 所在的 HDFS 上，然后在表的元信息中关联。比如我们可以通过 HBase Shell 方式登录到 HBase 中查看表结构：

```
hbase(main):051:0> describe 'KYLIN_C37CNMSYXA'
```

```
Table KYLIN_C37CNMSYXA is ENABLED
KYLIN_C37CNMSYXA, {TABLE_ATTRIBUTES => {coprocessor$1 => 'hdfs://JSZ-
L0023776:8020/kylin2/kylin_metadata/coprocessor/kylin-coprocessor-
1.5.2.1-0.jar|org.apache.kylin.s
  torage.hbase.ii.coprocessor.endpoint.IIEndpoint|1000|', coprocessor$2
=> 'hdfs://JSZ-L0023776:8020/kylin2/kylin_metadata/coprocessor/kylin-
coprocessor-1.5.2.1-0.jar|or
  g.apache.kylin.storage.hbase.cube.v2.coprocessor.endpoint.CubeVisitSe
rvice|1001|', coprocessor$3 => 'hdfs://JSZ-
L0023776:8020/kylin2/kylin_metadata/coprocessor/kylin-c
  oprocessor-1.5.2.1-
0.jar|org.apache.kylin.storage.hbase.cube.v1.coprocessor.observer.Aggrega
teRegionObserver|1002|', METADATA => {'CREATION_TIME' => '1469444962299',
'
  GIT_COMMIT' => 'cf4d2940b67d622eacd2ac9a913b221091a35c2e;',
'KYLIN_HOST' => 'kylin_metadata', 'OWNER' => 'whoami@kylin.apache.org',
'SEGMENT' => 'pvuv_cube[20160701000
  000_20160702000000]', 'SPLIT_POLICY' =>
'org.apache.hadoop.hbase.regionserver.DisabledRegionSplitPolicy', 'USER'
=> 'ADMIN'}}
  COLUMN FAMILIES DESCRIPTION
  {NAME => 'F1', DATA_BLOCK_ENCODING => 'FAST_DIFF', BLOOMFILTER =>
'NONE', REPLICATION_SCOPE => '0', VERSIONS => '1', COMPRESSION =>
'SNAPPY', MIN_VERSIONS => '0', TTL
  => 'FOREVER', KEEP_DELETED_CELLS => 'FALSE', BLOCKSIZE => '65536',
IN_MEMORY => 'false', BLOCKCACHE => 'true'}
  {NAME => 'F2', DATA_BLOCK_ENCODING => 'FAST_DIFF', BLOOMFILTER =>
'NONE', REPLICATION_SCOPE => '0', VERSIONS => '1', COMPRESSION =>
'SNAPPY', MIN_VERSIONS => '0', TTL
  => 'FOREVER', KEEP_DELETED_CELLS => 'FALSE', BLOCKSIZE => '1048576',
IN_MEMORY => 'false', BLOCKCACHE => 'true'}
  2 row(s) in 0.0350 seconds
```

从表结构可以看出以下信息:

- Coprocessor 路径:

```
hdfs://SZB-L0023776:8020/kylin2/kylin_metadata/coprocessor/kylin-
coprocessor-1.5.2.1-0.jar
```

- KYLIN_HOST

```
kylin_metadata
```

- SEGMENT

```
pvuv_cube[20160701000000_20160702000000]
```

- SPLIT_POLICY

```
org.apache.hadoop.hbase.regionserver.DisabledRegionSplitPolicy
```

- 列族相关信息

F1 和 F2 两个列族；FAST_DIFF 方式进行数据块编码；版本数为 1；压缩方式为 SNAPPY 等信息。

7. 流程七：计算生成 Base Cuboid 数据文件（Build Base Cuboid Data）

计算生成 Base Cuboid 数据文件如图 10-10 所示。

图 10-10

单击钥匙指标，查看参数内容：

```
-conf /var/lib/kylin/kylin/bin/../conf/kylin_job_conf.xml
-cubename pvuv_cube
-segmentname 20160701000000_20160702000000
-input FLAT_TABLE
-output /kylin2/kylin_metadata/kylin-5fec32c8-1435-4b7a-8309-
dbbee32d7a6f/pvuv_cube/cuboid/base_cuboid
-jobname Kylin_Base_Cuboid_Builder_pvuv_cube
-level 0
-cubingJobId 5fec32c8-1435-4b7a-8309-dbbee32d7a6f
```

可以看到输入的是 FLAT_TABLE，即流程二中的中间临时表。

首先要让大家明白什么是 Base Cuboid，这个很重要。

举个例子，假设一个 Cube 包含了四个维度：A、B、C 和 D，那么这四个维度成员间的所有可能的组合就是 Base Cuboid，这就类似在查询的时候指定了 select count（1）from xxx group by A,B,C,D。这个查询结果的个数就是 Base Cuboid 集合的成员数。这一步也是通过一个

MapReduce 任务完成的，输入的是临时表的路径和分隔符，Map 对于每一行首先进行 split，然后获取每一个维度列的值组合作为 rowKey，但是 rowKey 并不是简单的这些维度成员的内容组合，而是首先将这些内容从 dictionary 中查找出对应的 id，然后组合这些 id 得到 rowKey，这样可以大大缩短 HBase 的存储空间，提升查找性能。然后查找该行中的度量列，根据 Cube 定义中度量的函数返回对该列计算之后的值。这个 MR 任务还会执行 combiner 过程，执行逻辑和 reducer 相同，在 reducer 中的 key 是一个 rowKey，value 是相同的 rowKey 的 measure 组合的数组，reducer 会分解出每一个 measure 的值，然后再根据定义该度量使用的聚合函数计算得到这个 rowKey 的结果，其实这已经类似于 HBase 存储的格式了。

8. 流程八：计算第 N 层的 Cuboid 文件（Build N-Dimension Cuboid Data）

计算第 N 层的 Cuboid 文件如图 10-11、图 10-12 所示。

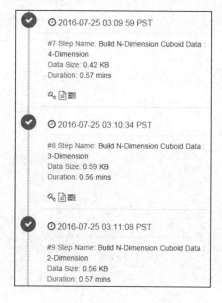

图 10-11

图 10-12

这个流程由多个步骤组成，步骤的数量是根据维度组合的 cuboid 的总数决定的。
我们先看一张图来理解，如图 10-13 所示。

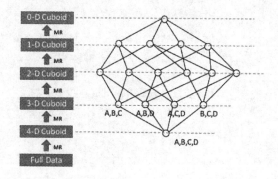

图 10-13

Full Data 代表是的 Base Cuboid。根据图 10-13 所示，上一层 Cuboid 执行 MapReduce 任务的输入是下一层 Cuboid 计算的输出，由于最底层的 Cuboid（Base Cuboid）已经计算完成，所以这几步不需要依赖于任何的 Hive 信息，它的 reducer 和 Base Cuboid 的 reducer 过程基本一样（相同 rowkey 的 measure 执行聚合运算），mapper 的过程只需要根据这一行输入的 key（例如 A、B、C、D 中四个成员的组合）获取可能的下一层的组合（比如只有 A、B、C 和 B、C、D 两种），那么只需要将这些可能的组合提取出来作为新的 key，value 不变进行输出就可以了。

我们这里看一下 Build Base Cuboid Data 和 Build N-Dimension Cuboid Data : 4-Dimension 的参数内容：

```
Build Base Cuboid Data:
-conf /var/lib/kylin/kylin/bin/../conf/kylin_job_conf.xml
-cubename pvuv_cube
-segmentname 20160701000000_20160702000000
-input FLAT_TABLE
-output /kylin2/kylin_metadata/kylin-5fec32c8-1435-4b7a-8309-
dbbee32d7a6f/pvuv_cube/cuboid/base_cuboid
-jobname Kylin_Base_Cuboid_Builder_pvuv_cube
-level 0
-cubingJobId 5fec32c8-1435-4b7a-8309-dbbee32d7a6f


输入：FLAT_TABLE
输出：base_cuboid


Build N-Dimension Cuboid Data : 4-Dimension:
-conf /var/lib/kylin/kylin/bin/../conf/kylin_job_conf.xml
-cubename pvuv_cube
-segmentname 20160701000000_20160702000000
-input          /kylin2/kylin_metadata/kylin-5fec32c8-1435-4b7a-8309-
dbbee32d7a6f/pvuv_cube/cuboid/base_cuboid
-output          /kylin2/kylin_metadata/kylin-5fec32c8-1435-4b7a-8309-
dbbee32d7a6f/pvuv_cube/cuboid/4d_cuboid
-jobname Kylin_ND-Cuboid_Builder_pvuv_cube_Step
-level 1
-cubingJobId 5fec32c8-1435-4b7a-8309-dbbee32d7a6f


输入：base_cuboid
输出：4d_cuboid
```

根据上面两个步骤的参数内容，可以看出上一层 Cuboid 执行 MapReduce 任务的输入是下一层 Cuboid 计算的输出（即 4-DimensionData 数据来源于 Base Cuboid Data）。

最后我们看一下这个流程生成的 HDFS 数据文件，即每个 Cuboid 对应一个目录和数据文件，如图 10-14 所示。

```
$ hdfs dfs -ls -R /kylin2/kylin_metadata/kylin-5fec32c8-1435-4b7a-8309-dbbee32d7a6f/pvuv_cube/cuboid/
drwxr-xr-x  - kylin kylin       0 2016-07-25 19:12 /kylin2/kylin_metadata/kylin-5fec32c8-1435-4b7a-8309-dbbee32d7a6f/pvuv_cube/cuboid/0d_cuboid
-rw-r--r--  2 kylin kylin       0 2016-07-25 19:12 /kylin2/kylin_metadata/kylin-5fec32c8-1435-4b7a-8309-dbbee32d7a6f/pvuv_cube/cuboid/0d_cuboid/_SUCCESS
-rw-r--r--  2 kylin kylin     120 2016-07-25 19:12 /kylin2/kylin_metadata/kylin-5fec32c8-1435-4b7a-8309-dbbee32d7a6f/pvuv_cube/cuboid/0d_cuboid/part-r-00000
drwxr-xr-x  - kylin kylin       0 2016-07-25 19:12 /kylin2/kylin_metadata/kylin-5fec32c8-1435-4b7a-8309-dbbee32d7a6f/pvuv_cube/cuboid/1d_cuboid
-rw-r--r--  2 kylin kylin       0 2016-07-25 19:12 /kylin2/kylin_metadata/kylin-5fec32c8-1435-4b7a-8309-dbbee32d7a6f/pvuv_cube/cuboid/1d_cuboid/_SUCCESS
-rw-r--r--  2 kylin kylin     400 2016-07-25 19:12 /kylin2/kylin_metadata/kylin-5fec32c8-1435-4b7a-8309-dbbee32d7a6f/pvuv_cube/cuboid/1d_cuboid/part-r-00000
drwxr-xr-x  - kylin kylin       0 2016-07-25 19:11 /kylin2/kylin_metadata/kylin-5fec32c8-1435-4b7a-8309-dbbee32d7a6f/pvuv_cube/cuboid/2d_cuboid
-rw-r--r--  2 kylin kylin       0 2016-07-25 19:11 /kylin2/kylin_metadata/kylin-5fec32c8-1435-4b7a-8309-dbbee32d7a6f/pvuv_cube/cuboid/2d_cuboid/_SUCCESS
-rw-r--r--  2 kylin kylin     574 2016-07-25 19:11 /kylin2/kylin_metadata/kylin-5fec32c8-1435-4b7a-8309-dbbee32d7a6f/pvuv_cube/cuboid/2d_cuboid/part-r-00000
drwxr-xr-x  - kylin kylin       0 2016-07-25 19:10 /kylin2/kylin_metadata/kylin-5fec32c8-1435-4b7a-8309-dbbee32d7a6f/pvuv_cube/cuboid/3d_cuboid
-rw-r--r--  2 kylin kylin       0 2016-07-25 19:10 /kylin2/kylin_metadata/kylin-5fec32c8-1435-4b7a-8309-dbbee32d7a6f/pvuv_cube/cuboid/3d_cuboid/_SUCCESS
-rw-r--r--  2 kylin kylin     606 2016-07-25 19:10 /kylin2/kylin_metadata/kylin-5fec32c8-1435-4b7a-8309-dbbee32d7a6f/pvuv_cube/cuboid/3d_cuboid/part-r-00000
drwxr-xr-x  - kylin kylin       0 2016-07-25 19:10 /kylin2/kylin_metadata/kylin-5fec32c8-1435-4b7a-8309-dbbee32d7a6f/pvuv_cube/cuboid/4d_cuboid
-rw-r--r--  2 kylin kylin       0 2016-07-25 19:10 /kylin2/kylin_metadata/kylin-5fec32c8-1435-4b7a-8309-dbbee32d7a6f/pvuv_cube/cuboid/4d_cuboid/_SUCCESS
-rw-r--r--  2 kylin kylin     429 2016-07-25 19:10 /kylin2/kylin_metadata/kylin-5fec32c8-1435-4b7a-8309-dbbee32d7a6f/pvuv_cube/cuboid/4d_cuboid/part-r-00000
drwxr-xr-x  - kylin kylin       0 2016-07-25 19:09 /kylin2/kylin_metadata/kylin-5fec32c8-1435-4b7a-8309-dbbee32d7a6f/pvuv_cube/cuboid/base_cuboid
-rw-r--r--  2 kylin kylin       0 2016-07-25 19:09 /kylin2/kylin_metadata/kylin-5fec32c8-1435-4b7a-8309-dbbee32d7a6f/pvuv_cube/cuboid/base_cuboid/_SUCCESS
-rw-r--r--  2 kylin kylin     272 2016-07-25 19:09 /kylin2/kylin_metadata/kylin-5fec32c8-1435-4b7a-8309-dbbee32d7a6f/pvuv_cube/cuboid/base_cuboid/part-r-00000
```

图 10-14

9. 流程九：基于内存构建 Cube

这一步再次构建 Cube，如图 10-15 所示。

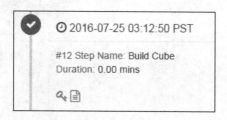

图 10-15

估计应该有部分朋友会非常好奇，既然前面我们 Cuboid 都执行完了，怎么这一步又是构建 Cube。

我们先通过钥匙图标看一下参数内容：

```
-conf /var/lib/kylin/kylin/bin/../conf/kylin_job_conf_inmem.xml
-cubename pvuv_cube
-segmentname 20160701000000_20160702000000
-output /kylin2/kylin_metadata/kylin-5fec32c8-1435-4b7a-8309-
dbbee32d7a6f/pvuv_cube/cuboid/
-jobname Kylin_Cube_Builder_pvuv_cube
-cubingJobId 5fec32c8-1435-4b7a-8309-dbbee32d7a6f
```

细心的朋友应该发现：

这里的配置文件不再是 /var/lib/kylin/kylin/bin/../conf/kylin_job_conf.xml，而是 /var/lib/kylin/kylin/bin/../conf/kylin_job_conf_inmem.xml。其实这一块是最新版本加入的新的功能，称为 Fast Cubing，解决 Layered Cubing 存在的一些问题，比如聚合都放到 Reduce 端，这样 Map 端处理的数据依赖 shuffling 通过网络传输给 Reduce 端，给网络造成很大的压力。

这里我们稍微介绍一下 Fast Cubing 的原理。

```
Fast Cubing:
```

既然数据在 Reduce 端聚合会有很多网络压力，那么可不可以把聚合放到 Map 端来做，然后把聚合完的结果通过网络进行传输，在 Reduce 端做最终的聚合，这样的话，Reduce 端收到的数据就会变少，网络压力就会变小。目前比较经典的多维分析多是用内存来做多维计算，我们采用类似的技术在 Map 端分配比较大的内存，用比较多的 CPU 做 In-mem cubing，这样做的效果类似于 Layered 发生在 Map 端。这些过程完成之后得到的是已经聚合过的数据，再通过网络分发到 Reduce 端做最终的聚合。这种方式的缺点是算法较为复杂，开发和维护比较困难，但是可以减轻网络压力。

我们查看 kylin_job_conf_inmem.xml 文件内容时，发现配置加大了 mapper 端的内存大小，因为部分聚合放到 Map 端计算需要更多的内存。

```
<!--Additional config for in-mem cubing, giving mapper more memory -->
<property>
<name>mapreduce.map.memory.mb</name>
<value>3072</value>
<description></description>
</property>

<property>
<name>mapreduce.map.java.opts</name>
<value>-Xmx2700m</value>
<description></description>
</property>

<property>
<name>mapreduce.task.io.sort.mb</name>
<value>200</value>
<description></description>
</property>
```

如果你查看执行日志时，发现结果为 skipped，因为我们没有采用 In-mem cubing 方式。

10. 流程十：将 Cuboid 数据转换成 HFile

将 Cuboid 数据转换成 HFile 如图 10-16 所示。

图 10-16

单击钥匙图标，查询参数内容：

```
-conf /var/lib/kylin/kylin/bin/../conf/kylin_job_conf.xml
-cubename pvuv_cube
-partitions hdfs://SZB-L0023776:8020/kylin2/kylin_metadata/kylin-
5fec32c8-1435-4b7a-8309-dbbee32d7a6f/pvuv_cube/rowkey_stats/part-r-
00000_hfile
-input /kylin2/kylin_metadata/kylin-5fec32c8-1435-4b7a-8309-
dbbee32d7a6f/pvuv_cube/cuboid/*
-output hdfs://SZB-L0023776:8020/kylin2/kylin_metadata/kylin-
5fec32c8-1435-4b7a-8309-dbbee32d7a6f/pvuv_cube/hfile
-htablename KYLIN_C37CNMSYXA
-jobname Kylin_HFile_Generator_pvuv_cube_Step
```

到这一步，很多内容就慢慢清晰了：

● 输入数据来源，包含所有的 cuboid 文件

```
/kylin2/kylin_metadata/kylin-5fec32c8-1435-4b7a-8309-
dbbee32d7a6f/pvuv_cube/cuboid/*
```

● 输出 hfile 文件

```
hdfs://SZB-L0023776:8020/kylin2/kylin_metadata/kylin-5fec32c8-1435-
4b7a-8309-dbbee32d7a6f/pvuv_cube/hfile
```

● HBase 中的表名

```
KYLIN_C37CNMSYXA
```

这一步是需要启动 MapReduce 去处理 cuboid 数据文件。

11. 流程十一：将 HFile 导入到 HBase 表中

将 HFile 导入到 HBase 表中，如图 10-17 所示。

图 10-17

单击钥匙图标，查看参数内容：

```
-input hdfs://SZB-L0023776:8020/kylin2/kylin_metadata/kylin-5fec32c8-
1435-4b7a-8309-dbbee32d7a6f/pvuv_cube/hfile
-htablename KYLIN_C37CNMSYXA
```

```
-cubename pvuv_cube
```

这个流程参数比较简单，就是将上一步的 HFile 文件导入到 HBase 的表
KYLIN_C37CNMSYXA 中。

12. 流程十二：更新 Cube 信息

更新 Cube 信息，如图 10-18 所示。

13. 流程十三：清理中间表

清理中间表，如图 10-19 所示。

图 10-18

图 10-19

将之前生成的临时中间表等都删除。

到此为止，整个 Build 过程结束，希望朋友们都已经理解了 Kylin 构建 Build 的核心内容，
如果有哪个地方遗漏或忘记的话，能够再回顾这部分内容，彻底掌握。

10.2 小结

Kylin 中 Cube 的 Build 过程，其实是将所有的维度组合事先计算，存储于 HBase 中，以空
间换时间，HTable 对应的 RowKey，就是各种维度组合，指标存在 Column 中，这样，将不同维
度组合查询 SQL，转换成基于 RowKey 的范围扫描，然后对指标进行汇总计算。

一个 Cube 中，当维度数量 N 超过一定数量后，空间以及计算消耗将会非常大，Kylin 在定
义 Cube 时，可以将维度拆分成多个聚合组（Aggregation Groups），只在组内计算 Cube，聚合
组内查询效率高，跨组查询效率较差，所以需要根据业务场景，将常用的维度组合定义到一个聚
合组中，提高查询性能，这也是 Kylin 中查询性能优化的一个重要方面。对于 Cube 方面的优化
还有很多，下面第三部分我们会介绍几种场景下的 Cube 优化。

第三部分

Apache Kylin
高级部分

第 11 章

◀ Cube优化 ▶

本章将和朋友们一起研究 Kylin 中设计 Cube 维度时的几个优化方面。

在上一章创建 Cube 的介绍中，我们知道 Cube 的优化主要是通过 "高级设置" 那一步实现的，如图 11-1 所示。

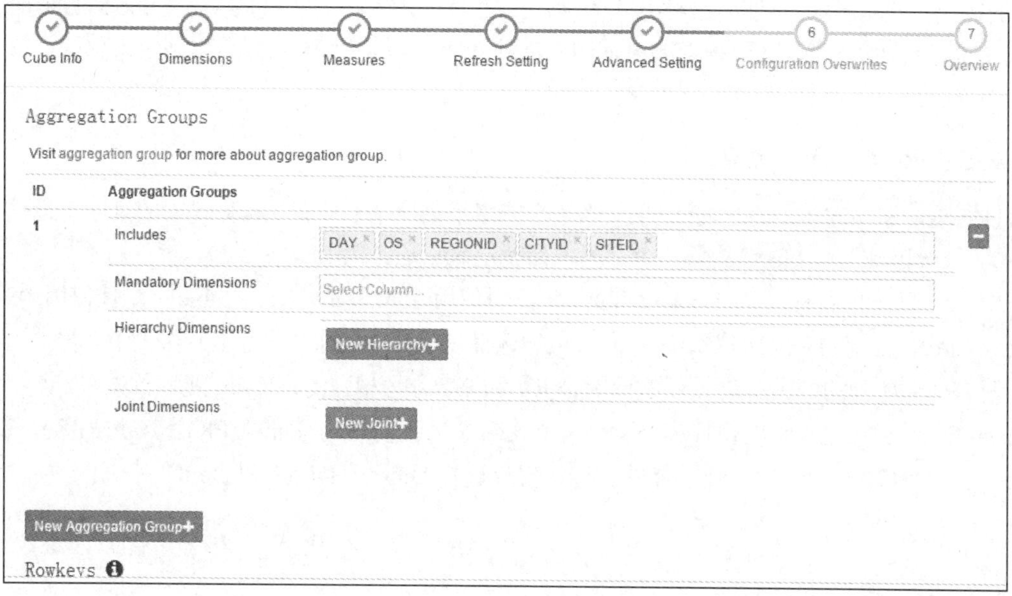

图 11-1

这些内容的优化，我们都已经在创建 Cube 的过程中有所提及，这里再全面地补充一下。

1. Hierarchy Dimensions 的优化

理论上对于 N 维度，我们可以进行 2 的 N 次方的维度组合。然而对于一些维度的组合来说，有时是没有必要的。例如，如果我们有三个维度：continent、country 和 city，在 hierarchy 中，最大的维度排在最前面。当使用下钻分析时，我们仅仅需要下面的三个维度的组合：

```
group by continent
group by continent, country
group by continent, country, city
```

在这个例子中，维度的组合从 2 的 3 次方共 8 种减少到了 3 种，这是一个很好的优化，同样适合 YEAR、QUARTER、MONTH 和 DATE 等场景。

如果我们设置 hierarchy 作为 H1、H2 和 H3，那么典型的场景应该是：

（1）场景 1：在 Lookup Table（维度表）上 Hierarchy

Fact Table（事实表）　　　（joins）　　　Lookup Table（维度表）

```
column1,column2,,, FK          PK,,H1,H2,H3,,,,
```

（2）场景 2：在 Fact Table（事实表）上 Hierarchy

Fact table（事实表）column1,column2,,,H1,H2,H3,,,

对于场景 1，这是一个特殊的案例，PK（Primary Key）在 Lookup 的表上，意外地成为了 hierarchy 的一部分。如果使用这种方式的话，那么 H1、H2 和 H3 都要参与 Cube 维度组合，并生成 Cuboid，但是针对这种场景如果使用"Derived Columns"优化方案，则效果更好，具体参考下面说明。

2. Derived Columns 优化

Derived column 被用在的地方为：当一个或多个维度（必须是 Lookup 表的维度，这些字段被称为"Derived"），能够从另一个字段中推断出来（通常为 PK，主键）。

例如，假如我们有一个 Lookup Table，我们使用 join 关联 Fact Table，并且使用"where DimA=DimX"。在 Kylin 中需要注意，如果你选择 FK 为一个维度，那么相关的 PK 将自动可查询，没有任何额外的开销。这重要的原因是 FK 和 PK 总是相同的，Kylin 能够首先在 FK 上使用 filters/groupby，并且透明地替换为 PK。这个表明如果我们想用 DimA(FK)、DimX(PK)、DimB 和 DimC 在我们的 Cube 中，我们能够安全地仅仅选择 DimA、DimB 和 DimC。

```
Fact Table                     (joins)      Lookup Table
column1,column2,,,,,,DimA(FK)               DimX(PK),,DimB,DimC
```

这里的维度 DimA（维度代表 FK/PK）有一个特殊的映射到 DimB。

```
dimA dimB  dimC
1    a     ?
2    b     ?
3    c     ?
4    a     ?
```

在这个案例中，给定一个 DimA 的值，DimB 的值就确定了，因此我们说 DimB 能够从 DimA 获得(Derived)。当我们 build 一个 cube 包含 DimA 和 DimB，我们能够简单地包含 DimA，并且标记 DimB 作为 Derived。Derived column(DimB)不会参与 cuboids 的生成，如下所示：

对于上面的维度 A、B 和 C，那么原始维度组合方式如下：

```
ABC、AB、AC、BC、A、B、C
```

那么使用 Derived 优化后的维度组合方式为：

```
AC、A、C
```

在运行查询时，例如"select count(*) from fact_table inner join lookup1 group by lookup1.dimB"的案例中，它期待从包含 DimB 的 cuboid 中去获取查询结果。然而，因为 DimB 使用了 Derived 优化，在 cuboids 没有结果。在这种情况下，程序自动修改执行计划，首先按照 DimA 进行 group by 操作，我们将获取中间的结果，比如：

```
DimA   count(*)
1      1
2      1
3      1
4      1
```

然后，Kylin 将使用 DimB 的值替换 DimA 的值（因为他们的值都在 Lookup 表中，Kylin 能够加载整个 Lookup 表到内存中并且 build 一个他们的映射关系），因而中间的结果为：

```
DimB    count(*)
a       1
b       1
c       1
a       1
```

紧接着，运行 SQL 的引擎（calcite）将进一步地聚合中间结果为最终结果：

```
DimB    count(*)
a       2
b       1
c       1
```

这个步骤发生在 SQL 查询运行期间，也就是"at the cost of extra runtime aggregation"。

3. Mandatory Columns 优化

这种维度设计比较简单，如果指定某个 dimension 字段为 mandatory，那么意味着每次查询的 group by 中都会携带此 dimension；如果不指定此 dimension，则查询报错。另外，如果将某一个 dimension 字段设置为 mandatory，可以将 cuboid 的个数大大减少。

比如 A、B 和 C 三个维度，原始维度组合为：

```
A、B、C、AB、AC、BC、ABC
```

那么如果将 A 设为 mandatory，那么维度组合为：

```
A、AB、AC、ABC
```

如果在某张有主键的维度表上有多个维度，那么可以将其维度设置为 Derived Dimension，在 Kylin 内部会将其统一用维度表的主键来替换，以此来达到降低维度组合的数目，当然在一定程度上 Derived Dimension 会降低查询效率。在查询时，Kylin 使用维度表主键进行聚合后，再通过主键和真正维度列的映射关系做一次转换，在 Kylin 内部再对结果集做一次聚合后返回给用户。

4. 维度的顺序

维度的顺序很重要，ID 决定了这个维度在数组中执行查找时该维度对应的第一个维度，比如在例子中 time 的 ID 就是 1，location 对应的 ID 就是 2，product 对应的 ID 为 3，这个顺序是非常重要的，一般情况我们会将 mandatory 维度放置在 rowkey 的最前面，而其他的维度需要将经常出现在过滤条件中的维度放置在靠前的位置。

假设在上例的三维数组中，我们经常使用 time 进行过滤，但是我把 time 的 ID 设置为 3（其中 location 的 ID=1，product 的 ID=2），这时候如果从数组中查找 time 大于'2016-07-01'并且小于'2016-07-31'，那么查询就需要从最小的 key=<min(location)、min(product)、'2016-07-01'>扫描到最大的 key=<max(location)、max(product)、'2016-07-31'>，但是如果把 time 的 ID 设置为 1，扫描的区间就会变成 key=<'2016-07-01'、min(location)、min(product)> 到 key=< '2016-07-31'、max(location)、max(product)>。

Kylin 在实现时需要将 Cube 的数组存储在 HBase 中，然后按照 HBase 中的 rowkey 进行扫描。根据上面的描述，我们这里举个例子来说明为什么维度组合的 rowkey 顺序重要。

假设 min(location)='BeiJing'、max(location)= 'Nanjing'、min(product)='A'、max(product)='Z'，考虑在第一种情况（location 的 ID=1，product 的 ID=2，time 的 ID=3）下，HBase 需要扫描的 rowkey 范围是：

```
[BeiJing-A-2016-07-01, Nanjing-Z-2016-07-31]
```

而第二种情况（time 的 ID=1，location 的 ID=2，product 的 ID=3）下 HBase 需要扫描的 rowkey 范围是：

```
[2016-07-01-BeiJing-A, 2016-07-31-Nanjing-Z]
```

如果对 time 进行过滤，可以看出第二种情况可以减少扫描的 rowkey，查询的性能也就更好了。但是在 kylin 中并不会存储原始的成员值（例如 Nanjing、2016-07-01 这样的值），而是需要对它们进行编码。

5. Aggregation Group 优化

这是一个将维度进行分组，以求达到降低维度组合数目的手段。不同分组的维度之间组成的 Cuboid 数量会大大降低，维度组合从 2 的（k+m+n）次幂至多能降低到 2 的 k 次幂加上 2 的 m

次幂再加上 2 的 n 次幂的总和。Group 的优化措施与查询 SQL 紧密依赖，可以说是为了查询的定制优化。如果查询的维度是跨 Group 的，那么 Kylin 需要以较大的代价从 N-Cuboid 中聚合得到所需要的查询结果，这需要 Cube 的设计人员在建模时仔细地斟酌。

6. 数据压缩优化

Apache Kylin 针对维度字典以及维度表快照采用了特殊的压缩算法，对于 HBase 中的聚合计算数据利用了 Hadoop 的 LZO 或者是 Snappy 等压缩算法，从而保证存储在 HBase 以及内存中的数据尽可能地小。其中维度字典以及维度表快照的压缩考虑到 Data Cube 中会出现非常多的重复的维度成员值，最直接的处理方式就是利用数据字典的方式将维度值映射成 ID， Kylin 中采用了 Trie 树的方式对维度值进行编码。

7. Count Distinct 聚合查询优化

Apache Kylin 采用了 HypeLogLog 的方式来计算 Count Distinct。好处是速度快，缺点是结果是一个近似值，会有一定的误差，我们可以指定误差率，错误率越低，占用的存储越大，Build 耗时越长。在非计费等通常的场景下 Count Distinct 的统计误差应用普遍可以接受。

从 1.5 版本中加入了 User Defined Aggregation Types，即用户自定义聚合类型，后来 Kylin 基于 Bit-Map 算法实现精确 Count Distinct，但也仅仅支持整数家族（比如 int，bigint）的字段类型，字符等类型暂时支持，所以如果需要对字符类型进行精确 Count Distinct 计算，可能需要先在 Hive 表中进行预处理。

8. 其他方面的优化

（1）对于大的事实表可以采用分区来增量构建。为了不影响查询性能，可以设置定期自动做合并 Merge 操作，合并的周期可以根据实际情况确定，比如 10 天进行一次合并。

（2）如果每次查询都带有某个维度，那么建议在高级设置步骤中将此维度设置为 Mandatory，好处是最终 Build 出来 Cube 的大小会减少一半。

（3）对于维表比较大的情况，或者查询 select 部分存在复杂的逻辑判断，或者存在 Kylin 不支持的函数或语句时，可以先在 Hive 中对事实表和维表的进行关联等逻辑处理，并创建 Hive 视图，之后根据视图创建 Cube 模型。

（4）Cube 的维度如果超过 10 个，建议将常用的聚合字段分组，我们对于最大的 16 个维度分了三个组，每组大概在 5 个维度左右。当然，你也可以通过修改 Kylin 的配置参数，限制 Cube 的维度个数或者维度组合总数。

（5）Cube 定义中 RowKey 顺序：Mandatory 维度、Where 过滤条件中出现频率较多的维度、高基数维度、低基数维度。

（6）在搭建 Kylin 的大数据分析平台时，可以通过 Nginx 在前端做负载均衡，后端启动多个 Query Server 接收查询请求处理，提高并发度。

第 12 章

◀ 备份Kylin的Metadata ▶

元数据是 Kylin 中最重要的数据之一，备份元数据是运维工作中一个至关重要的环节。只有这样，在由于误操作导致整个 Kylin 服务或某个 Cube 异常时，才能将 Kylin 快速从备份中恢复出来。

一般的，在每次进行故障恢复或系统升级之前，对元数据进行备份是一个良好的习惯，这可以保证 Kylin 服务在系统更新失败后依然有回滚的可能，在最坏情况下依然保持系统的健壮性。

此外，元数据备份也是故障查找的一个工具，当系统出现故障导致前端频繁报错，通过该工具下载元数据并查看文件，往往能对确定元数据是否存在问题提供巨大帮助。

本章我们介绍如何备份 Kylin 的元数据，方便数据恢复和迁移。

12.1 Kylin 的元数据

1. Kylin 元数据介绍

Kylin 组织所有的元数据（cube、cube_desc、model_desc、project、table 等）作为一个层次的文件系统。然而 Kylin 默认使用 HBase 来进行存储，而不是普通的文件系统。

我们可以从 Kylin 的配置文件 conf/kylin.properties 中查看到：

```
## The metadatastore in hbase
kylin.metadata.url=kylin_metadata@hbase
```

kylin.metadata.url 选项的值表示 Kylin 的元数据被保存在 HBase 的 kylin_metadata 表中。

2. Kylin 的元数据的相关操作

Kylin 自身提供了元数据的备份程序，我们可以执行程序看一下帮助信息：

```
$KYLIN_HOME/bin/metastore.sh
```

显示如下内容：

```
KYLIN_HOME is set to /var/lib/kylin/kylin
usage: metastore.sh backup
       metastore.sh reset
       metastore.sh restore PATH_TO_LOCAL_META
```

```
metastore.sh list RESOURCE_PATH
metastore.sh cat RESOURCE_PATH
metastore.sh remove RESOURCE_PATH
metastore.sh clean [--delete true]
```

根据输出内容，可以看出对 Kylin 的元数据提供了重置、备份、恢复等操作。

12.2　备份元数据

如果备份元数据，我们执行 metastore.sh 时需要跟上 backup 参数，如下：

```
$KYLIN_HOME/bin/metastore.sh backup
```

显示如下内容：

```
KYLIN_HOME is set to /var/lib/kylin/kylin
Starting backup
to/var/lib/kylin/kylin/meta_backups/meta_2016_07_27_14_13_43
    KYLIN_HOME is set to /var/lib/kylin/kylin/bin/../
……
    2016-07-27 14:14:05,913 INFO [Thread-0 ZooKeeper:684]:
Session:0x356072bc7b92b3e closed
    2016-07-27 14:14:05,913 INFO [main-EventThread
ClientCnxn:512]:EventThread shut down
    metadata store backed up to
/var/lib/kylin/kylin/meta_backups/meta_2016_07_27_14_13_43
```

这将备份元数据到本地目录$KYLIN_HOME/metadata_backps 下面，目录的命名格式为：

```
$KYLIN_HOME/meta_backups/meta_year_month_day_hour_minute_second
```

比如我的 Kylin 的家目录为/var/lib/kylin/kylin，那么刚才备份元数据的目录为：

```
/var/lib/kylin/kylin/meta_backups/meta_2016_07_27_14_13_43
```

查看一下备份目录的内容：

```
$ ls -l /var/lib/kylin/kylin/meta_backups/meta_2016_07_27_14_13_43
total 52
drwxrwxr-x 2 kylin kylin  4096 Jul 27 14:14 cube
drwxrwxr-x 2 kylin kylin  4096 Jul 27 14:14 cube_desc
```

```
drwxrwxr-x 3 kylin kylin  4096 Jul 27 14:14 cube_statistics
drwxrwxr-x 6 kylin kylin  4096 Jul 27 14:14 dict
drwxrwxr-x 2 kylin kylin  4096 Jul 27 14:14 execute
drwxrwxr-x 2 kylin kylin 12288 Jul 27 14:14 execute_output
drwxrwxr-x 2 kylin kylin  4096 Jul 27 14:14 model_desc
drwxrwxr-x 2 kylin kylin  4096 Jul 27 14:14 project
drwxrwxr-x 2 kylin kylin  4096 Jul 27 14:14 table
drwxrwxr-x 2 kylin kylin  4096 Jul 27 14:14 table_exd
drwxrwxr-x 6 kylin kylin  4096 Jul 27 14:14 table_snapshot
```

目录结构的内容如表 12-1 所示。

表 12-1

目录名	备份目录的内容
project	包含了项目的基本信息，项目所包含其他元数据类型的声明
model_desc	包含了描述数据模型基本信息、结构的定义
cube_desc	包含了描述 Cube 模型基本信息、结构的定义
cube	包含了 Cube 实例的基本信息，以及下属 Cube Segment 的信息
cube_statistics	包含了 Cube 实例的统计信息
table	包含了表的基本信息，如 Hive 信息
table_exd	包含了表的扩展信息，如维度
table_snapshot	包含了 Lookup 表的镜像
dict	包含了使用字典列的字典
execute	包含了 Cube 构建任务的步骤信息
execute_output	包含了 Cube 构建任务的步骤输出

下面我们挑选几个目录进行说明一下：

1. table 目录

```
$ ls -l table
-rw-rw-r- 1 kylin kylin  477 Jul 25 14:50 KYLIN_FLAT_DB.CITY_TBL.json
-rw-rw-r- 1 kylin kylin  403 Jul 25 14:50 KYLIN_FLAT_DB.REGION_TBL.json
-rw-rw-r-- 1 kylin kylin  775 Jul 25 14:50
KYLIN_FLAT_DB.WEB_ACCESS_FACT_TBL.json
```

任意选择一个查看内容：

```
$ cat table/KYLIN_FLAT_DB.CITY_TBL.json
```

```
{
  "uuid" : "df051844-0896-4c65-a50a-1ceb28f5ffb9",
  "version" : "1.5.2",
  "name" : "CITY_TBL",
  "columns" : [ {
    "id" : "1",
    "name" : "REGIONID",
    "datatype" : "varchar(256)"
  }, {
    "id" : "2",
    "name" : "CITYID",
    "datatype" : "varchar(256)"
  }, {
    "id" : "3",
    "name" : "CITYNAME",
    "datatype" : "varchar(256)"
  } ],
  "database" : "KYLIN_FLAT_DB",
  "last_modified" : 1469429444639,
  "source_type" : 0,
  "table_type" : "MANAGED_TABLE"
}
```

可以看到维度表 CITY_TBL 定义的字段信息，表类型和所属数据库，每个维度都使用 ID 来标记。

2. table_exd 目录

```
$ ls -l table_exd
total 12
-rw-rw-r-- 1 kylin kylin 472 Jul 25 14:50 KYLIN_FLAT_DB.CITY_TBL.json
-rw-rw-r-- 1 kylin kylin 471 Jul 25 14:50 KYLIN_FLAT_DB.REGION_TBL.json
-rw-rw-r-- 1 kylin kylin 506 Jul 25 14:51
KYLIN_FLAT_DB.WEB_ACCESS_FACT_TBL.json
```

任意选择一个查看：

```
$ cat table_exd/KYLIN_FLAT_DB.CITY_TBL.json
{
  "partitioned" : "false",
  "totalNumberFiles" : "1",
```

```
    "location"                                          :"hdfs://SZB-
L0023776:8020/user/hive/warehouse/kylin_flat_db.db/city_tbl",
    "lastAccessTime" : "0",
    "tableName" : "city_tbl",
    "owner" : "kylin",
    "totalFileSize" : "171",
    "partitionColumns" : "",
    "outputformat"    :"org.apache.hadoop.hive.ql.io.HiveIgnoreKeyTextOutpu
tFormat",
    "EXD_STATUS" : "true",
    "cardinality" : "5,10,10",
    "inputformat" : "org.apache.hadoop.mapred.TextInputFormat"
}
```

可以看到这里面是表的数据文件目录、大小、数据文件格式等等内容。

3. cube 目录

```
$ ls -l cube
-rw-rw-r-- 1 kylin kylin 4000 Jul 26 15:18 pvuv_cube.json
```

这个目录存放的是每个 Cube 的详细信息，内容比较多，我就不罗列出来了，朋友们可以打开文件看一下，包括 Cube 名称、Cube 状态、每个 segment 的具体描述等内容。

12.3 恢复元数据

假如你的 Kylin 元数据挂掉了，那么我们就可以使用之前备份的元数据进行恢复。

首先 reset 当前 Kylin 的元数据存储，这将清理掉所有存储在 HBase 中的 Kylin 元数据，确保在此之前做过备份。

```
$KYLIN_HOME/bin/metastore.sh reset
```

接着，上传备份的元数据进行恢复。

```
$KYLIN_HOME/bin/metastore.sh restore
$KYLIN_HOME/meta_backups/meta_2016_07_27_14_13_43/
```

等待恢复操作成功，用户可以在 Web UI 的"System"页面上单击"Reload Metadata"按钮对元数据缓存进行刷新，即可看到最新的元数据。

第 13 章

◀ 使用Hive视图 ▶

本章我们将介绍为什么需要在 Kylin 创建 Cube 的过程中使用 Hive 视图；如果使用 Hive 视图，能够带来什么好处，解决什么样的问题；以及需要学会如何使用视图，使用视图有什么限制等。

13.1 使用 Hive 视图

1. 为什么需要使用视图

Kylin 创建 Cube 的过程中使用 Hive 的表数据作为输入源。但是有些情况下，Hive 中的表定义和数据并不能满足分析的需求，例如有些列的值需要进行处理，有些列的类型不满足需求，甚至有时候我们在创建 Hive 表时为了方便快捷，会将 Hive 表的所有列的字段类型都定义为 string，因此很多情况下在使用 Kylin 之前需要对 Hive 上的数据格式等问题进行适当的处理。

但是如果在 Hive 中通过修改原表来解决上面的问题，比如使用 alter table 的方式修改原始表的 Schema 信息未免会对其他依赖 Hive 的组件有所影响（例如可能导致通过 Sqoop 等方式导入数据失败），而且也有可能导致之前的作业无法正常运行。于是我们需要考虑在不改变原表的情况下解决这个问题，因此我们想到的方案是使用 Hive 的视图。

当然，除了 Hive 数据源本身 Schema 等限制之外，Kylin 对于 Hive 的使用还有一定的限制，这也间接地导致我们需要使用视图：

- 同一个项目下使用相同表（可能根据不同的 filter 条件过滤，或者设置了不同的维度等）创建了不同的 Cube，会导致查询的时候定位到错误的 Cube 等异常问题。
- 只支持星型模型 。我们的来源表可能包含多张事实表和多张维表，那么就需要将多张事实表整合成一张大的宽表。

2. 如何使用视图

Hive 目前只支持逻辑视图，而我们需要的仅仅是对 Hive 原始的 Schema 信息的修改，而并非希望通过物化视图优化查询速度，因此目前 Hive 对视图的支持可以满足 Kylin 的需要。

下面根据不同的场景分别介绍一下如何创建视图作为 Kylin 的输入源：

（1）分表的情况

两个表具有相同的结构，但是保存不同的数据，例如一个表保存 Android 端的访问数据，一个表保存访问 IOS 端的数据，那么就可以通过 Hive 的 view 解决。

例如有一个用户有两张表 product_android 和 product_ios，这两个表具有相同的表结构，用户需要将平台（Android 或者 IOS）作为一个维度进行分析，因此我们为其创建了这样的 view：

```
create view palearn_cube as
select userid, eventid, label, day, 'android' as platform from
palearn_android WHERE category='gc001'
UNION ALL
select userid, eventid, label, day, 'ios' as platform from
palearn_ios WHERE category='gc001';
```

这样可以将 palearn_cube 作为事实表来创建 Cube，而 platform 作为其中的一个维度。

（2）自定义函数

Kylin 中使用 Apache Calcite 作为 SQL 的查询引擎，但是 Kylin 支持的自定义函数代价比较大，因此如果需要使用自定义函数，那么可以在 Hive 中创建视图来对字段进行处理。

（3）雪花模型的支持

目前 Kylin 仅支持星型模型，而通过在 Hive 中创建视图，我们可以很容易地把雪花模型转换为星型模型，甚至生成一个大的宽表。

（4）频繁修改表字段名

Kylin 直接使用 Hive 中的字段名作为元数据，如果频繁修改事实表或者维度表的字段名会导致元数据错误（https://issues.apache.org/jira/browse/KYLIN-1173），因此通过视图增加一层映射是比较好的方法，这样可以使得原生的 Hive 表的字段名对 Kylin 的 Cube 透明，此后再需要修改字段名的时候不会对 Cube 有所影响，只需要修改 view 的定义。

（5）UHC 维度

当一个维度的 cardinality 比较大时可能会出现的问题比较多，首先可能在 Extract Fact Table Distinct Columns 这一步时导致 reducer 出现 OOM；其次在创建维度字典树时可能会导致维度字典树太大占据大量的内存；另外会导致 Cube 的构建速度缓慢，占用大量的存储空间。此时就需要思考一下这样的 UHC 维度是否是必需的，是否可以提取出部分信息减小维度，例如 timestamp 维度，是否可以精确到 5 分钟，详细地址的维度，是否可以精确到县、镇，这样可以大大减小维度数，而且更详细的信息并没有太大的统计意义。例如 URL 类型的维度，是否可以把参数去掉只保留访问路径。

（6）Hive 中表字段类型变化

比如我们之前有一个需求计算一个指标的精确的 Count Distinct 值，虽然这个字段存放的内容为整数值，但是 Hive 表字段类型为 string，Kylin 中精确的 Count Distinct 聚合函数不支持字符类型，因此我们在 Hive 中创建视图解决这个问题，即将 string 类型转换为整数类型。

（7）复合数据类型处理

由于 Hive 中可以定义复杂的数据类型，例如 map、struct，而 Kylin 中无法处理这种类型，所以需要使用视图将复杂类型字段进行拆分出维度和度量。

在我们目前的实践中，有一部分 Cube 依赖的事实表都是通过 view 创建的，这样增加了一层映射，可以减小 cube 对原始表的依赖，提高灵活性。

3. 使用视图限制

由于 Hive 的限制，Hive 不能对 view 使用 HCatalog 获取数据（https://issues.apache.org/jira/browse/HIVE-10851），因此当你在 Kylin 中 load 一个 view 的时候，Kylin 计算表的 cardinality 的 job 无法获取到 cardinality 的值，这时就要求用户知道每一列的 cardinality 大致的情况，如果实在不确定可以到 Hive 里面查询一下。

13.2　使用视图实战

这里我给朋友们简单演示一下视图的使用，其实视图在我们项目中还是会经常遇到的。

不知道朋友们还记不记得之前我们创建过三张表（请查看 "Apache Kylin 进阶部分之多维分析的 Cube 创建实战" 章节）：

- 事实表：kylin_flat_db.web_access_fact_tbl
- 维表：kylin_flat_db. region_tbl
- 维表：kylin_flat_db.city_tbl

如果您根据本书实战的话，当前 Hive 的 kylin_flat_db 数据库下面应该有这三张表。我们现在将在 Hive 中对这三张表创建视图，根据视图来构建 Cube，大概步骤如下：

1. 步骤一：创建视图

在 Hive Cli 中执行如下 SQL：

```
use kylin_flat_db;
create view v_pvuv as select a.DAY as v_date,
      b.regionname,
      c.cityname,
      hash(a.cookieid) as cookieid,
      a.pv
from web_access_fact_tbl a
join region_tbl b
on a.regionid = b.regionid
join city_tbl c
```

```
on a.cityid = c.cityid;
```

这里对 cookieid 字段（字符串类型）使用 hash 函数处理，结果处理为整数类型，我们这样做的目的是为了使用 Count Distinct（目前只支持整数类型）精确去重。

 hash 算法的特点是可重复和不可逆的，即针对不同的字符串进行 hash 处理，结果可能会重复，所以上面的方法存在一定的问题。在实际项目中我们使用 Hive 自定义函数对需要使用 Count Distinct 精确的字段（整数类型就不必处理了）处理成整数类型并保证不同的字符串处理的整数值不同。

2. 步骤二：创建项目

创建 "view_project" 工程，当然也可以使用任何已经存在的工程。

3. 步骤三：导入数据源

导入 kylin_flat_db 数据库下刚才创建的视图 v_pvuv。

4. 步骤四：创建 Model

这里我们作为演示，只选了一张视图作为事实表，没有维表。其中：

维度字段：v_date、regionname、cityname

度量字段：cookieid、pv

分区字段：v_date

5. 步骤五：创建 Cube

因为朋友们对于如何创建 Cube 都很熟悉了，这里我们简要罗列几步来说明。

创建 Cube 所选的维度如图 13-1 所示。

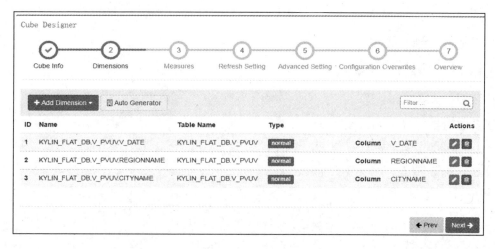

图 13-1

创建 Cube 所选的度量如图 13-2 所示。

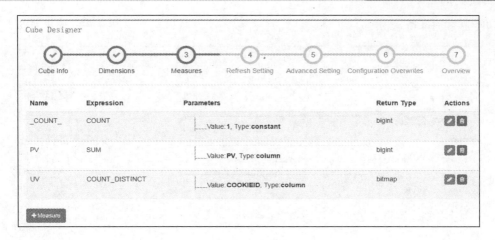

图 13-2

其中我们使用精确的 COUNT_DISTINCT 函数来计算 cookieid 字段中的值，所以返回类型为 bitmap。

6. 步骤六：构建 Cube

设置构建的结束时间，然后构建 Cube。

7. 步骤七：查询 Cube

Cube 构建完成后，就可以执行查询了。界面如图 13-3 所示，查询 SQL 如下：

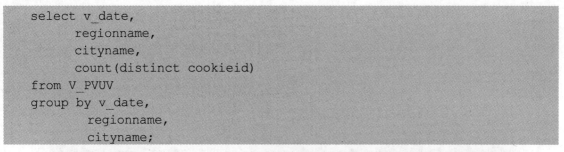

```
select v_date,
      regionname,
      cityname,
      count(distinct cookieid)
from V_PVUV
group by v_date,
        regionname,
        cityname;
```

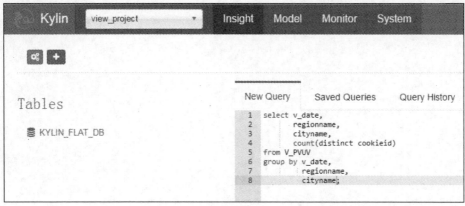

图 13-3

结果如图 13-4 所示。

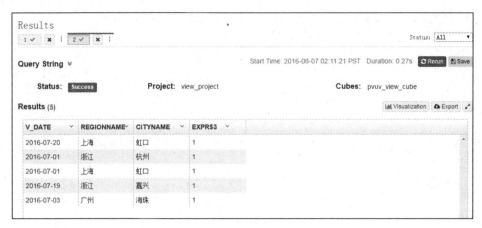

图 13-4

在我们使用 Kylin 的过程中，对于上面提到的问题很多都可以通过 Hive 的视图进行解决。如果朋友们在 Kylin 使用过程中遇到一些 Kylin 自身无法解决的问题时，可以尝试一下 Hive 的视图，也许会给您带来惊喜。

第 14 章
◀ Kylin的垃圾清理 ▶

在 Kylin 运行一段时间之后，有很多数据因为不再使用而变成了垃圾数据，这些数据占据着大量 HDFS、HBase 等资源，当积累到一定规模时会对集群性能产生影响。

这些垃圾数据主要包括：

- Purge 之后原 Cube 的数据.
- Cube 合并之后原 Cube Segment 的数据。
- 任务失败中未被正常清理的临时数据文件。
- 已经过时的 Cube 构建的日志和任务历史。

为了对这些垃圾数据进行清理，Kylin 提供了两个常用的工具。请特别注意，数据一经删除将彻底无法恢复！建议使用前一定要进行元数据备份，并对目标资源删除之前请进行谨慎核对。

14.1 清理元数据

清理元数据指从 Kylin 元数据中清理掉无用的资源。随着时间的推移，有些资源，比如字典，表的快照等变得无用了（因为 cube 的 segment 被删除或合并），但是他们仍然占用空间。可以执行如下命令查找和清理无用的元数据：

（1）首先，执行检查，这是安全的操作，不会修改任何内容：

```
$KYLIN_HOME/bin/metastore.sh clean
```

这样会只列出所有可以被清理的资源（resources）供用户核对，而并不实际进行删除操作。当用户确认无误后，再添加 delete 参数并执行命令，才会进行实际的删除操作。

（2）接着，在上面的命令中，添加 "--delete true" 参数，这样就会清理掉哪些无用的资源。切记，在这个命令操作之前，一定要备份 Kylin 元数据：

```
$KYLIN_HOME/bin/metastore.sh clean --delete true
```

默认情况下，该工具会清理的资源列表如下：

- 2 天前创建的已无效的 Lookup 表镜像、字典、Cube 统计信息。
- 30 天前结束的 Cube 构建任务的步骤信息、步骤输出。

这里给朋友们普及一下如何去查询上面命令底层到底是如何执行的，以及一些默认参数的设置，大家借此可以去查询其他的一些工具，比如 Kylin 的启动，备份等执行过程。

根据$KYLIN_HOME/bin/metastore.sh 的脚本内容，找到如下内容：

```
elif [ "$1" == "clean" ]
then
${KYLIN_HOME}/bin/kylin.sh
org.apache.kylin.engine.mr.steps.MetadataCleanupJob "${@:2}"
```

如果 metastore.sh 脚本的第一个参数为 clean 时，执行 Java 程序为：

```
org.apache.kylin.engine.mr.steps.MetadataCleanupJob
```

源码 MetadataCleanupJob.java 的路径为：

```
apache-kylin-1.5.3\engine-
mr\src\main\java\org\apache\kylin\engine\mr\steps\
```

通过查看源码可以看出这个类是一个有 main 方法的类，同样看到里面有设置清理元数据的原则的配置项：

```
public static final long TIME_THREADSHOLD = 2 * 24 * 3600 * 1000L; //
2 days
public static final long TIME_THREADSHOLD_FOR_JOB = 30 * 24 * 3600 *
1000L; // 30 days
```

这两个配置项即为上面列出的两条清理资源列表的时间依据。

14.2 清理存储器数据

Kylin 在构建 Cube 过程中会在 HDFS 上生成中间数据。另外，当我们对 Cube 执行 purge/drop/merge 时，一些 HBase 的表可能会保留在 HBase 中，而这些表不再被查询，尽管 Kylin 会做一些自动的垃圾回收，但是它可能不会覆盖所有方面，所以需要我们能够每隔一段时间做一些离线存储的清理工作。具体步骤如下：

检查哪些资源需要被清理，这个操作不会删除任何内容：

```
${KYLIN_HOME}/bin/kylin.sh
```

```
org.apache.kylin.storage.hbase.util.StorageCleanupJob --delete false
```

检查结果如图 14-1 所示。

```
Sba4-7a33-4266-b398-79865d9db679 with status ERROR
2016-07-31 17:52:39,834 INFO  [main StorageCleanupJob:203]: Remove /kylin2/kylin_metadata/kylin-9524e093-32dd-44e7-9794-b7f4bff8f266 from deletion list, as the path
e093-32dd-44e7-9794-b7f4bff8f266 with status ERROR
2016-07-31 17:52:39,852 INFO  [main StorageCleanupJob:203]: Remove /kylin2/kylin_metadata/kylin-f586b510-553b-4dc3-b5f0-ee3469977b12 from deletion list, as the path
b510-553b-4dc3-b5f0-ee3469977b12 with status ERROR
2016-07-31 17:52:39,855 INFO  [main StorageCleanupJob:214]: Remove /kylin2/kylin_metadata/kylin-f9d06279-96a9-4ecf-bf7e-3a725d0afc46 from deletion list, as the path
android_ios_cube[19700101000000_292278994087017071255] of cube android_ios_cube
2016-07-31 17:52:39,855 INFO  [main StorageCleanupJob:214]: Remove /kylin2/kylin_metadata/kylin-5fec32c8-1435-4b7a-8309-dbbee32d7a6f from deletion list, as the path
pvuv_cube[20160701000000_20160702000000] of cube pvuv_cube
2016-07-31 17:52:39,855 INFO  [main StorageCleanupJob:214]: Remove /kylin2/kylin_metadata/kylin-aaa0ca5b-cbec-4a26-bf1e-1b965b239469 from deletion list, as the path
pvuv_cube[20160702000000_20160703000001] of cube pvuv_cube
------------- HDFS Path To Be Deleted ---------------
/kylin2/kylin_metadata/kylin-03918fd0-2e2e-44cd-a166-070079375fb6
/kylin2/kylin_metadata/kylin-a284efa8-aeda-46ef-b8d5-b78a5fa50389

2016-07-31 17:52:39,859 INFO  [main IIManager:101]: Initializing IIManager with config kylin_metadata@hbase
2016-07-31 17:52:39,868 DEBUG [main IIManager:226]: Loading II from folder kylin_metadata(key='/invertedindex')@kylin_metadata@hbase
2016-07-31 17:52:39,868 DEBUG [main IIManager:232]: Loaded 0 II(s)
2016-07-31 17:52:40,105 INFO  [main StorageCleanupJob:123]: Exclude table KYLIN_7ONRWMB0HC from drop list, as it is newly created
2016-07-31 17:52:40,105 INFO  [main StorageCleanupJob:123]: Exclude table KYLIN_H6KR7XO9RH from drop list, as it is newly created
2016-07-31 17:52:40,106 INFO  [main StorageCleanupJob:134]: Exclude table KYLIN_C37CBMSYXA from drop list, as the table belongs to cube pvuv_cube with status READY
2016-07-31 17:52:40,106 INFO  [main StorageCleanupJob:134]: Exclude table KYLIN_ALDCUDTF1U from drop list, as the table belongs to cube pvuv_cube with status READY
------------- Tables To Be Dropped ---------------
KYLIN_AMLAK436T

2016-07-31 17:52:40,114 INFO [Thread-0 ConnectionManager$HConnectionImplementation:2082]: Closing master protocol: MasterService
2016-07-31 17:52:40,145 INFO [Thread-0 ConnectionManager$HConnectionImplementation:1678]: Closing zookeeper sessionid=0x25638f32f0d0a7c
2016-07-31 17:52:40,153 INFO [Thread-0 ZooKeeper:684]: Session: 0x25638f32f0d0a7c closed
2016-07-31 17:52:40,153 INFO [main-EventThread ClientCnxn:512]: EventThread shut down
```

图 14-1

根据提示，列出了 HBase 和 HDFS 这两方面需要清理的内容，为本次检查的结果。HDFS 文件如图 14-2 所示。

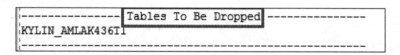

```
------------- HDFS Path To Be Deleted ---------------
/kylin2/kylin_metadata/kylin-03918fd0-2e2e-44cd-a166-070079375fb6
/kylin2/kylin_metadata/kylin-a284efa8-aeda-46ef-b8d5-b78a5fa50389
```

图 14-2

这两个 HDFS 文件需要被删除。

HBase Table 如图 14-3 所示。

```
------------- Tables To Be Dropped ---------------
KYLIN_AMLAK436T
-----------------------------------------------------
```

图 14-3

HBase 中这个表需要被删除。

注释：默认情况下，该工具会清理的资源列表如下：

① 创建时间在 2 天前，且已无效的 HTable。

② 在 Cube 构建时创建的但未被正常清理的 Hive 中间表、HDFS 临时文件。

③ 根据上面的输出结果，检查资源是否确定不再需要。接着，在上面的命令基础上添加"--delete true"选项，开始执行清理操作，命令执行完成后，上面列出的 HDFS 文件和 HTables 表就被删除了。

```
${KYLIN_HOME}/bin/kylin.sh
```

```
org.apache.kylin.storage.hbase.util.StorageCleanupJob --delete true
```

如图 14-4 所示，根据执行的清理过程可以看到，删除了 HDFS 的临时文件（比如失败的作业产生的临时 HDFS 文件），以及 HBase 的表。

图 14-4

接下来，我们来验证一下对 HBase 清理的结果。执行清理前后的 **HBase** 中表的变化情况如图 14-5 所示。

图 14-5

可以看到 HBase 的表 KYLIN_AMLAK436TI 已经被删除了。

第 15 章

◀ JDBC访问方式 ▶

Kylin 提供了标准的 ODBC 和 JDBC 接口，能够和传统 BI 工具进行很好地集成。分析师们可以用他们最熟悉的工具来享受 Kylin 带来的快速。

本章介绍通过 Java 程序调用 Kylin 的 JDBC 接口访问 Kylin 的 Cube 数据。

首先我们来看一下连接 Kylin 的 URL 格式为：

```
jdbc:kylin://<hostname>:<port>/<kylin_project_name>
```

 如果"ssl"为 true 话，那么上面的端口号应该为 Kylin 服务的 HTTPS 端口号。

kylin_project_name 必须指定，并且在 Kylin 服务中存在。

下面介绍几种方式访问 Kylin 数据。

1. 第一种方法：使用 Statement 方式查询

示例完整代码如下：

```java
package com.my.kylin;

import java.sql.Connection;
import java.sql.Driver;
import java.sql.ResultSet;
import java.sql.Statement;
import java.util.Properties;

public class QueryKylinST {
public static void main(String[] args) throws Exception {
// 加载 Kylin 的 JDBC 驱动程序
Driver driver = (Driver)
Class.forName("org.apache.kylin.jdbc.Driver").newInstance();
// 配置登录 Kylin 的用户名和密码
Properties info = new Properties();
info.put("user", "ADMIN");
info.put("password", "KYLIN");
```

```
    // 连接Kylin服务
    Connection conn =
driver.connect("jdbc:kylin://192.168.1.128:7070/learn_kylin", info);
    Statement state = conn.createStatement();
    ResultSet resultSet = state.executeQuery("select part_dt, sum(price)
as total_selled, count(distinct seller_id) as sellers " +
            "from kylin_sales group by part_dt order by part_dt limit
5");

    System.out.println("part_dt\t" + "\t" + "total_selled" + "\t" +
"sellers");

    while (resultSet.next()) {
        String col1 = resultSet.getString(1);
        String col2 = resultSet.getString(2);
        String col3 = resultSet.getString(3);

        System.out.println(col1 + "\t" + col2 + "\t" + col3);
    }


    }
}
```

在 eclipse 中执行之前先引入 Kylin 的 Jar 包，如图 15-1 所示。

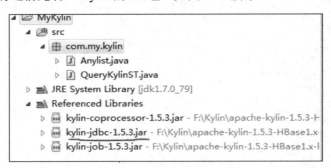

图 15-1

运行结果如图 15-2 所示。

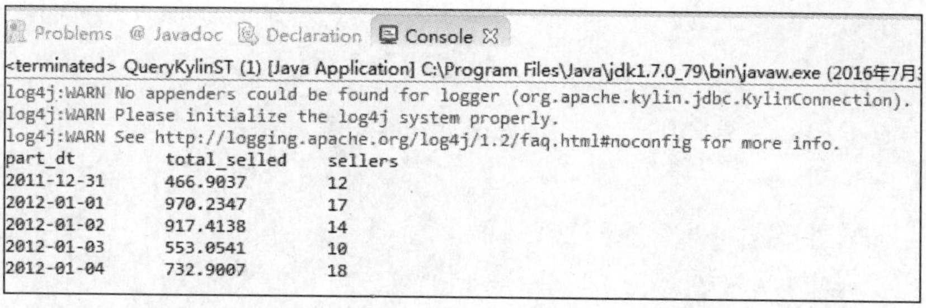

图 15-2

2. 第二种方法：使用 PreparedStatement 方式查询

这种方式支持在 SQL 语句中传入参数，支持如下的方法设置参数：

- setString
- setInt
- setShort
- setLong
- setFloat
- setDouble
- setBoolean
- setByte
- setDate
- setTime
- setTimestamp

示例完整代码如下：

```java
package com.my.kylin;

import java.sql.Connection;
import java.sql.Driver;
import java.sql.PreparedStatement;
import java.sql.ResultSet;
import java.util.Properties;

public class AnylistWithPS {
public static void main(String[] args) throws Exception {
    anylist();
}


public static void anylist() throws Exception {
```

```
    Driver driver = (Driver)
Class.forName("org.apache.kylin.jdbc.Driver").newInstance();

    Properties info = new Properties();
    info.put("user", "ADMIN");
    info.put("password", "KYLIN");
    Connection conn =
driver.connect("jdbc:kylin://192.168.1.128:7070/learn_kylin", info);

    PreparedStatement state = conn.prepareStatement("select * from
KYLIN_CATEGORY_GROUPINGS where LEAF_CATEG_ID = ?");

    state.setLong(1,10058);

    ResultSet resultSet = state.executeQuery();

    while (resultSet.next()) {
        String col1 = resultSet.getString(1);
        String col2 = resultSet.getString(2);
        String col3 = resultSet.getString(3);

        System.out.println(col1 + "\t" + col2 + "\t" + col3);
    }

}
}
```

运行结果如图 15-3 所示。

```
 Problems  @ Javadoc  Declaration   Console ✕
<terminated> AnylistWithPS (1) [Java Application] C:\Program Files\Java\jdk1.7.0_79\bin\javaw.exe (2016年7月
log4j:WARN No appenders could be found for logger (org.apache.kylin.jdbc.KylinConnection).
log4j:WARN Please initialize the log4j system properly.
log4j:WARN See http://logging.apache.org/log4j/1.2/faq.html#noconfig for more info.
27      Tickets 2013-09-10 16:52:46
```

图 15-3

第 16 章
◄ 通过RESTful访问Kylin ►

本章我们将和朋友们一起探讨如何通过 RESTful API 方式访问 Kylin，这种方式也是很多开发者喜爱的。

目前根据 Kylin 的官方文档介绍，Kylin 的认证是 basic authentication，加密算法是 Base64。在 POST 的 header 进行用户认证，即请求头中添加 Authorization，如下：

Authorization: "Basic 用户名和密码的 base64 加密字符串"

上面的"Basic 用户名和密码"的格式为"username:password"，即对 username:password 进行 base64 加密。

在使用 RESTful API 时，基本的 URL 路径为/kylin/api，因此不要忘记在一个确定的 API 路径的前面加上/kylin/api。比如，为了获取所有 Cube 实例，我们可以通过发送 HTTP GET 请求到 /kylin/api/cubes。Kylin 提供了非常多的 RESTful APIs，包括 Query、Cube、Job、Metadata、Cache 等方面，本章不会对所有的内容进行实战操作，仅选择其中几个，毕竟操作大同小异，更详细信息请访问官网。

1. 生成认证鉴权文件

因为 Kylin 的认证是 basic authentication，加密算法是 Base64，所以为了方便后续操作，这里首先生成认证鉴权文件（cookiefile.txt）。需要说明的是后续所有的 curl 命令的最后，我们都会使用 python -m json.tool 来对 json 的输出进行格式化操作，方便阅读。

我们在 kylin 用户下面执行命令，生成鉴权文件：

```
curl -c cookiefile.txt -X POST \
-H "Authorization: Basic QURNSU46S1lMSU4=" \
-H 'Content-Type: application/json' \
http://192.168.1.128:7070/kylin/api/user/authentication \
| python -m json.tool
```

返回结果：

```
{
```

```
    "userDetails": {
        "accountNonExpired": true,
        "accountNonLocked": true,
        "authorities": [
            {
                "authority": "ROLE_ADMIN"
            },
            {
                "authority": "ROLE_ANALYST"
            },
            {
                "authority": "ROLE_MODELER"
            }
        ],
        "credentialsNonExpired": true,
        "enabled": true,
        "password": null,
        "username": "ADMIN"
    }
}
```

注意：

（1）ADMIN:KYLIN 使用 Base64 编码后结果为：QURNSU46S1lMSU4=。

（2）-c：cookie 写入的文件。

（3）-H：自定义 header 传递给服务器。

（4）-X：指定使用的请求命令。

我们后面会通过 Java 程序来使用 Base64 进行编码和解码。

2. 查看生成的 cookiefile.txt 文件内容

cookiefile.txt 文件内容如图 16-1 所示。

```
# Netscape HTTP Cookie File
# http://curl.haxx.se/docs/http-cookies.html
# This file was generated by libcurl! Edit at your own risk.

#HttpOnly_192.168.1.128 FALSE   /kylin/ FALSE   0   JSESSIONID  2097554592D6E068F79C78038579AEE7
```

图 16-1

可以看到 cookiefile.txt 文件中包含 JSESSIONID。

3. 查询 Cube 信息

在认证完成之后，可以复用 cookie 文件（不再需要重新认证），向 Kylin 发送 GET 或

162

POST 请求。比如，查询 cube 的信息：

```
curl -b cookiefile.txt \
-H 'Content-Type:application/json' \
http://192.168.1.128:7070/kylin/api/cubes/myproject_pvuv_cube \
| python -m json.tool
```

返回结果如下：

```
{
    "cost": 50,
    "create_time_utc": 1470408523008,
    "descriptor": "myproject_pvuv_cube",
    "input_records_count": 5,
    "input_records_size": 2006,
    "last_modified": 1470447536661,
    "name": "myproject_pvuv_cube",
    "owner": "ADMIN",
    "segments": [
        {
            "binary_signature": null,
            "blackout_cuboids": [],
            "create_time_utc": 1470445616985,
            "cuboid_shard_nums": {},
            "date_range_end": 1470009600000,
            "date_range_start": 1467331200000,
            "dictionaries": {
                "KYLIN_FLAT_DB.WEB_ACCESS_FACT_TBL/CITYID":
"/dict/KYLIN_FLAT_DB.CITY_TBL/CITYID/c0deb4ca-29d2-48fb-9aab-
379d225131f8.dict",
                "KYLIN_FLAT_DB.WEB_ACCESS_FACT_TBL/OS":
"/dict/KYLIN_FLAT_DB.WEB_ACCESS_FACT_TBL/OS/cf434265-49d5-497d-baff-
d599e03003c6.dict",
                "KYLIN_FLAT_DB.WEB_ACCESS_FACT_TBL/REGIONID":
"/dict/KYLIN_FLAT_DB.REGION_TBL/REGIONID/0e379b4c-c313-4825-9222-
cc310b9ff68f.dict",
                "KYLIN_FLAT_DB.WEB_ACCESS_FACT_TBL/SITEID":
"/dict/KYLIN_FLAT_DB.WEB_ACCESS_FACT_TBL/SITEID/c914fb0b-5300-4ace-a9f0-
565ab9df7bb0.dict"
            },
```

```
        "index_path":        "/kylin/kylin_metadata/kylin-54e01769-a89b-
49a5-9daa-4f50d43bea42/myproject_pvuv_cube/secondary_index/",
        "input_records": 5,
        "input_records_size": 2006,
        "last_build_job_id":  "54e01769-a89b-49a5-9daa-4f50d43bea42",
        "last_build_time": 1470447536661,
        "name": "20160701000000_20160801000000",
        "rowkey_stats": [
            [
                "REGIONID",
                5,
                1
            ],
            [
                "CITYID",
                10,
                1
            ],
            [
                "SITEID",
                5,
                1
            ],
            [
                "OS",
                2,
                1
            ]
        ],
        "size_kb": 10,
        "snapshots": {
            "KYLIN_FLAT_DB.CITY_TBL":
"/table_snapshot/city_tbl/9b852a52-0f47-4472-9ec1-fd0833a85fe1.snapshot",
            "KYLIN_FLAT_DB.REGION_TBL":
"/table_snapshot/region_tbl/12619319-85ae-4428-bb36-
00a9f2776906.snapshot"
        },
        "source_offset_end": 0,
        "source_offset_start": 0,
```

```
            "status": "READY",
            "storage_location_identifier": "KYLIN_DKJ484EVVV",
            "total_shards": 1,
            "uuid": "c52bb6fd-c4a9-4446-815d-a7cff40f873d"
        }
    ],
    "size_kb": 10,
    "status": "READY",
    "uuid": "f749b12a-01a4-4c72-bb02-c1f4c7ff234d",
    "version": "1.5.3"
}
```

可以看到查询出了 myproject_pvuv_cube 这个 Cube 的详细信息，包括 Cube 的 uuid、输入数据量、Cube 大小、segments 等内容，并且返回内容为 Json 格式。

4. 通过 RESTful 查询 SQL

若要向 Kylin 发送 SQL Query，则 POST 请求中的 data 应遵从 JSON 规范。

我们这里构造一个 JSON 格式的文件，文件名为 first.json，内容如下：

```
{
    "sql":"select part_dt,sum(price) as total_selled, count(distinct
seller_id) as sellers from kylin_sales group by part_dt",
    "offset":0,
    "limit":2,
    "acceptPartial":false,
    "project":"learn_kylin"
}
```

其中，offset 为 SQL 中相对记录首行的偏移量，limit 为限制记录条数；二者在后台处理时都会拼接到 SQL 中去。

我们这里使用两种方式来发送 SQL Query 请求：

（1）将 JSON 格式的内容放到命令行中，如下为一行命令：

```
curl -b cookiefile.txt \
-X POST \
-H 'Content-Type: application/json' \
-d '{
    "sql":"select part_dt,sum(price) as total_selled,count(distinct
seller_id) as sellers from kylin_sales group by part_dt",
    "offset":0,
```

```
    "limit":2,
    "acceptPartial":false,
    "project":"learn_kylin"
}' http://192.168.1.128:7070/kylin/api/query \
| python -m json.tool
```

返回的结果如下所示：

```
{
    "affectedRowCount": 0,
    "columnMetas": [
        {
            "autoIncrement": false,
            "caseSensitive": true,
            "catelogName": null,
            "columnType": 91,
            "columnTypeName": "DATE",
            "currency": false,
            "definitelyWritable": false,
            "displaySize": 0,
            "isNullable": 1,
            "label": "PART_DT",
            "name": "PART_DT",
            "precision": 0,
            "readOnly": true,
            "scale": 0,
            "schemaName": null,
            "searchable": false,
            "signed": true,
            "tableName": null,
            "writable": false
        },
        {
            "autoIncrement": false,
            "caseSensitive": true,
            "catelogName": null,
            "columnType": 3,
            "columnTypeName": "DECIMAL",
            "currency": false,
            "definitelyWritable": false,
            "displaySize": 19,
            "isNullable": 1,
            "label": "TOTAL_SELLED",
            "name": "TOTAL_SELLED",
            "precision": 19,
            "readOnly": true,
```

```
            "scale": 4,
            "schemaName": null,
            "searchable": false,
            "signed": true,
            "tableName": null,
            "writable": false
    },
    {
            "autoIncrement": false,
            "caseSensitive": true,
            "catelogName": null,
            "columnType": -5,
            "columnTypeName": "BIGINT",
            "currency": false,
            "definitelyWritable": false,
            "displaySize": 19,
            "isNullable": 0,
            "label": "SELLERS",
            "name": "SELLERS",
            "precision": 19,
            "readOnly": true,
            "scale": 0,
            "schemaName": null,
            "searchable": false,
            "signed": true,
            "tableName": null,
            "writable": false
    }
],
"cube": "kylin_sales_cube",
"duration": 404,
"exceptionMessage": null,
"hitExceptionCache": false,
"isException": false,
"partial": false,
"results": [
    [
        "2012-01-01",
        "466.9037",
        "12"
    ],
    [
        "2012-01-02",
        "970.2347",
        "17"
    ]
],
```

```
    "storageCacheUsed": false,
    "totalScanCount": 2
}
```

最后输出的 results 内容为我们的查询结果，因为我们设置 limit 为 2，所以输出两条记录。

（2）使用 JSON 格式的文件（比如 first.json）来执行获取数据：

```
curl -b cookiefile.txt \
-X POST -H 'Content-Type: application/json' \
-d @first.json http://192.168.1.128:7070/kylin/api/query \
| python -m json.tool
```

返回的结果和上面一样，这里只输出最后的查询结果内容：

```
"results": [
    [
        "2012-01-01",
        "466.9037",
        "12"
    ],
    [
        "2012-01-02",
        "970.2347",
        "17"
    ]
]
```

5. 加载 Hive 表

我们先通过 Web UI 看一下 learn_kylin 工程下面的表信息，如图 16-2 所示。

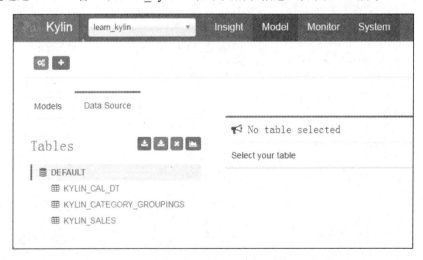

图 16-2

下面我们通过 RESTful 来加载 Hive 表：

（1）通过 Hive CLI 客户端登录到 kylin_flat_db 数据库中查询 Hive 表

```
hive (default)> use kylin_flat_db;
hive (kylin_flat_db)> show tables;
city_tbl
region_tbl
v_pvuv
web_access_fact_tbl
```

（2）通过调用 REST API 接口加载 Hive 表（kylin_flat_db.region_tbl）

请求方式：POST

访问路径：http://host:port/kylin/api/tables/{tables}/{project}

```
curl -b cookiefile.txt \
-X POST -H 'Content-Type: application/json' \
-d '{}' \
http://192.168.1.128:7070/kylin/api/tables/kylin_flat_db.region_tbl/l
earn_kylin \
| python -m json.tool
```

返回结果如下，表明 KYLIN_FLAT_DB.REGION_TBL 表加载成功了：

```
{
    "result.loaded": [
        "KYLIN_FLAT_DB.REGION_TBL"
    ],
    "result.unloaded": []
}
```

（3）再次通过 Kylin 的 Web UI 查看 learn_kylin 工程下面的表信息，如图 16-3 所示。

图 16-3

可以看到 "Tables" 中产生了 KYLIN_FLAT_DB 数据库以及 REGION_TBL 表。

6. 构建 Cube

请求方式：PUT

访问路径：http://host:port/kylin/api/cubes/{cubeName}/rebuild

请求主体包括：startTime、endTime 和 buildType。

```
curl -b cookiefile.txt -X PUT \
-H 'Content-Type: application/json' \
-d '{
    "startTime":'1328097600000',
    "endTime":'1328184000000',
    "buildType":"BUILD"
}' \
http://192.168.1.128:7070/kylin/api/cubes/kylin_sales_cube/rebuild \
| python -m json.tool
```

注意：

（1）startTime 和 endTime 应该为自从 1970-01-01 00:00:00 UTC 经过的毫秒数。

我们可以在 Linux 中通过 Shell 进行测试：

```
date -d "2012-02-01 12:00:00 UTC" +%s
```

输出结果为秒数：

```
1328097600
```

（2）buildType 可选的类型有：BUILD、MERGE 或 REFRESH。

上面的 curl 命令执行后返回的内容太多，这里省略中间部分内容：

```
{
    "duration": 0,
    "exec_end_time": 0,
    "exec_start_time": 0,
    "job_status": "PENDING",
    "last_modified": 1471608631343,
    "mr_waiting": 0,
    "name": "kylin_sales_cube - 20120201120000_20120202120000 - BUILD
- PDT 2016-08-19 05:10:31",
    "progress": 0.0,
    "related_cube": "kylin_sales_cube",
    "related_segment": "7fbe2639-f5b3-42ff-a0bb-7f6e978f0fe5",
```

```
        "steps": [
            {
                "cmd_type": "SHELL_CMD_HADOOP",
                "exec_cmd": "hive -e \"SET dfs.replication=2;\nSET
hive.exec.compress.output=true;\nSET
hive.auto.convert.join.noconditionaltask=true;\nSET
hive.auto.convert.join.noconditionaltask.size=100000000;\nSET
mapreduce.map.output.compress.codec=org.apache.hadoop.io.compress.SnappyC
odec;\nSET
mapreduce.output.fileoutputformat.compress.codec=org.apache.hadoop.io.com
press.SnappyCodec;\nSET mapred.output.compression.type=BLOCK;\nSET
mapreduce.job.split.metainfo.maxsize=-1;\n\nset
hive.exec.compress.output=false;\n\ndfs -mkdir -p
/kylin/kylin_metadata/kylin-d2caccf6-903a-41a6-968a-
7ce147988d7c/row_count;\nINSERT OVERWRITE DIRECTORY
'/kylin/kylin_metadata/kylin-d2caccf6-903a-41a6-968a-
7ce147988d7c/row_count' SELECT count(*) FROM DEFAULT.KYLIN_SALES
KYLIN_SALES\nWHERE (KYLIN_SALES.PART_DT >= '2012-02-01' AND
KYLIN_SALES.PART_DT < '2012-02-02')\n\n\"",
                "exec_end_time": 0,
                "exec_start_time": 0,
                "exec_wait_time": 0,
                "id": "d2caccf6-903a-41a6-968a-7ce147988d7c-00",
                "info": {},
                "interruptCmd": null,
                "interrupt_cmd": null,
                "name": "Count Source Table",
                "run_async": false,
                "sequence_id": 0,
                "step_status": "PENDING"
            },
            {
                "cmd_type": "SHELL_CMD_HADOOP",
                "exec_cmd": null,
                "exec_end_time": 0,
                "exec_start_time": 0,
                "exec_wait_time": 0,
                "id": "d2caccf6-903a-41a6-968a-7ce147988d7c-01",
                "info": {},
```

```
        "interruptCmd": null,
        "interrupt_cmd": null,
        "name": "Create Intermediate Flat Hive Table",
        "run_async": false,
        "sequence_id": 1,
        "step_status": "PENDING"
    },
    ......这里省略的内容是构建 Cube 的每个步骤 (step)，第 10 章我们已经介绍过了
],
    "submitter": "ADMIN",
    "type": "BUILD",
    "uuid": "d2caccf6-903a-41a6-968a-7ce147988d7c",
    "version": "1.5.3"
}
```

如果我们立马再执行上面的命令时，出现下面的错误提示：

```
{
    "url":"http://gpmaster:7070/kylin/api/cubes/kylin_sales_cube/rebui
ld",
    "exception":"There is already a building segment!"
}
```

说明这个时间段的 Cube 已经正在构建，下面我们通过 Web 页面的"Monitor"查看，如图
16-4 所示。

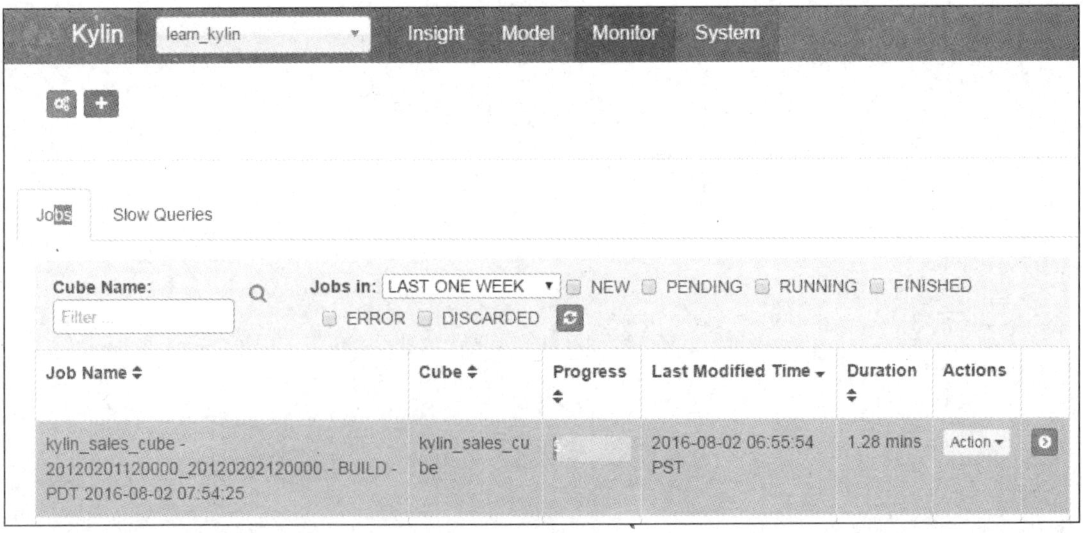

图 16-4

7. 查看作业状态

```
curl -b cookiefile.txt \
-X GET \
http://192.168.1.128:7070/kylin/api/jobs/d2caccf6-903a-41a6-968a-
7ce147988d7c \
| python -m json.tool
```

返回的内容和上面构建 Cube 的结果差不多，只不过参数的值不一样而已，比如：

```
"duration": 568          #显示作业执行的时长
"job_status":"RUNNING"  #显示作业执行的状态，此时正在执行
"step_status": "RUNNING" #显示每个 step 的执行情况
```

其实这些内容，我们可以从 Kylin 的 Web UI 的 "Monitor" 中查看。

注意：

"d2caccf6-903a-41a6-968a-7ce147988d7c" 为 Job ID，你可以从上面构建 Cube 返回结果的 json 内容的 uuid 中获取，当然你也可以从 Kylin 的 Web UI 的 "Monitor" 的详细信息中查看到，如图 16-5 所示。

图 16-5

8. 使用 Python 的 requests 模块发送 HTTP 请求访问 Kylin

Python 的模块 requests 已封装好了 HTTP 请求与响应，Session 对象解决了认证、cookie 持久化的问题，因此适合我们的场景使用。

对于 requests 模块的安装方式有几种：

- pip install requests
- 下载源码，通过 python setup.py install 方式安装

具体请参考 https://github.com/kennethreitz/requests 说明。

requests 模块已经安装到我们环境的 Python 中了，下面我们先简单演示一下：

```
[kylin@gpmaster ~]$ python
Python 2.7.11 (default, Jun 21 2016, 22:39:54)
[GCC 4.4.7 20120313 (Red Hat 4.4.7-16)] on linux2
Type "help", "copyright", "credits" or "license" for more information.
>>> import requests
>>> import json
>>> s = requests.session()
>>> headers = {'Authorization': 'Basic QURNSU46S1lMSU4='}
>>> url = 'http://gpmaster:7070/kylin/api/user/authentication'
>>> s.post(url, headers=headers)
<Response [200]>
```

如果返回<Response [200]>说明请求已成功，请求所希望的响应头或数据体将随此响应返回。
紧接着，我们来查询一个 Cube 的信息：

```
>>> url2 = 'http://gpmaster:7070/kylin/api/cubes/kylin_sales_cube'
>>> r = s.get(url2)
>>> print json.dumps(r.json(),sort_keys=True,indent=4)
{
    "cost": 50,
    "create_time_utc": 0,
    "descriptor": "kylin_sales_cube_desc",
    "input_records_count": 459,
    "input_records_size": 18550,
    "last_modified": 1471608631188,
    "name": "kylin_sales_cube",
    "owner": null,
    "segments": [
        {
            "binary_signature": null,
            "blackout_cuboids": [],
            "create_time_utc": 1470181454861,
            "cuboid_shard_nums": {},
            "date_range_end": 1325462400000,
            "date_range_start": 1325376000000,
......省略部分内容
    ],
    "size_kb": 493,
```

```
    "status": "READY",
    "uuid": "2fbca32a-a33e-4b69-83dd-0bb8b1f8c53b",
    "version": "1.5.2"
}
```

执行完 r.json() 就可以返回 kylin_sales_cube 这个 Cube 的信息。

我们继续，下面再来执行一个 SQL 查询，我们这里使用函数实现：

```
import requests
import json
#鉴权使用的函数
def authenticate():
    url = 'http://gpmaster:7070/kylin/api/user/authentication'
    headers = {'Authorization': 'Basic QURNSU46S1lMSU4='}
    s = requests.session()
    s.headers.update({'Content-Type': 'application/json'})
    s.post(url, headers=headers)
    return s


#查询使用的函数
def query(sql_str, session):
    url = 'http://gpmaster:7070/kylin/api/query'
    json_str = '{"sql":"' + sql_str + '", "offset": 0, "limit": 50000, ' \
    '"acceptPartial": false, "project": "learn_kylin"}'
    r = session.post(url, data=json_str)
    #results = r.json()['results']
    results = json.dumps(r.json()['results'],sort_keys=True,indent=4)
    return results


#执行程序开始
session = authenticate()
sql_str = 'select part_dt, sum(price) as total_selled, count(distinct
seller_id) as sellers from kylin_sales group by part_dt'
print(query(sql_str,session))
```

返回结果为：

```
[
    [
        "2012-01-03",
```

```
            "917.4138",
            "14"
        ],
        [
            "2012-01-04",
            "553.0541";
            "10"
        ],
        ......省略部分结果
    ]
```

执行过程如图 16-6 所示。

```
>>> import json
>>> def authenticate():
...     url = 'http://gpmaster:7070/kylin/api/user/authentication'
...     headers = {'Authorization': 'Basic QURNSU46S11MSU4='}
...     s = requests.session()
...     s.headers.update({'Content-Type': 'application/json'})
...     s.post(url, headers=headers)
...     return s
...
>>> def query(sql_str, session):
...     url = 'http://gpmaster:7070/kylin/api/query'
...     json_str = '{"sql":"' + sql_str + '", "offset": 0, "limit": 50000, ' \
...     '"acceptPartial": false, "project": "learn_kylin"}'
...     r = session.post(url, data=json_str)
...     #results = r.json()['results']
...     results = json.dumps(r.json()['results'],sort_keys=True,indent=4)
...     return results
...
>>> session = authenticate()
>>> sql_str = 'select part_dt, sum(price) as total_selled, count(distinct seller_id) as sellers from kylin_sales group by part_dt'
>>> print(query(sql_str,session))
[
    [
        "2012-01-03",
        "917.4138",
        "14"
    ],
    [
        "2012-01-04",
        "553.0541",
        "10"
    ],
    [
        "2012-01-01",
        "466.9037",
        "12"
    ],
    [
        "2012-01-02",
```

图 16-6

实际项目中，我们是将上面的代码封装到 Python 脚本中定时调度的。

9. Base64 编码说明

前面我们提到 Kylin 的认证是 basic authentication，加密算法是 Base64，下面对 Base64 进行简单介绍。

（1）Base64 编码说明

Base64 编码要求把 3 个 8 位字节（3*8=24）转化为 4 个 6 位的字节（4*6=24），之后在 6 位的前面补两个 0，形成 8 位一个字节的形式。 如果剩下的字符不足 3 个字节，则用 0 填充，输出字符使用'='，因此编码后输出的文本末尾可能会出现 1 或 2 个'='。

为了保证所输出的编码为可读字符，Base64 制定了一个编码表，以便进行统一转换。编码表的大小为 2^6=64，这也是 Base64 名称的由来。

Base64 是网络上最常见的用于传输 8Bit 字节代码的编码方式之一。

（2）Base64 编码表，如图 16-7 所示

码值	字符	码值	字符	码值	字符	码值	字符
0	A	16	Q	32	g	48	w
1	B	17	R	33	h	49	x
2	C	18	S	34	i	50	y
3	D	19	T	35	j	51	z
4	E	20	U	36	k	52	0
5	F	21	V	37	l	53	1
6	G	22	W	38	m	54	2
7	H	23	X	39	n	55	3
8	I	24	Y	40	o	56	4
9	J	25	Z	41	p	57	5
10	K	26	a	42	q	58	6
11	L	27	b	43	r	59	7
12	M	28	c	44	s	60	8
13	N	29	d	45	t	61	9
14	O	30	e	46	u	62	+
15	P	31	f	47	v	63	/

图 16-7

（3）使用 Java 代码方式实现 Base64 的编码和解码

```java
package com.my.kylin;

import java.io.UnsupportedEncodingException;
import org.apache.commons.codec.binary.Base64;

public class Base64Demo {
```

```java
    public static void main(String[] args){
        String encode_str = "ADMIN:KYLIN";
        String decode_str = "QURNSU46S1lMSU4=";
        try {
            // 编码
            byte[] encodeBase64 =
Base64.encodeBase64(encode_str.getBytes("UTF-8"));
            System.out.println("ENCODE RESULT: " +new
String(encodeBase64));

            // 解码
            byte[] decodeBase64 =
Base64.decodeBase64(decode_str.getBytes("UTF-8"));
            System.out.println("DECODE RESULT: " +new
String(decodeBase64));

        } catch(UnsupportedEncodingException e){
            e.printStackTrace();
        }
    }
}
```

上面 Java 程序运行结果为:

```
ENCODE RESULT: QURNSU46S1lMSU4=
DECODE RESULT: ADMIN:KYLIN
```

第 17 章
◄ Kylin版本之间升级 ►

本章我将和朋友们一起来看一下 Kylin 版本升级。任何一款软件，升级是常有的事，通过升级可以解决一些 Bug，或者增加一些新的功能，或者调整接口等。而且在版本升级之前，必须要做的一件事情就是备份。备份的好处是，如果你升级失败了，我们还可以恢复到旧的版本，继续使用原有功能。

本章我们只会介绍 Kylin 主流版本的升级，对于之前比较老的版本我们就不再介绍了，而且从 Kylin 1.5.1 版本开始，由于 metadata 原因，不再向后兼容，虽然也可以通过一些方法解决这个问题，但是建议大家还是使用最新的版本，毕竟从功能和稳定性方法都提升了很多。

首先我们介绍一下主流版本的升级注意事项，最后再进行版本升级的实战阶段。

17.1 从 1.5.2 升级到最新版本 1.5.3

Kylin 1.5.3 版本的 metadata、Cube 数据，都是和 1.5.2 保持兼容的，你的 cubes 不需要再重新构建，但是升级过后有一些操作需要执行：

（1）更新 HBase 的 coprocessor

Kylin 依赖于 HBase 的 coprocessor（协处理器）去优化查询性能，对于新版本的 Kylin 来说，RPC 协议（通信协议）可能发生了变化，而已有的 HTable 仍然绑定了老版本的 HBase 协处理器 Jar 包，因此必须为现有的 HTable 重新部署 HBase 协处理器 Jar 包。Kylin 提供了一个工具，用来升级协处理器 Jar 包，具体操作如下：

```
$KYLIN_HOME/bin/kylin.sh
org.apache.kylin.storage.hbase.util.DeployCoprocessorCLI
$KYLIN_HOME/lib/kylin-coprocessor-*.jar all
```

 这里的$KYLIN_HOME 为最新版本的 Kylin 家目录。

（2）更新 conf/kylin_hive_conf.xml

从 Kylin 1.5.3 版本开始，Kylin 不再使用 Hive 去合并小文件。对于用户从旧版本复制过来的 conf/kylin_hive_conf.xml 文件，需要将"merge"相关的配置项删除掉，包括"hive.merge.mapfiles"，"hive.merge.mapredfiles"和"hive.merge.size.per.task"，这样从 Hive 中抽取数据时可以节省时间。

17.2 从 1.5.1 升级到 1.5.2 版本

Kylin 1.5.2 的 metadata 是兼容 1.5.1 版本的，你的 cubes 不需要升级，但是升级过后有一些操作需要执行：

（1）更新 HBase 的 coprocessor

参考上面的操作（从 1.5.2 升级到最新版本 1.5.3）。

（2）更新 conf/kylin.properties

在 Kylin 1.5.2 版本中，有几个配置项被废弃了，并且增加了几个新的配置项。

废弃的配置项：

- kylin.hbase.region.cut.small=5
- kylin.hbase.region.cut.medium=10
- kylin.hbase.region.cut.large=50

新增加的配置项：

- kylin.hbase.region.cut=5
- kylin.hbase.hfile.size.gb=2

这些新的配置项决定了如何去切分 HBase 的 Region。为了使用不同方法切分 Region 的大小，你可以在 Cube 级别的层面覆盖这些配置项。其实也就是 Kylin 的 Web UI 上提供了一个重要更新，即允许用户在 Cube 级别进行自定义配置，以覆盖 kylin.properties 中的全局配置。如在 Cube 中定义 kylin.hbase.region.count.max 可以设置该 Cube 在 HBase 中 Region 切分的最大数量，如图 17-1 所示，单击 +Property 就可以添加参数。

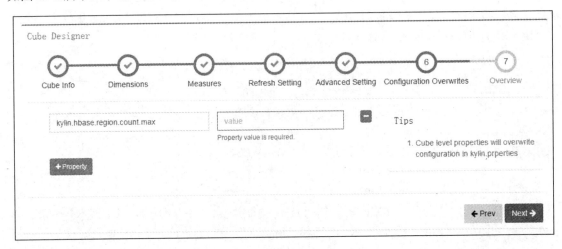

图 17-1

当你从旧版本直接将 kylin.properties 文件复制过来后，记得要删除以上废弃的配置项并添加新增的配置项。

（3）添加新增的 kylin_job_conf_inmem.xml 文件

从 Kylin 1.5.2 版本开始，在 conf 目录下面新增了一个名为 kylin_job_conf_inmem.xml 的文件。因为从 Kylin 1.5 版本就已经引入了 Fast Cubing 算法，目标是使用更多的内存用于 In-mem 聚合，利用 Mapper 端计算先完成大部分聚合，再将聚合后的结果交给 Reducer，从而降低对网络瓶颈的压力。Kylin 使用这个新的配置文件来提交基于 In-mem Cubing 的作业，对于你的集群环境，请设置合适的内存值。

此外，如果你针对不同大小的 Cube，已经使用了独立的配置文件，比如 kylin_job_conf_small.xml、kylin_job_conf_medium.xml 与 kylin_job_conf_large.xml，那么此时你就应该注意了，这些配置文件现在都已经废弃掉了，而是只使用 kylin_job_conf.xml 和 kylin_job_conf_inmem.xml 这两个文件用来提交 Cube 作业。

17.3　从 Kylin 1.5.2.1 升级到 Kylin 1.5.3 实战

下面进入实战阶段，我们这里演示如何从 Kylin 1.5.2.1 升级到截至目前最新的 Kylin 1.5.3 版本，具体的步骤如下：

1. 步骤 1：升级前必须要备份元数据

使用 Kylin 自带的工具 metastore.sh 进行备份元数据：

```
${KYLIN_HOME}/bin/metastore.sh backup
```

产生的备份的元数据位于如下目录：

```
${KYLIN_HOME}/meta_backups
```

比如我们查看内容：

```
ls -l $KYLIN_HOME/meta_backups/meta_2016_08_03_14_32_59
total 60
drwxrwxr-x 2 kylin kylin  4096 Aug 3 14:33 cube
drwxrwxr-x 2 kylin kylin  4096 Aug 3 14:33 cube_desc
drwxrwxr-x 5 kylin kylin  4096 Aug 3 14:33 cube_statistics
drwxrwxr-x 5 kylin kylin  4096 Aug 3 14:33 dict
drwxrwxr-x 2 kylin kylin  4096 Aug 3 14:33 execute
drwxrwxr-x 2 kylin kylin 12288 Aug  3 14:41 execute_output
drwxrwxr-x 2 kylin kylin  4096 Aug 3 14:33 kafka
```

```
drwxrwxr-x 2 kylin kylin  4096 Aug 3 14:33 model_desc
drwxrwxr-x 2 kylin kylin  4096 Aug 3 14:33 project
drwxrwxr-x 2 kylin kylin  4096 Aug 3 14:33 streaming
drwxrwxr-x 2 kylin kylin  4096 Aug 3 14:33 table
drwxrwxr-x 2 kylin kylin  4096 Aug 3 14:33 table_exd
drwxrwxr-x 4 kylin kylin  4096 Aug 3 14:33 table_snapshot
```

请将备份的目录移到安全的地方，确保不被删除。

备份完成后，可以关闭 Kylin 集群环境，然后进行整个集群环境升级。

2. 步骤 2：下载并部署新的软件包

因为我们的 HBase 版本为 1.1.5，所以我们选择的 Kylin 安装包为 apache-kylin-1.5.3-HBase1.x-bin.tar.gz，并将安装包置于 Kylin 的家目录。

解压缩：

```
tar -zxvf apache-kylin-1.5.3-HBase1.x-bin.tar.gz
```

查看解压缩后的目录结构：

```
ls -l
drwxr-xr-x 10 kylin kylin  4096 Aug  3 15:15 apache-kylin-1.5.2.1-bin
drwxr-xr-x 10 kylin kylin  4096 Aug  2 18:02 apache-kylin-1.5.3-HBase1.x-bin
-rw-rw-r-- 1 kylin kylin  69580585 Aug  2 17:59 apache-kylin-1.5.3-
HBase1.x-bin.tar.gz
lrwxrwxrwx  1 kylin kylin  11 Jul  23 14:07 hbase -> hbase-1.1.5
drwxrwxr-x  8 kylin kylin  4096 Jul  23 14:09 hbase-1.1.5
lrwxrwxrwx  1 kylin kylin  24 Jun 12 10:53 kylin -> apache-kylin-
1.5.2.1-bin
```

之前我们安装 Kylin 时特意使用 kylin 软链接并指向 apache-kylin-1.5.2.1-bin，然后所有的环境变量配置就直接使用 kylin 目录而不涉及版本号，就是方便后续版本升级。

这里我们只需要将 kylin 重新指向 Kylin 新版本即可。

首先删除软链接：

```
rm -f kylin
```

然后建立软链接，指向最新版本：

```
ln -s apache-kylin-1.5.3-HBase1.x-bin kylin
```

最后查看软链接情况：

```
ls -l kylin*
```

```
lrwxrwxrwx 1 kylin kylin 31 Aug  3 15:52 kylin -> apache-kylin-1.5.3-HBase1.x-
bin
```

3. 步骤 3：升级 HBase 的 coprocessor

执行 Kylin 提供的升级 HBase 的 coprocessor 工具：

```
$KYLIN_HOME/bin/kylin.sh
org.apache.kylin.storage.hbase.util.DeployCoprocessorCLI
$KYLIN_HOME/lib/kylin-coprocessor-*.jar all
```

上面命令执行过程中打印了很多日志信息，最后的日志信息如下：

```
Active coprocessor jar:
hdfs://gpmaster:9000/kylin/kylin_metadata/coprocessor/kylin-coprocessor-
1.5.3-0.jar
```

可以看到新的 kylin-coprocessor-1.5.3-0.jar 已经升级成功并激活使用了。

查看 HDFS 的协处理器：

```
hdfs dfs -ls hdfs://gpmaster:9000/kylin/kylin_metadata/coprocessor/
```

返回结果（包含旧协处理器和新协处理器）：

```
Found 2 items
-rw-r--r--   2 kylin supergroup   2176491 2016-06-07 18:20
hdfs://gpmaster:9000/kylin/kylin_metadata/coprocessor/kylin-coprocessor-
1.5.2.1-0.jar
-rw-r--r--   2 kylin supergroup   2464586 2016-07-28 15:29
hdfs://gpmaster:9000/kylin/kylin_metadata/coprocessor/kylin-coprocessor-
1.5.3-0.jar
```

4. 步骤 4：重启 Kylin

```
${KYLIN_HOME}/bin/kylin.sh start
```

Kylin 1.5.3 启动过程中会新创建两张 HBase 的表，启动日志部分如下：

```
2016-08-03 16:00:42,413 INFO  [localhost-startStop-1]
client.HBaseAdmin:785: Created kylin_metadata_acl
2016-08-03 16:00:47,812 INFO  [localhost-startStop-1]
client.HBaseAdmin:785: Created kylin_metadata_user
```

其中 kylin_metadata_user 这个 HTable 是用来在 "Insight" 中保存查询 SQL 的，本章最后面，我给大家演示一下。

在"Insight"中保存查询 SQL 这个功能在 Kylin 1.5.3 版本之前是无法使用的，需要自己在 HBase 中创建这个表 kylin_metadata_user 才可以使用了。后来我在 Kylin 中提交了这个 bug，计划在 1.5.3 版本中解决。后来 Kylin 1.5.3 版本发布时的确添加了这个表，但是列族不对，因为源码中使用的列族是 q，而此版本创建的却是 a，所以还是无法通过"Insight"中保存查询 SQL。这里我们还是进行手动修改来解决这个问题，我又提交了 bug，等待下个版本修复。

首先我们先查看 Kylin 1.5.3 第一次启动后，HBase 中的表"kylin_metadata_user"结构：

```
hbase(main):009:0> desc 'kylin_metadata_user'
Table kylin_metadata_user is ENABLED
kylin_metadata_user, {TABLE_ATTRIBUTES => {METADATA => {'UUID' =>
'9d69a75c-3625-40c6-bd24-108917c789cf'}}
COLUMN FAMILIES DESCRIPTION
{NAME => 'a', DATA_BLOCK_ENCODING => 'NONE', BLOOMFILTER => 'ROW',
REPLICATION_SCOPE => '0', VERSIONS => '1', COMPRESSION => 'NONE',
MIN_VERSIONS => '0', TTL => 'FOREVER', KEEP_DELETED
_CELLS => 'FALSE', BLOCKSIZE => '65536', IN_MEMORY => 'true',
BLOCKCACHE => 'true'}
1 row(s) in 0.0380 seconds
```

根据返回的结果，kylin_metadata_user 表只有一个列族为"a"。

下面我们来重现问题给大家看一下，我们在 Kylin 的 Web UI 上查询，然后选择保存，如图 17-2 所示。

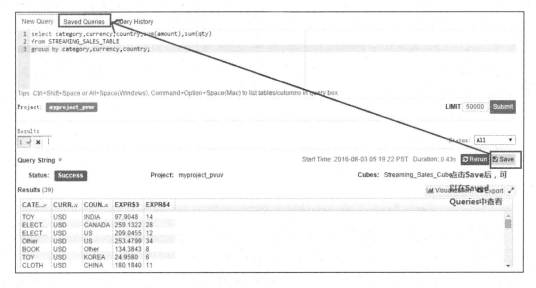

图 17-2

单击 Save 弹出窗口，如图 17-3 所示。

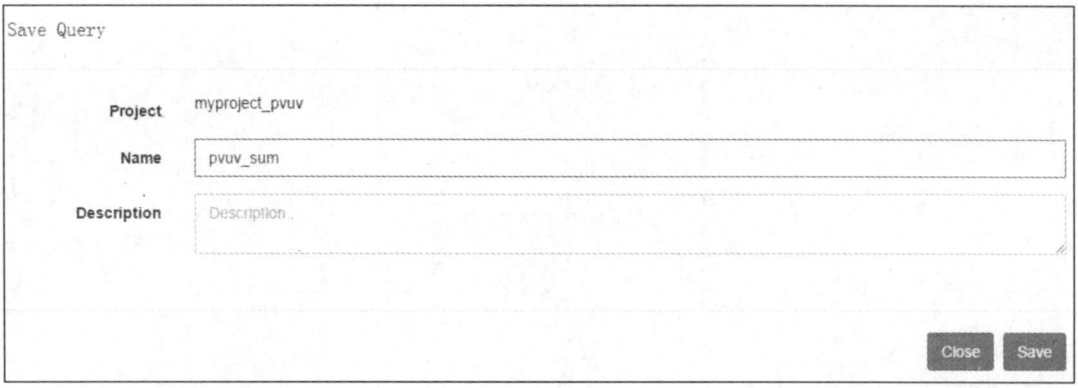

Save Query

Project	myproject_pvuv
Name	pvuv_sum
Description	Description

Close　Save

图 17-3

填好名称后，单击"Save"没有反应，查看 kylin.log 日志后，出现如下错误提示：

```
2016-08-03 21:25:16,364 DEBUG [http-bio-7070-exec-6]
hbase.HBaseConnection:238 : HTable 'kylin_metadata_user' already exists
2016-08-03 21:25:16,369 ERROR [http-bio-7070-exec-6]
controller.BasicController:44 :
    org.apache.hadoop.hbase.regionserver.NoSuchColumnFamilyException:
org.apache.hadoop.hbase.regionserver.NoSuchColumnFamilyException: Column
family q does not exist in region
kylin_metadata_user,,1470229732781.f28162180aee22bb97474d3430286813. in
table 'kylin_metadata_user', {TABLE_ATTRIBUTES => {METADATA => {'UUID' =>
'9d69a75c-3625-40c6-bd24-108917c789cf'}}, {NAME => 'a',
DATA_BLOCK_ENCODING => 'NONE', BLOOMFILTER => 'ROW', REPLICATION_SCOPE =>
'0', COMPRESSION => 'NONE', VERSIONS => '1', TTL => 'FOREVER',
MIN_VERSIONS => '0', KEEP_DELETED_CELLS => 'FALSE', BLOCKSIZE => '65536',
IN_MEMORY => 'true', BLOCKCACHE => 'true'}
```

根据错误内容"Column family q does not exist in region"，可以知道 Kylin 使用的列族是 "q"，而不是 "a"。

下面我们进入 hbase shell，给表'kylin_metadata_user'添加一个列族 "q"，如下操作：

```
hbase(main):005:0>    alter   'kylin_metadata_user'  ,{   NAME=>  'q',
VERSIONS => '1' }
Updating all regions with the new schema...
0/1 regions updated.
1/1 regions updated.
Done.
```

然后再单击 Web UI 的"Save"保存按钮，弹出成功保存界面，如图 17-4 所示。

图 17-4

下面我们看一下 Web UI 的"Saved Queries",这个页签出现刚才保存的 SQL 命令,如图 17-5 所示。

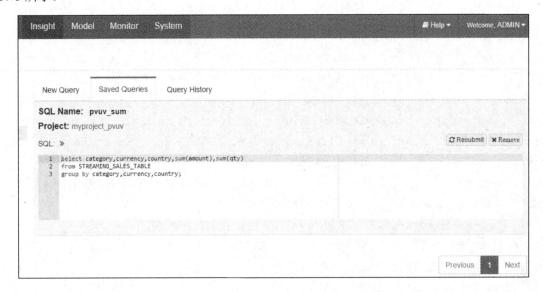

图 17-5

当然你可以将没用的列族"a"删除掉:

```
hbase(main):008:0> alter 'kylin_metadata_user', NAME=> 'a', METHOD =>
'delete'
  Updating all regions with the new schema...
  0/1 regions updated.
  1/1 regions updated.
  Done.
  0 row(s) in 3.2910 seconds
```

最后我们查看一下"kylin_metadata_user"里面的内容,如图 17-6 所示。

```
hbase(main):023:0> scan 'kylin_metadata_user'
ROW                       COLUMN+CELL
 ADMIN                    column=q:c, timestamp=1470231051511, value=[{"name":"pvuv_sum","project":"my
                          project_pvuv","sql":"select category,currency,country,sum(amount),sum(qty)\x
                          5Cnfrom STREAMING_SALES_TABLE \x5Cngroup by category,currency,country;","des
                          cription":null,"id":"-611739288"}]
1 row(s) in 0.0310 seconds

hbase(main):024:0> █
```

图 17-6

17.4 补充内容

上面这个问题我们可以通过查询源码来解决，根据日志内容可以看出执行 QueryService 类报错，然后我们搜索源码中的这个类，找到位置：

apache-kylin-1.5.3\server-
base\src\main\java\org\apache\kylin\rest\service\QueryService.java

我们查看源码 QueryService.java 时发现里面有 saveQuery 方法，并且很容易找到"kylin_metadata_user"使用的列族为"q"，部分代码如下（具体完整代码请查询源代码）：

```java
// kylin_metadata_user 表的列族为 q
public static final String USER_QUERY_FAMILY = "q";
private static final String DEFAULT_TABLE_PREFIX = "kylin_metadata";
private static final String USER_TABLE_NAME = "_user";
private static final String USER_QUERY_COLUMN = "c";


public QueryService() {
    String metadataUrl = KylinConfig.getInstanceFromEnv().getMetadataUrl();
    // split TABLE@HBASE_URL
    int cut = metadataUrl.indexOf('@');
    tableNameBase = cut < 0 ? DEFAULT_TABLE_PREFIX :
metadataUrl.substring(0, cut);
    hbaseUrl = cut < 0 ? metadataUrl : metadataUrl.substring(cut + 1);
    userTableName = tableNameBase + USER_TABLE_NAME;


    badQueryDetector.start();
}


public void saveQuery(final String creator, final Query query) throws
```

```
IOException {
    List<Query> queries = getQueries(creator);
    queries.add(query);
    Query[] queryArray = new Query[queries.size()];

    byte[] bytes =
querySerializer.serialize(queries.toArray(queryArray));
    HTableInterface htable = null;
    try {
        htable = HBaseConnection.get(hbaseUrl).getTable(userTableName);
        Put put = new Put(Bytes.toBytes(creator));
        put.add(Bytes.toBytes(USER_QUERY_FAMILY),
Bytes.toBytes(USER_QUERY_COLUMN), bytes);

        htable.put(put);
        htable.flushCommits();
    } finally {
        IOUtils.closeQuietly(htable);
    }
}
```

第 18 章

◀ 大数据可视化实践 ▶

Kylin 支持与企业级商业智能（BI）以及可视化工具无缝集成，提供标准的 ODBC、JDBC 驱动以及 REST API 接口等以连接流行的数据分析、展示工具，如 Tableau、Microsoft PowerBI、Microsoft Excel、Apache Zeppelin、Saiku 等。其实对于 Kylin 的 Web UI 也提供了简单的可视化功能。

本章我将和朋友们一起来了解和使用常见的连接 Kylin 的可视化工具。我们首先对常见的可视化工具进行简单描述，然后再进行实战演练。

18.1 可视化工具简述

1. 微软 Excel 及 Power BI

Microsoft Excel 是当今 Windows 平台上最流行的数据处理软件之一，支持多种数据处理功能，可以利用 Power Query 从 ODBC 数据源读取数据并返回到数据表中。

Microsoft Power BI 是由微软推出的商业智能的专业分析工具，给用户提供简单且丰富的数据可视化及分析功能。

Power BI 及 Excel 不支持"connec tlive"模式，请注意并添加 where 条件在查询超大数据集的时候，以避免从服务器拉取过多的数据到本地，甚至在某些情况下查询执行失败。

2. Tableau 8 和 Tableau 9

Tableau 是 Windows 平台上最流行的商业智能工具之一，它操作简洁、功能强大，通过简单地拖曳就可以将大量数据体现在可视化图表中，在最新的 9.3 版本中，用户体验得到了更进一步的提升。

3. Zeppelin

Apache Zeppelin 是一个类似 Spark Notebook 的基于 Web 的交互式数据分析工具，Apache Kylin 团队为 Zeppelin 贡献了 Kylin Interpreter 以让 Zeppelin 用户能够在 Notebook 中与 Kylin 以标准 SQL 的方式进行交互式查询。

4. Saiku（Kylin、Mondrian 和 Saiku 架构）

Saiku 是一个轻量级的 OLAP 分析引擎，用户可以在非常友好的界面下利用 OLAP 和内存引擎进行向下钻取，过滤、分类、排序和生成图表。Saiku 提供了一个多维分析的用户操作界面，可以通过简单拖拉的方式迅速生成报表。Saiku 的主要工作是根据事先配置好的 schema，将用户的操作转化成 MDX 语句提供给 Mondrian 引擎执行，Mondrian 将输入的多维分析语句 MDX 翻译成目标数据库 / 数据引擎的执行语句（比如 SQL），最终将 SQL 通过 JDBC 提交给 Kylin 执行。

5. Caravel

Caravel 是 Airbnb（知名在线房屋短租公司）开源的数据探查与可视化平台（曾用名 Panoramix），该工具在可视化、易用性和交互性上非常有特色，用户可以轻松对数据进行可视化分析。

核心功能：

- 快速创建数据可视化互动仪表盘。
- 丰富的可视化图表模板，灵活可扩展。
- 细粒度高可扩展性的安全访问模型，支持主要的认证供应商（数据库、OpenID、LDAP、OAuth 等）。
- 简洁的语义层，可以控制数据资源在 UI 的展现方式。
- 与 Druid 深度集成，可以快速解析大规模数据集。

上面这些工具都是目前为止使用比较多的，有商业版本收费的，也有开源的，每种工具与 Kylin 集成后或多或少存在一些局限，朋友们可以根据需要进行取舍，或者进行代码修改以满足自己的业务需求。

为了提升朋友们的可视化实践经验，我将会对上面的绝大部分组件进行详细演示。

18.2 安装 Kylin ODBC 驱动

目前上面的这些工具是通过 ODBC 或 JDBC 方式连接到 Kylin 服务器，然后提交 SQL 查询给 Kylin 处理并返回数据。

接下来，我们将介绍在 Windows 平台上安装 Kylin ODBC 驱动，以便后续工具使用。Kylin 提供 ODBC 驱动程序以支持 ODBC 兼容客户端应用的数据访问。32 位版本或 64 位版本的驱动程序都是可用的。

1. 安装 Kylin ODBC 驱动的前提条件

Kylin ODBC 驱动要求首先安装 Microsoft Visual C++ 2012 Redistributable，下载类型和地址如下：

（1）32 位 Windows 或 32 位 Tableau Desktop

下载地址：http://download.microsoft.com/download/1/6/B/16B06F60-3B20-4FF2-B699-5E9B7962F9AE/VSU_4/vcredist_x86.exe。

（2）64 位 Windows 或 64 位 Tableau Desktop

下载地址：http://download.microsoft.com/download/1/6/B/16B06F60-3B20-4FF2-B699-5E9B7962F9AE/VSU_4/vcredist_x64.exe。

开始正式安装 Kylin ODBC 驱动程序，详细步骤如下。

2. 步骤 1：安装 Kylin ODBC 驱动

Microsoft Visual C++ 2012 Redistributable 安装以后，就可以安装 ODBC 驱动了。

（1）如果你已经安装，首先卸载已存在的 Kylin ODBC（除非已经是最新稳定版本）。

（2）建议安装最新的 Kylin ODBC v1.5 版本（推荐，兼容所有 Kylin 版本）。

下载地址：http://kylin.apache.org/download/KylinODBCDriver-1.5.zip

（3）解压缩后，里面有 32 位和 64 位两个文件，根据自己的环境进行选择安装：

```
KylinODBCDriver-1.5(x64).exe
KylinODBCDriver-1.5(x86).exe
```

3. 步骤 2：配置系统或用户的 DSN

（1）从电脑（比如 Windows 7 操作系统）的"控制面板"中选择"管理工具"，如图 18-1 所示。

图 18-1

（2）找到数据源（ODBC）这个工具并打开，如图 18-2 所示。

🖥 iSCSI 发起程序	2009/7/14 12:54
🖥 Windows PowerShell Modules	2009/7/14 13:32
🖥 Windows 内存诊断	2009/7/14 12:53
🖥 本地安全策略	2014/3/1 10:15
🖥 打印管理	2014/3/1 10:15
🖥 服务	2009/7/14 12:54
🖥 高级安全 Windows 防火墙	2009/7/14 12:54
🖥 计算机管理	2009/7/14 12:54
🖥 任务计划程序	2009/7/14 12:54
🖥 事件查看器	2009/7/14 12:54
🖥 数据源(ODBC)	2009/7/14 12:53
🖥 系统配置	2009/7/14 12:53
🖥 性能监视器	2009/7/14 12:53
🖥 组件服务	2009/7/14 12:57

图 18-2

（3）可以添加系统 DSN 或用户 DSN，如图 18-3 所示。

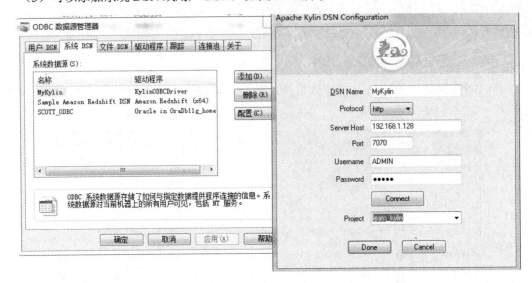

图 18-3

名称为"MyKylin"是已经添加好的 DSN，配置信息包括 Kylin 服务的 IP 地址、端口号、用户名、密码等。配置完成后，单击"Connect"进行测试，测试通过的话，"Project"的下拉列表会列出目前所有的工程名称，比如这里的"learn_kylin"。

18.3 通过 Excel 访问 Kylin

（1）从微软官网下载和安装 Power Query，如图 18-4 所示。

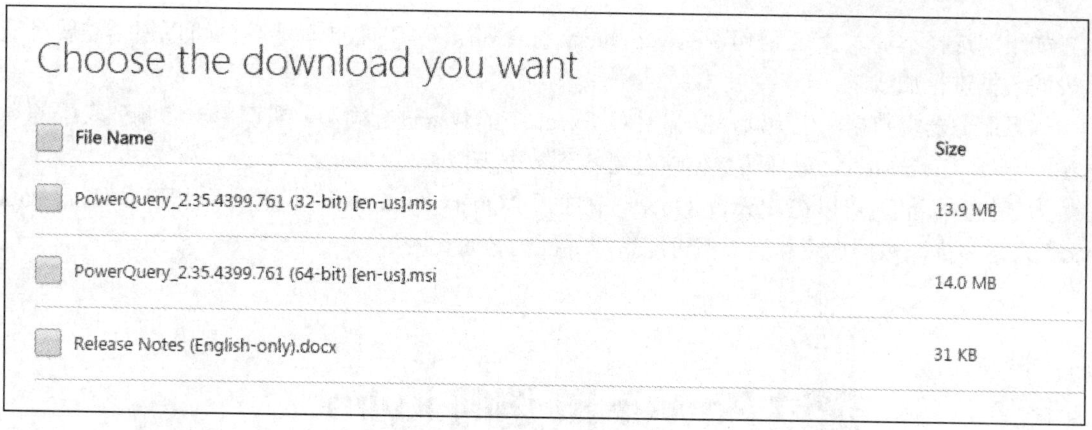

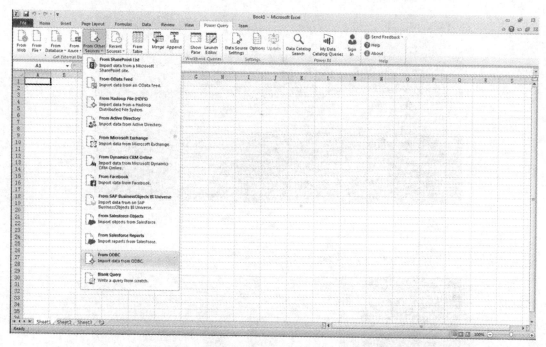

图 18-4

选择 32 位或 64 位进行安装。

安装完成后在 Excel 中会看到 Power Query 的 "Fast Tab"，单击 "From other sources" 下拉按钮，并选择 "From ODBC"，如图 18-5 所示。

图 18-5

（2）在弹出的 "From ODBC" 数据连接向导中，输入 Kylin 服务器的连接字符串，也可以在 "SQL" 文本框中输入您想要执行的 SQL 语句，单击 OK，SQL 的执行结果就会立即加载到 Excel 的数据表中。

为了简化连接字符串的输入，推荐创建 Kylin 的 DSN，可以将连接字符串简化为 DSN=[YOUR_DSN_NAME]，正好我们之前创建了 MyKylin 的 DSN，这里可以直接使用。

如果您选择不输入 SQL 语句，Power Query 将会列出所有的数据库表，您可以根据需要对整张表的数据进行加载。

一旦服务器端数据产生更新，则需要对 Excel 中的数据进行同步，右键单击右侧列表中的数据源，选择"Refresh"，最新的数据便会更新到数据表中。

为了提升性能，可以在 Power Query 中打开"Query Options"设置，然后开启"Fast data load"，这将提高数据加载速度，但可能造成界面的暂时无响应。

18.4 通过 Power BI 访问 Kylin

18.4.1 安装配置 Power BI

（1）从微软官网下载和安装 Power BI，如图 18-6 所示。

图 18-6

（2）启动您已经安装的 Power BI 桌面版程序，如图 18-7 所示。

图 18-7

单击 Get data 按钮，并选中 ODBC 数据源，如图 18-8 所示。

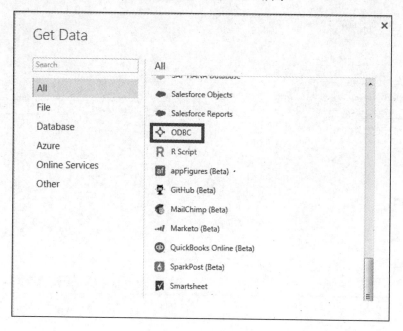

图 18-8

单击 ODBC 后弹出如图 18-9 所示的界面。

图 18-9

我们从 "Data Source Name（DSN）" 中选择我们之前创建的 DSN 名称 "MyKylin"。

如果您在前面没有创建 DSN，那么你可以 "Data Source Name（DSN）" 选择（None），然后在 "Advanced options" 中填写完整的连接 Kylin 的地址，比如为：

DRIVER={KylinODBCDriver};SERVER=http://192.168.1.128;PORT=7070;PROJECT=learn_kylin，如图 18-10 所示。

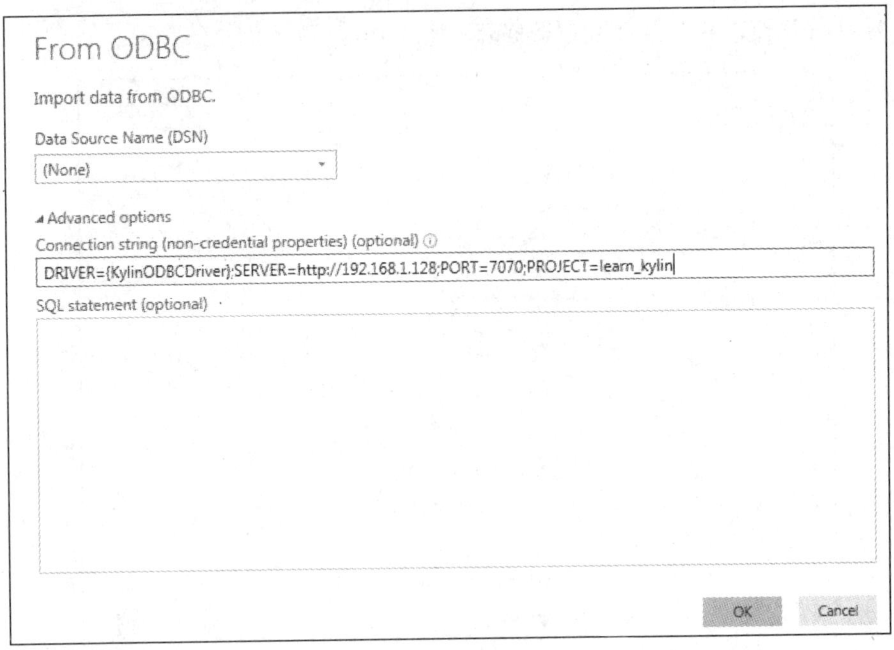

图 18-10

然后单击 OK 后，弹出要求输入用户名和密码的界面，如图 18-11 所示。

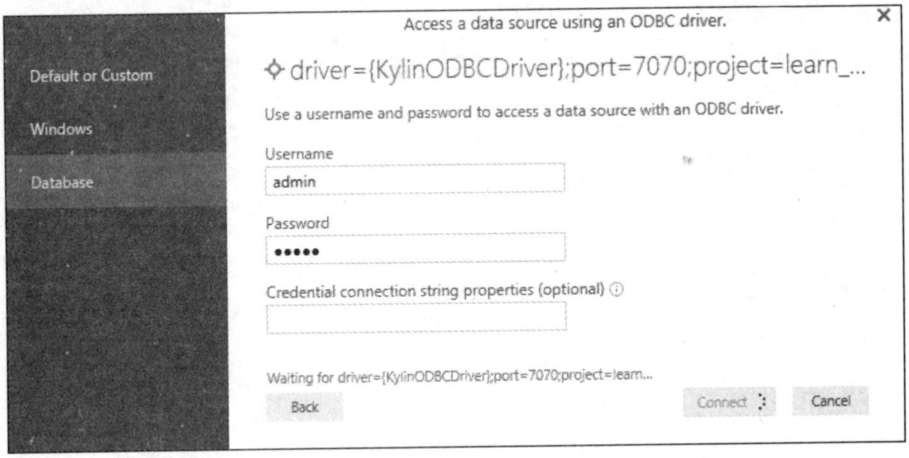

图 18-11

另外在"Advanced options"中，我们可以在"SQL"文本框中输入您想要执行的 SQL 语句。单击 OK，SQL 的执行结果就会立即加载到 Power BI 中。

（3）如果您选择不输入 SQL 语句，Power BI 将会列出项目中所有的表，您可以根据需要将整张表的数据进行加载，如图 18-12 所示。

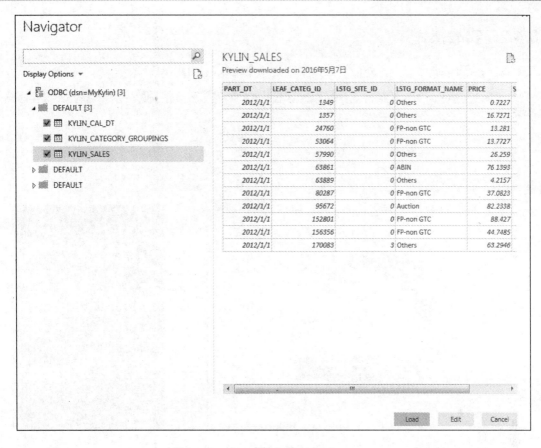

图 18-12

这里我们将所有的表都选中，然后单击 Load 按钮加载，进入如图 18-13 所示的界面。

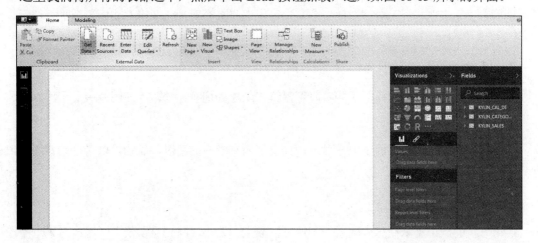

图 18-13

图 18-13 的最右边可以看到刚才加载的三张表，接着就可以在这个页面对数据进行可视化分析了。

18.4.2 实战操作

Power BI 除了上面工具栏外，下面主要分为 4 个区域，如图 18-14 所示。

图 18-14

1. Visualizations

这里主要用来选择展示数据的效果图，也可以选择多个可视化图形对相同数据进行展示。图 18-14 选择的为 donut chart（双层圆环图）。

2. Dim 和 Measure

用来放置维度和度量字段，这些字段可以直接从 3 处拖拉过来，并在图 4 中展示出来。

3. Fields

加载过来的表结构都在这个地方显示，列出了所有表中的字段，后续可以对这些字段的值进行分析。

4. 可视化分析

最终分析的结果展示在这个区域，图形可以放大、缩小、高亮显示某个区域；对某个字段可以排序后再重新展示；图形对应的数据可以导出到本地，也可以查看图形对应的实际数据等操作。

比如我们查看图形对应的详细数据，如图 18-15 所示。

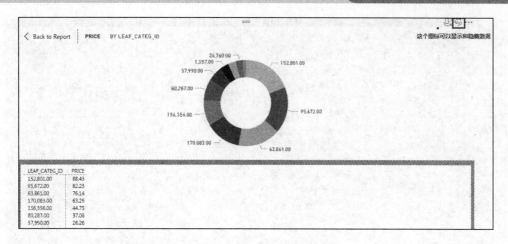

图 18-15

单击工具栏的 Refresh 按钮即可重新加载数据并对图表进行更新，如图 18-16 所示。

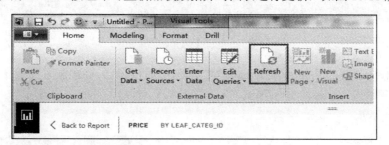

图 18-16

　　Power BI 的功能还有很多，比如建立表之间的关系、设置关联条件，对维度指标进行下钻、上卷等操作，感兴趣的朋友们多去钻研一下，本章就不做过多的演示了。

18.5　通过 Tableau 访问 Kylin

　　Tableau 9 已经发布一段时间了，社区有很多用户希望 Apache Kylin 能进一步支持该版本。现在可以通过更新 Kylin ODBC 驱动以使用 Tableau 9 来与 Kylin 服务进行交互。如何安装最新的 Kylin ODBC 驱动，前面我们已经介绍过了，接下来进入 Tableau 访问 Kylin 的实战环节。

　　这里使用的 Tableau 版本为 9.3。

（1）连接 Kylin 服务器

　　在 Tableau 9.3 中创建新的数据连接，单击最右侧面板中的"其他数据库(ODBC)"，如图 18-17 所示。

图 18-17

在弹出窗口中选择 KylinODBCDriver，然后单击"连接"，弹出配置 Kylin 相关服务的窗口，配置完成后单击 Connect 进行测试，测试成功后，可以在 Projec 中选择已经存在的工程名称，如图 18-18 所示。

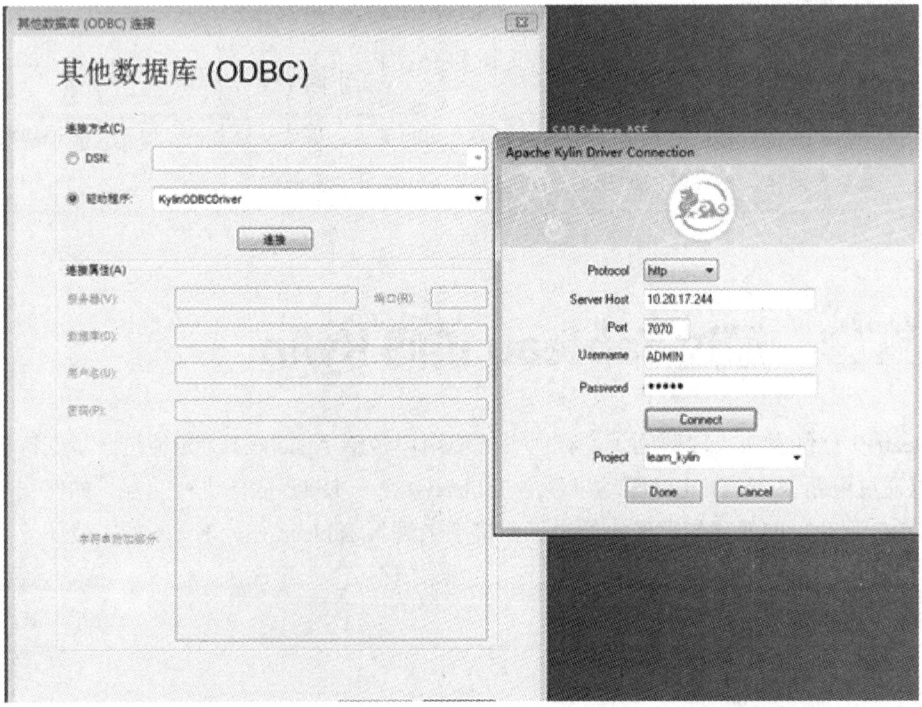

图 18-18

最后单击 Done，显示如下内容，如图 18-19 所示，默认此处的数据库为空，我们可以填写默认的数据库"defaultCatalog"。

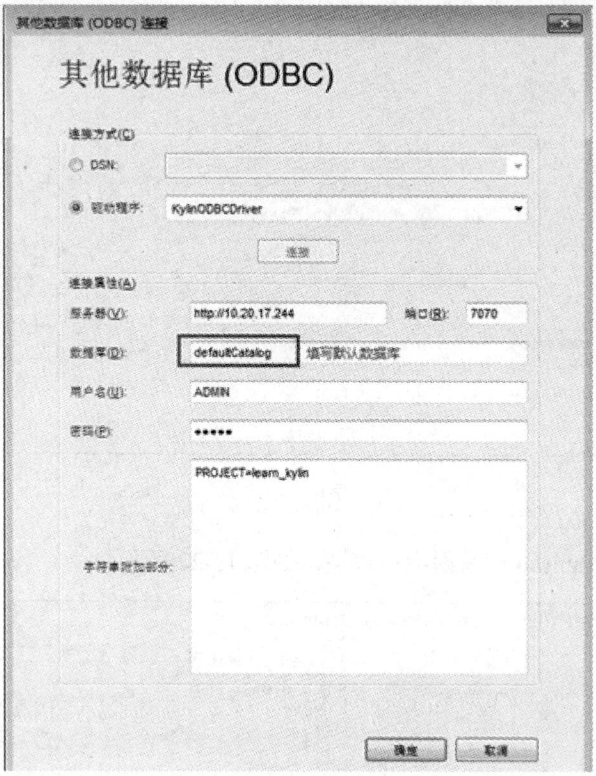

图 18-19

最后单击"确定",进入 Tableau,如图 18-20 所示。

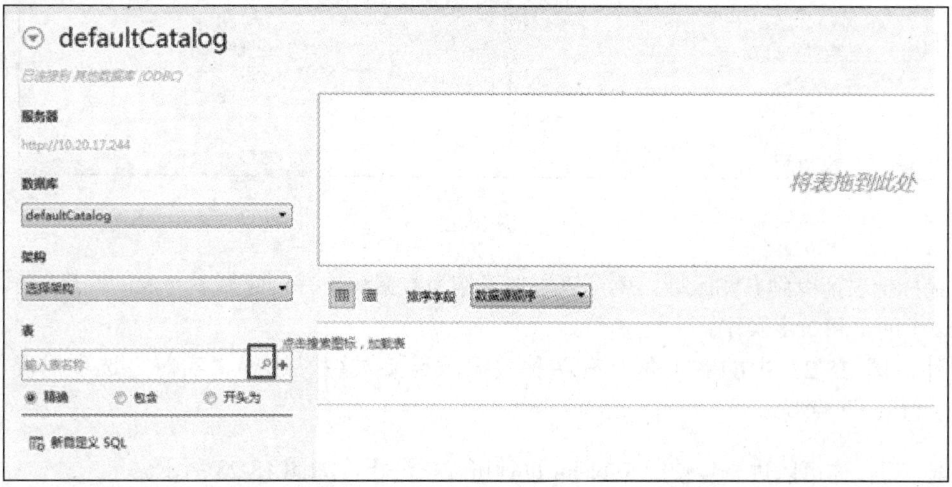

图 18-20

（2）在左侧的列表中,选择数据库"defaultCatalog"并单击搜索按钮,将列出所有可查询的表。结果如图 18-21 所示。

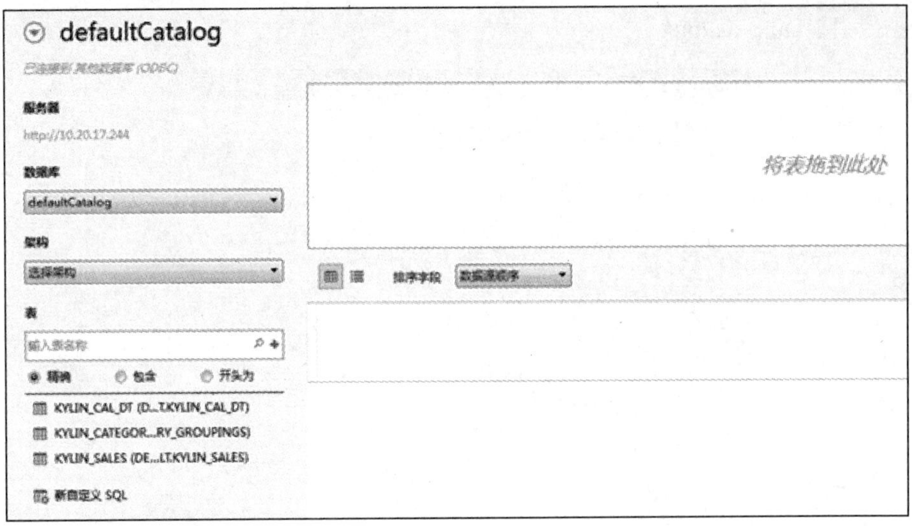

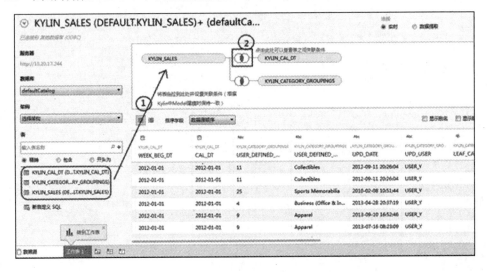

图 18-21

（3）下面开始在 Tableau 中映射数据模型，如图 18-22 所示。

图 18-22

用鼠标把表拖曳到右侧区域，就可以添加表作为数据源，并创建好表与表的连接关系，即为图 18-22 中的 1 和 2 步操作。

另外，图 18-22 中的右上角，有两种数据源连接类型，选择"实时"选项以确保使用"Connect Live"模型。

（4）现在你可以进一步使用 Tableau 进行可视化分析，如图 18-23 所示。

图 18-23

我们单击图 18-23 最下面的"工作表"或者"新建工作表"按钮，进入可视化分析界面，如图 18-24 所示。

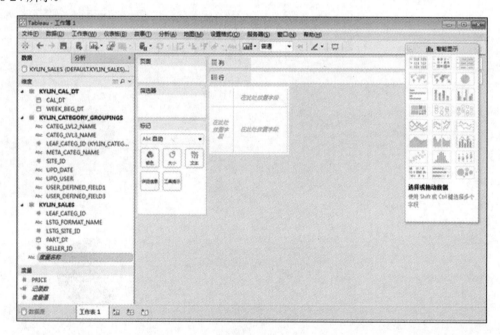

图 18-24

在上面这个页面中，你可以通过拖拉维度和度量字段来展示数据，也可以选择数据以何种图形展示。比如我们根据 PART_DT 和 LEAF_CATEG_ID 维度，查询 PRICE 度量值，如图 18-25 所示为可视化结果。

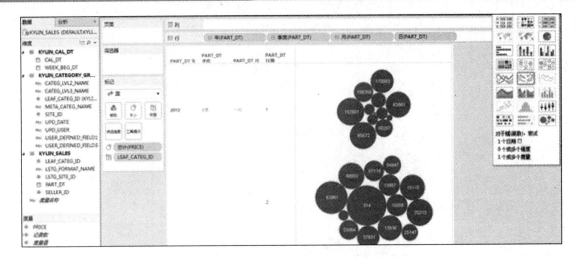

图 18-25

你可以通过选择最右边的图形模板，以不同的可视化方式展示数据，比如图 18-26 所示。

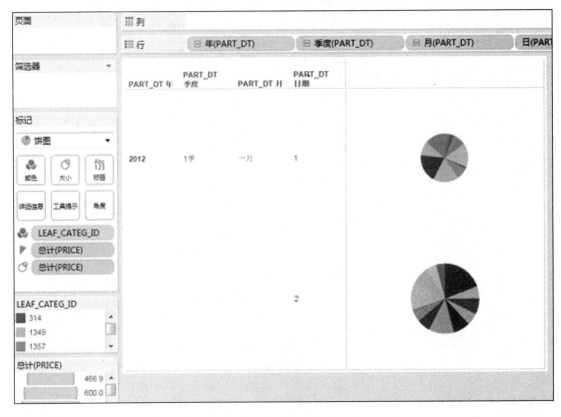

图 18-26

Kylin 本身对于 BI 工具 Tableau 可以非常好地整合使用，而且效果也确实不错。但是 Tableau 是商业版本，试用只是一段时间，后续如果再使用就需要收费。下面我们介绍另一个开源免费的 BI 工具 Saiku。

18.6 Kylin + Mondrian + Saiku

Mondrian 是一个 OLAP 分析的引擎，主要工作是根据事先配置好的 schema，将输入的多维分析语句 MDX（Multidimensional Expressions）翻译成目标数据库/数据引擎的执行语言（比如 SQL）。

Saiku 提供了一个多维分析的用户操作界面，可以通过简单拖拉的方式迅速生成报表，用户可以在非常友好的界面下利用 OLAP 和内存引擎进行向下钻取，过滤、分类、排序和生成图表。Saiku 的主要工作是根据事先配置好的 schema，将用户的操作转化成 MDX 语句提供给 Mondrian 引擎执行。

Kylin + Mondrian + Saiku 是一个简单的三层架构，如图 18-27 所示，实现了这样一个 OLAP 系统。

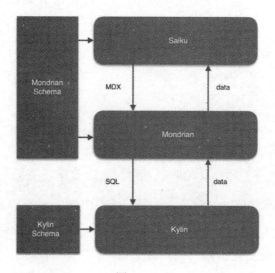

图 18-27

Github 上已经提供了这个集成框架编译好的相关 jar 包，下载地址为：

https://github.com/mustangore/kylin-mondrian-interaction

在此，非常感谢此开源项目的作者 mustangore。

照着这个项目的指引，可以很轻松地搭建这么一个三层的系统。

Mondrian 的 schema 没有比较好的图形配置工具，需要手写 Mondrian schema 的 XML 文档，文档格式参考官方文档，通过 Saiku 上传。

下面我们将进入正式安装和使用 Kylin + Mondrian + Saiku 这三层系统，因为 Kylin 的集群环境已经存在，所以我们只需要安装 Mondrian 和 Saiku 组件即可。

1. 首先下载 Kylin 和 Mondrain 集成包

下载地址如下，页面如图 18-28 所示。

```
https://github.com/mustangore/kylin-mondrian-interaction
```

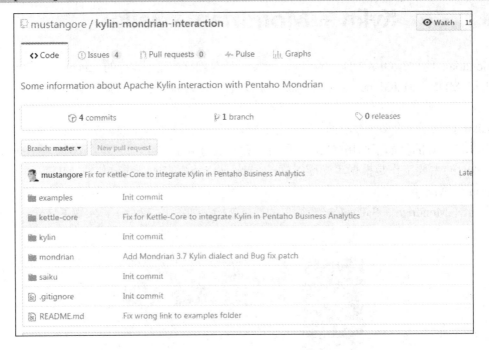

图 18-28

如果你的 Linux 环境可以连接外网，可以直接使用 git 下载：

```
git clone https://github.com/mustangore/kylin-mondrian-
interaction.git
```

下载完成后，会在上面命令执行的当前路径产生 kylin-mondrian-interaction 目录。

如果你的 Linux 环境无法使用 git 下载，那么也可以从官网直接下载，如图 18-29 所示。

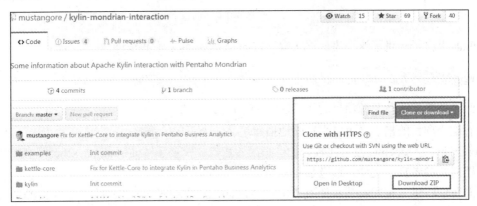

图 18-29

单击 Clone or download，从下拉框中选择"Download ZIP"即可下载到本地，然后再上传到 Linux 环境上。

2. 下载和安装 Saiku

Saiku 的下载地址为：http://community.meteorite.bi/，页面如图 18-30 所示。

图 18-30

单击 Download Saiku CE 下载即可，截至目前下载的包为：saiku-latest.zip。

这里将 Saiku 安装在/software 目录下面，解压缩 Saiku 安装包：

```
# cd /software
# unzip saiku-latest.zip
# ls -l saiku-server
total 64
drwxr-xr-x 3 root root  4096 Aug  5 23:32 data
-rwxr-xr-x 1 root root   374 Apr 10 00:43 debug-start-saiku.bat
-rwxr-xr-x 1 root root   373 Apr 10 00:43 debug-start-saiku.sh
-rwxr-xr-x 1 root root 11358 Apr 10 00:43 LICENSE
-rwxr-xr-x 1 root root  1834 Apr 10 00:43 README
-rwxr-xr-x 1 root root  1091 Apr 10 00:43 RELEASE_NOTES
drwxr-xr-x 3 root root  4096 Apr 10 00:43 repository
-rwxr-xr-x 1 root root   450 Apr 10 00:43 set-java.bat
-rwxr-xr-x 1 root root   581 Apr 10 00:43 set-java.sh
-rwxr-xr-x 1 root root   327 Apr 10 00:43 start-saiku.bat
-rwxr-xr-x 1 root root   452 Apr 10 00:43 start-saiku.sh
-rwxr-xr-x 1 root root   156 Apr 10 00:43 stop-saiku.bat
-rwxr-xr-x 1 root root   150 Apr 10 00:43 stop-saiku.sh
drwxr-xr-x 9 root root  4096 Apr 10 00:43 tomcat
```

下面我们将 kylin-mondrian-interaction 下面的一些 Jar 包复制到 Saiku 的/software/saiku-server/tomcat/webapps/saiku/WEB-INF/lib/目录下面，目的是集成 Kylin + Mondrian + Saiku 三层系统，具体操作如下：

（1）添加 Kylin JDBC 的 Jar 包。

```
# cd /software/saiku-server/tomcat/webapps/saiku/WEB-INF/lib
# cp /var/lib/kylin/kylin/lib/kylin-jdbc-1.5.3.jar .
```

（2）添加使用 Kylin dialect 编译过的 Mondrian 4.4 的 Jar 包并删除旧的包。

```
# cp /software/kylin-mondrian-interaction-master/mondrian/mondrian-
4.4-lagunitas-*.jar .
# rm mondrian-4.3.0.1.2-SPARK.jar
```

（3）添加一个新的 HTTPClient jar 并删除旧的 jar 包。

```
# cp /software/kylin-mondrian-interaction-master/saiku/commons-
httpclient-3.1.jar .
# rm commons-httpclient-20020423.jar
```

3. 启动 Saiku

```
# cd /software/saiku-server/
# sh start-saiku.sh
```

在 Saiku 启动过程中，可以去查看一下 tomcat 启动日志是否有异常，日志路径为：

```
/software/saiku-server/tomcat/logs/catalina.out
```

4. 登录 Saiku

访问 http://192.168.1.128:8080/，默认用户名和密码都是 admin。
首次登录时提示如下信息，如图 18-31 所示。

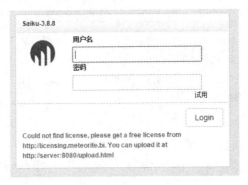

图 18-31

根据提示，我们需要从 http://licensing.meteorite.bi/网站上获取一个免费的 license，然后再上传到 http://192.168.1.128:8080/upload.html 页面。

演示一下申请 license 的过程，首先访问 http://licensing.meteorite.bi/，如图 18-32 所示，如果没有账号，需要申请一下。

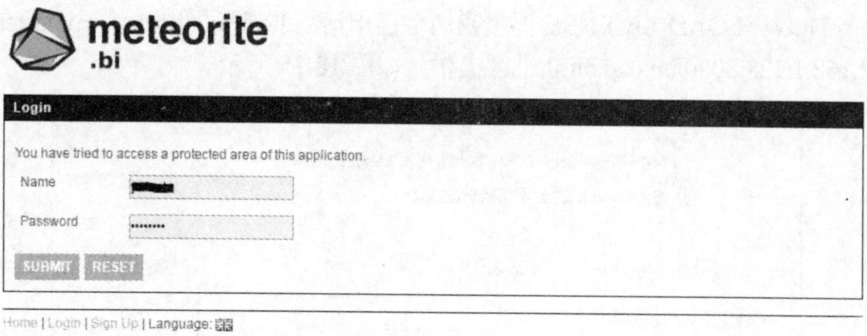

图 18-32

申请注册账号请直接单击"Sign up"，填写相关内容并验证邮箱即可，这里不做演示。

我们直接输入用户名和密码后登录 http://licensing.meteorite.bi/，单击"Create new License"并填写相关的内容，如图 18-33 所示。

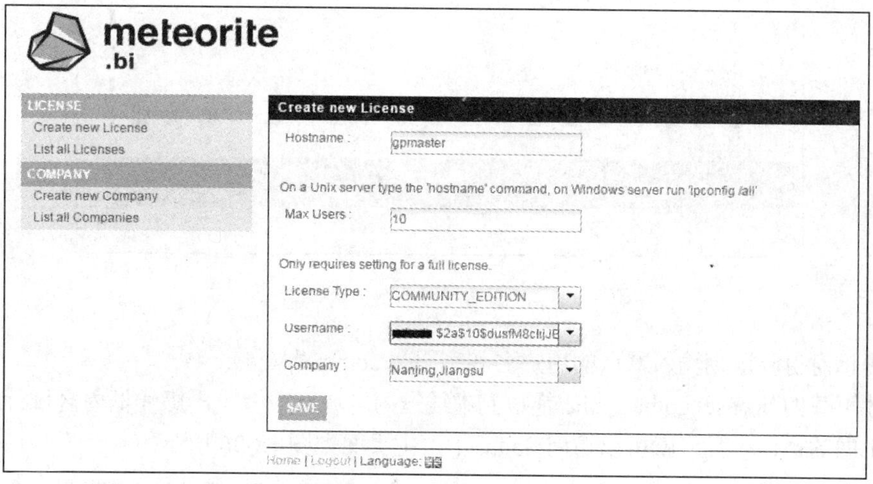

图 18-33

然后单击 SAVE，弹出页面，如图 18-34 所示。

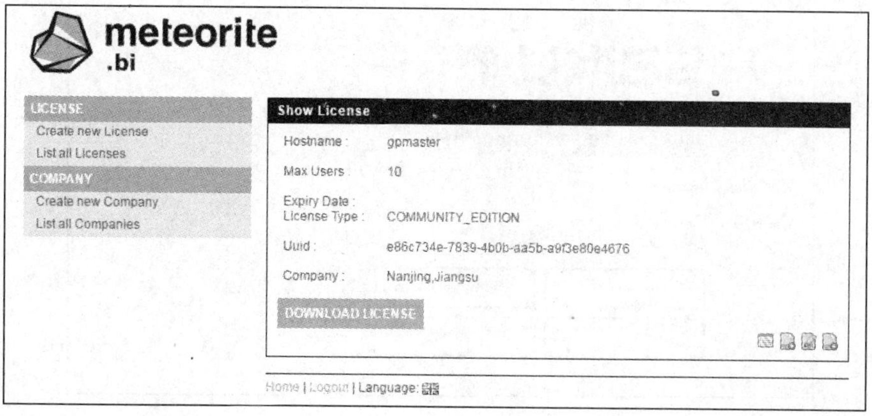

图 18-34

最后单击 DOWNLOAD LICENSE 下载我们自己申请的 license（license_gpmaster.lic），并访问 http://192.168.1.128:8080/upload.html 进行上传，如图 18-35 所示。

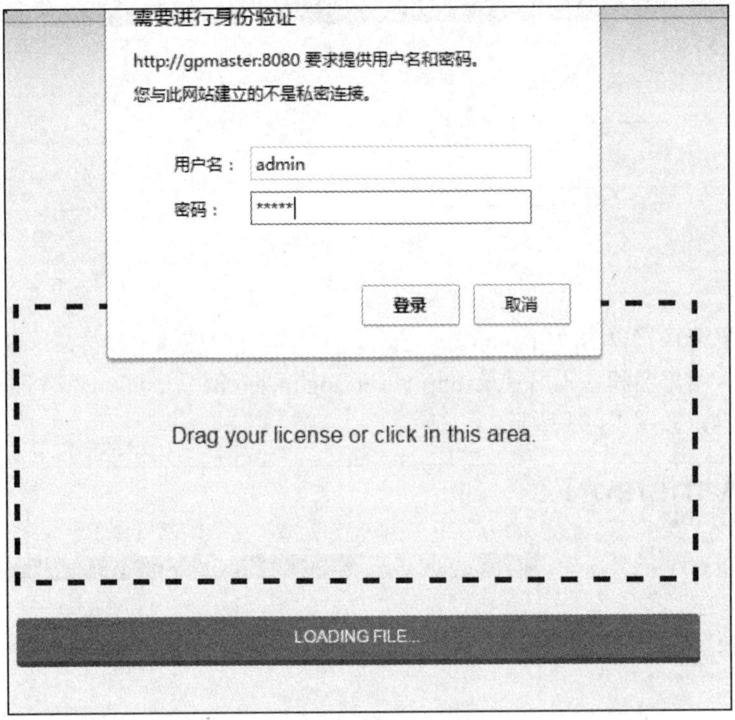

图 18-35

如果提示身份验证则输入默认的用户名和密码为 admin 即可。

把刚才下载的 license_gpmaster.lic 拖拉到虚线框内区域，或者单击虚线框内区域行加载。

通过上面的操作，我们就可以访问 Saiku 了，主页面如图 18-36 所示。

图 18-36

18.7　实战演练：通过 Saiku 访问 Kylin

截至目前，准备工作都已经完成了，本节就开始实战阶段，即通过 Saiku 去访问 Kylin，然后通过可视化展示数据。

本节接下来我们将举两个 Schema 例子，一个是访问工程"myproject_pvuv"下名称为"myproject_pvuv_cube"的 Cube，另一个是访问工程"learn_kylin"下名称为"kylin_sales_cube"的 Cube。相对来说，第一个稍微简单一点，第二个复杂点，目的是让朋友熟练掌握这一块内容。

18.7.1　第一个 Schema 例子：myproject_pvuv_cube 的演示

1. 步骤一：编写 Mondrian Schema 文件

Kylin 中的每一个 Cube 都对应 Saiku 中的一个 schema 文件，因此我们需要创建一个 Schema 文件。关于 Mondrian 编写 Schema 的详细文档请参考：

```
http://mondrian.pentaho.com/documentation/schema.php
```

我们来编写第一个 Schema 文件 webpvuv_schema.xml，内容为：

```
<?xml version="1.0"?>
<Schema name="webpvuv_schema">
  <Cube name="myproject_pvuv_cube">
   <!-- 事实表(fact table) -->
   <Table name="WEB_ACCESS_FACT_TBL"/>
   <Dimension name="FactDim">
    <Hierarchy hasAll="false">
     <Table name="WEB_ACCESS_FACT_TBL"/>
     <Level name="时间" table="WEB_ACCESS_FACT_TBL" column="DAY"/>
     <Level name="省份ID" table="WEB_ACCESS_FACT_TBL" column="REGIONID"/>
     <Level name="城市ID" table="WEB_ACCESS_FACT_TBL" column="CITYID"/>
     <Level name="网站ID" table="WEB_ACCESS_FACT_TBL" column="CITYID"/>
     <Level name="操作系统" table="WEB_ACCESS_FACT_TBL" column="OS"/>
    </Hierarchy>
   </Dimension>
   <Measure name="PV数" column="PV" datatype="Integer" aggregator="sum"/>
   <Measure name="UV数" column="COOKIEID" datatype="Integer"
aggregator="distinct-count"/>
```

```
</Cube>
</Schema>
```

2. 步骤二：添加 Schema 和 Kylin 的数据源

管理控制台如图 18-37 所示。

图 18-37

单击图 18-37 中的管理控制台的图标"A"，进入数据源配置界面，如图 18-38 所示。

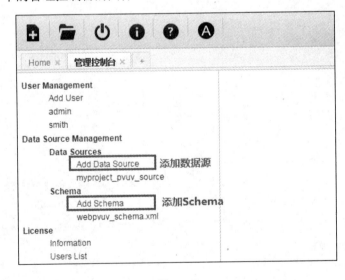

图 18-38

首先我们单击 Add Schema 来添加 Schema 文件，如图 18-39 所示。

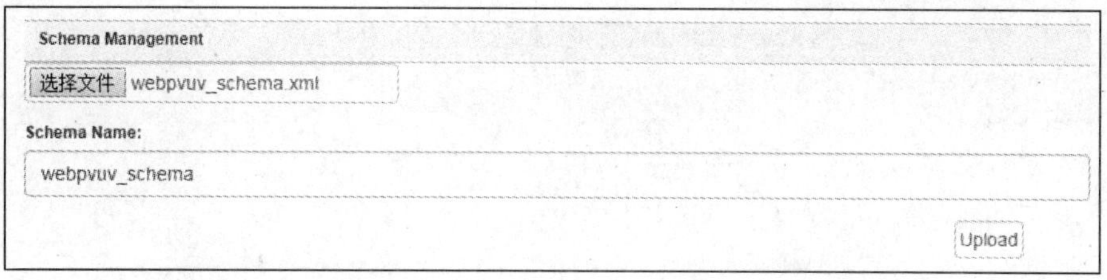

图 18-39

单击"选择文件"添加之前我们编写好的文件 webpvuv_schema.xml，然后在"Schema Name"中添加一个名称，最后单击 Upload 上传文件，如果上传成功会给出提示。

接着我们再单击 Add Data Source 来添加 Kylin 数据源，如图 18-40 所示。

图 18-40

对以下配置项进行说明：

（1）Connection Type

配置为：Mondrian。

（2）URL

配置为：jdbc:kylin://192.168.1.128:7070/myproject_pvuv。

Kylin 的 IP 地址、端口号以及 Project 名称根据实际情况填写。

（3）Schema

配置为：/datasources/webpvuv_schema.xml

根据实际配置的 schema 文件进行选择填写。

（4）Jdbc Driver

配置为 Kylin 的 JDBC 驱动：org.apache.kylin.jdbc.Driver。

（5）Username/Password

填写 Kylin 的用户名和密码，Kylin 默认为 admin/KYLIN。

填写完配置后，单击 Save 进行保存，结果如图 18-41 所示。

从图 18-41 中我们可以看出数据源和 Schema 都已经创建好了。

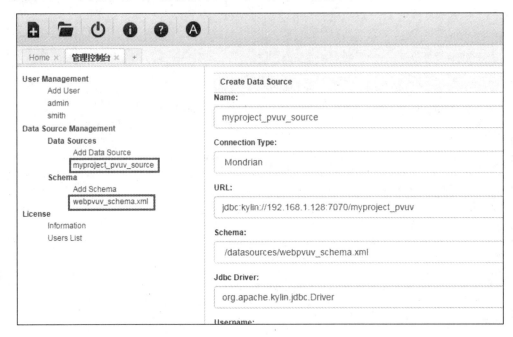

图 18-41

3. 步骤三：查询 Kylin 的 Cube 数据

回到 Saiku 的家目录，单击 Create a new query 创建查询，图 18-42 所示。

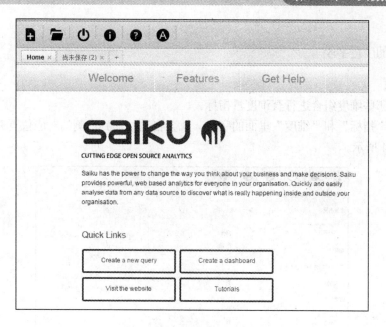

图 18-42

当然你也可以单击 ![plus] 图标创建查询，无论采用何种方式，将创建新的查询页面，如图 18-43 所示。

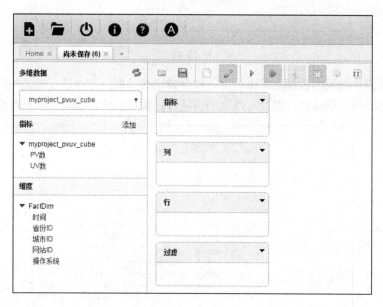

图 18-43

其中包含如下几部分内容：

（1）多维数据

从下拉框中选择需要查询的 Cube。

（2）指标

选择查询的度量字段。

（3）维度

选择根据哪些维度组合进行查询度量指标。

我们单击"指标"和"维度"里面的字段，就会自动添加到右侧的对应位置并展示出数据结果，如图 18-44 所示。

图 18-44

我们可以在查询结果的数据上单击一下，就会弹出对话框，可以进行相关的操作，比如保留某一行数据，删除指定的维度，以及对维度的值进行过滤等操作，如图 18-45 所示。

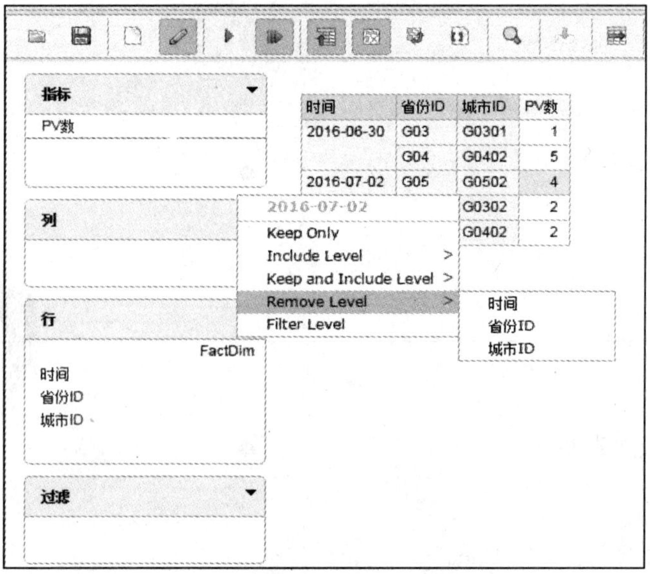

图 18-45

我们也可以在所选的维度（即图中"行"位置）中对维度值进行过滤，如图 18-46 所示。

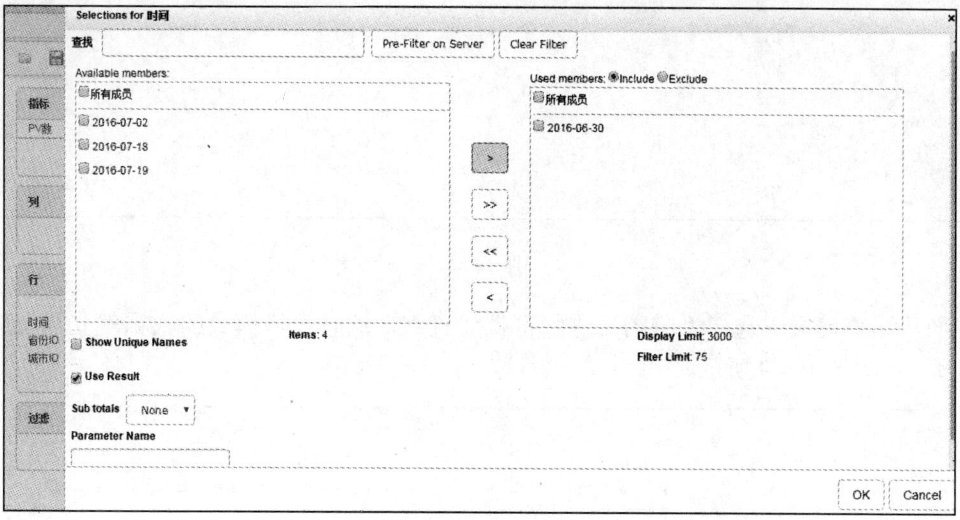

图 18-46

这里我们只需要查询"时间"维度值为"2016-06-30"，使用">"箭头进行添加维度值，单击 OK，显示结果如图 18-47 所示。

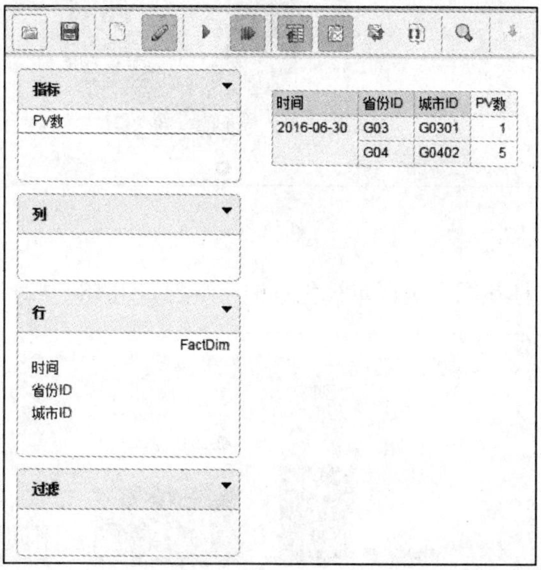

图 18-47

上面展示的数据都是表格模式的，下面我们以各种图表模式进行可视化展示。

其实在查询页面的最右边有两个图标：一个是表格模式，另一个是图表模式，如图 18-48 所示。

图 18-48

我们从图表模式中选择"饼图"进行可视化查询，这时表格模式的数据就立马变成"饼图"模式了，如图 18-49 所示。

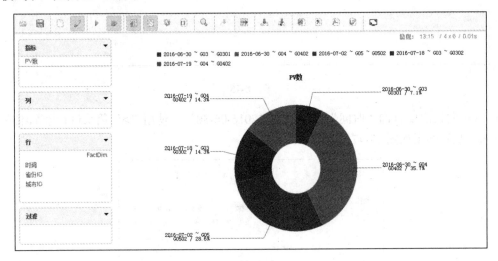

图 18-49

我们再选择"多图式柱状图"进行可视化查询，结果如图 18-50 所示。

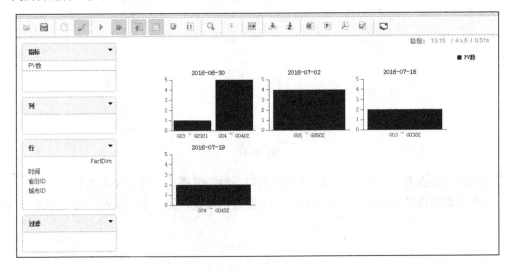

图 18-50

18.7.2　第二个 Schema 例子：kylin_sales_cube 的演示

我们来编写第二个 Schema 文件 sale_cal_dt.xml，内容为：

```xml
<?xml version="1.0" encoding="UTF-8"?>
<Schema name="sale_cal_dt" metamodelVersion="4.0">
    <PhysicalSchema>
        <!-- Fact Table: KYLIN_SALES -->
        <Table name="KYLIN_SALES"></Table>
        <!-- Lookup Table: KYLIN_CAL_DT -->
        <Table name="KYLIN_CAL_DT"></Table>
        <!-- Lookup Table: KYLIN_CATEGORY_GROUPINGS -->
        <Table name="KYLIN_CATEGORY_GROUPINGS"></Table>
    </PhysicalSchema>


    <Cube name="kylin_sale_cal_dt" defaultMeasure="MIN(PRICE)">
        <Dimensions>
            <Dimension name="KYLIN_SALES" table="KYLIN_SALES" key="PART_DT">
                <Attributes>
                    <Attribute name="LSTG_FORMAT_NAME"
keyColumn="LSTG_FORMAT_NAME" hasHierarchy="true" />
                    <Attribute name="PART_DT" keyColumn="PART_DT"
hasHierarchy="false" />
                    <Attribute name="SELLER_ID" keyColumn="SELLER_ID"
hasHierarchy="true" />
                    <Attribute name="LEAF_CATEG_ID" keyColumn="LEAF_CATEG_ID"
hasHierarchy="true" />
                    <Attribute name="LSTG_SITE_ID" keyColumn="LSTG_SITE_ID"
hasHierarchy="true" />
                </Attributes>
            </Dimension>


            <Dimension name="KYLIN_CAL_DT" table="KYLIN_CAL_DT" key="CAL_DT">
                <Attributes>
                    <Attribute name="WEEK_BEG_DT" keyColumn="WEEK_BEG_DT"
hasHierarchy="true" />
                    <Attribute name="CAL_DT" keyColumn="CAL_DT"
hasHierarchy="false" />
                </Attributes>
            </Dimension>


            <Dimension name='KYLIN_CATEGORY_GROUPINGS'
table='KYLIN_CATEGORY_GROUPINGS' key="UPD_USER">
```

```xml
<Attributes>
    <Attribute name='UPD_USER' hasHierarchy='true'>
        <key>
            <Column name="LEAF_CATEG_ID"/>
            <Column name="SITE_ID"/>
        </key>
        <Name><Column name='UPD_USER'/></Name>
    </Attribute>

    <Attribute name='USER_DEFINED_FIELD1' hasHierarchy='true'>
        <key><Column name='USER_DEFINED_FIELD1'/></key>
    </Attribute>

    <Attribute name='USER_DEFINED_FIELD3' hasHierarchy='true'>
        <key><Column name='USER_DEFINED_FIELD3'/></key>
    </Attribute>

    <Attribute name='UPD_DATE' hasHierarchy='true'>
        <key><Column name='UPD_DATE'/></key>
    </Attribute>

    <Attribute name='META_CATEG_NAME' hasHierarchy='false'>
        <key><Column name='META_CATEG_NAME'/></key>
    </Attribute>

    <Attribute name='CATEG_LVL2_NAME' hasHierarchy='false'>
        <key>
            <Column name='META_CATEG_NAME'/>
            <Column name='CATEG_LVL2_NAME'/>
        </key>
        <Name><Column name='CATEG_LVL2_NAME'/></Name>
    </Attribute>

    <Attribute name='CATEG_LVL3_NAME' hasHierarchy='false'>
        <key>
            <Column name='META_CATEG_NAME'/>
            <Column name='CATEG_LVL2_NAME'/>
            <Column name='CATEG_LVL3_NAME'/>
        </key>
        <Name><Column name='CATEG_LVL3_NAME'/></Name>
    </Attribute>
</Attributes>
```

```
            <Hierarchies>
                <Hierarchy name='META_CATEG_NAME_Hierarchy' hasAll='true'>
                    <Level attribute="META_CATEG_NAME"/>
                    <Level attribute="CATEG_LVL2_NAME"/>
                    <Level attribute="CATEG_LVL3_NAME"/>
                </Hierarchy>
            </Hierarchies>
        </Dimension>
    </Dimensions>

    <MeasureGroups>
        <MeasureGroup name="measures" table="KYLIN_SALES">
        <Measures>
            <Measure name="COUNT(*)" aggregator="count"
formatString="#,###" />
            <Measure name="MAX(PRICE)" column="PRICE" aggregator="max"
formatString="#,###.00" />
            <Measure name="MIN(PRICE)" column="PRICE" aggregator="min"
formatString="#,###.00" />
            <Measure name="SUM(PRICE)" column="PRICE" aggregator="sum"
formatString="#,###.00" />
        </Measures>

        <DimensionLinks>
            <FactLink dimension="KYLIN_SALES" />
            <ForeignKeyLink foreignKeyColumn="PART_DT"
dimension="KYLIN_CAL_DT" />
            <ForeignKeyLink dimension='KYLIN_CATEGORY_GROUPINGS'
attribute='UPD_USER'>
                <ForeignKey>
                    <Column name="LEAF_CATEG_ID"/>
                    <Column name="LSTG_SITE_ID"/>
                </ForeignKey>
            </ForeignKeyLink>
        </DimensionLinks>
        </MeasureGroup>
    </MeasureGroups>
    </Cube>
</Schema>
```

同样，需要通过 Saiku 的"管理控制台"加载 Schema 文件，并建立数据源，如图 18-51 所示。

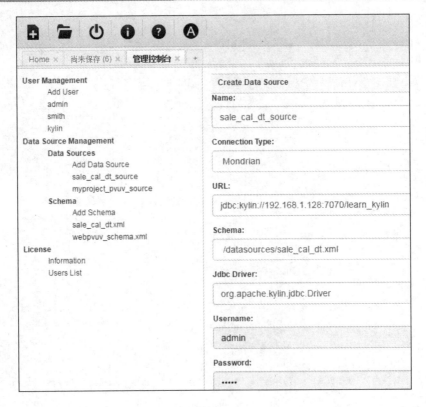

图 18-51

数据源建好后，我们就可以进行数据可视化分析了。

比如我们查询周开始时间（WEEK_BEG_DT），一级分类产品（META_CATEG_NAME）的最大和最小订单金额（PRICE），如图 18-52 所示（可视化图表模型比较多，这里只演示两个图表模式）。

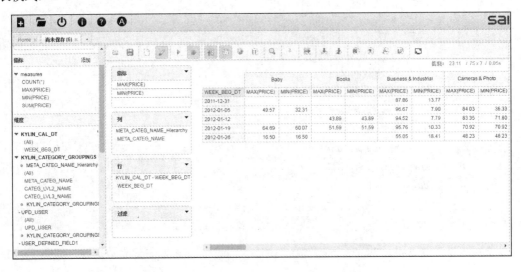

图 18-52

图表可视化展示 1 如图 18-53 所示。

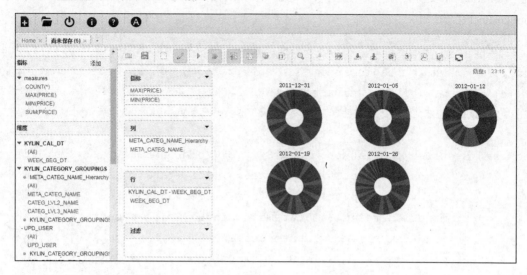

图 18-53

图表可视化展示 2 如图 18-54 所示。

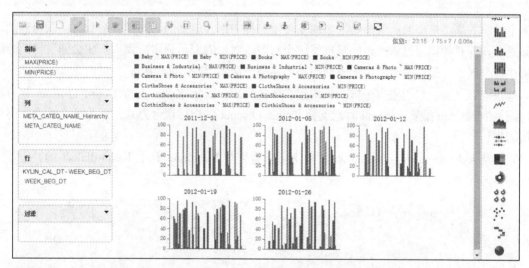

图 18-54

由于篇幅有限，其他形式的 Schema，以及各种"图表模式"可视化这里就不再介绍了，感兴趣的朋友请自行研究。另外"表格模式"中也提供了几种查询方式，朋友们可以查看一下。

18.7.3　Saiku 使用的一些问题

在我们项目使用 Saiku 的过程中，也遇到一些问题，不过只要朋友们对 Kylin 的 SQL 足够了解，然后针对出现的问题对 Mondrian 进行定制，相信很多问题还是可以解决的。

细心的朋友可能发现，为什么上面指标中的"UV 数"不进行展示？其实我也不想这样的，但是 Mondrian 不支持。如果你使用"UV 数"指标的话，会导致下面的错误发生，即不支持 Count Distinct 语法：

```
    Caused by: mondrian.olap.MondrianException: Mondrian Error:Internal
error: Error while loading segment; sql=[select "d0" as "c0", count("m0")
as "c1" from (select distinct "WEB_ACCESS_FACT_TBL"."DAY" as "d0",
"WEB_ACCESS_FACT_TBL"."COOKIEID" as "m0") as "dummyname" group by "d0"]
        at
mondrian.resource.MondrianResource$_Def0.ex(MondrianResource.java:992)
        at mondrian.olap.Util.newInternal(Util.java:2543)
        at mondrian.olap.Util.newError(Util.java:2559)
        at mondrian.rolap.SqlStatement.handle(SqlStatement.java:362)
        at mondrian.rolap.SqlStatement.execute(SqlStatement.java:262)
        at mondrian.rolap.RolapUtil.executeQuery(RolapUtil.java:346)
        at
mondrian.rolap.agg.SegmentLoader.createExecuteSql(SegmentLoader.java:633)
        ... 7 more
```

不过没关系，这个问题应该是很多朋友使用过程中都会遇到的，同样有赞数据团队也遇到这个问题了，并且他们通过修改源码解决了这个问题，对他们表示感谢。我们下面会通过修改源码来解决这个问题，最后也会满足朋友们小小的愿望，演示"UV 数"指标。

解决问题之前，我们先来分析一下问题产生的原因。既然 Kylin 支持 Count Distinct 聚合函数，而且 Mondrian 配置 Schema 时也支持 Count Distinct 的指标聚合方式，那为什么还会产生这个原因呢？

我们从 kylin-mondrian-interaction 项目中可以看到对 Mondrian 打了 Kylin-dialect 的补丁，完整代码内容如下：

```
package mondrian.spi.impl;

import java.sql.Connection;
import java.sql.SQLException;
import mondrian.spi.Dialect.DatabaseProduct;

public class KylinDialect
  extends JdbcDialectImpl
{
  public static final JdbcDialectFactory FACTORY = new
JdbcDialectFactory(KylinDialect.class, Dialect.DatabaseProduct.KYLIN)
  {
    protected boolean acceptsConnection(Connection connection)
```

```
    {
      return super.acceptsConnection(connection);
    }
  };

  public KylinDialect(Connection connection)
    throws SQLException
  {
    super(connection);
  }

  public boolean allowsCountDistinct()
  {
    return false;
  }

  public boolean allowsJoinOn()
  {
    return true;
  }
}
```

allowsCountDistinct()函数被设置成了 return false。kylin-mondrian-interaction 项目通过这种方式避免了 Mondrian 计算维度大小的时候使用 count disctinct，但是使得 Mondrian 计算 count distinct 指标的时候出现问题：select count(distinct x) from tablename 这样的语句会被翻译成 select count(*) from (select distinct x from tablename)，从上面的错误日志中应该可以看出这个问题，而 Kylin 又不能很好地执行后者。

我们通过查看 Mondrian 中的源码，找到类 mondrian.spi.impl.SqlStatisticsProvider 中的方法：

```
private static String generateColumnCardinalitySql(Dialect dialect,
String schema, String table, String column)
  {
    StringBuilder buf = new StringBuilder();
    String exprString = dialect.quoteIdentifier(column);
    if (dialect.allowsCountDistinct())
    {
      buf.append("select count(distinct ").append(exprString).append(")
from ");
```

```
        dialect.quoteIdentifier(buf, new String[] { schema, table });
        return buf.toString();
    }
    if (dialect.allowsFromQuery())
    {
        buf.append("select       count(*)       from     (select      distinct
").append(exprString).append(" from ");


        dialect.quoteIdentifier(buf, new String[] { schema, table });
        buf.append(")");
        if (dialect.requiresAliasForFromQuery())
        {
          if (dialect.allowsAs()) {
            buf.append(" as ");
          } else {
            buf.append(' ');
          }
          dialect.quoteIdentifier(buf, new String[] { "init" });
        }
        return buf.toString();
    }
    return null;
}
```

注意到只有 dialect.allowsCountDistinct()为 true 时才会用 count distinct 来计算维度表大小。我们只要将 Kylin dialect 的 allowsCountDistinct() 设置为 true，同时在 generateColumnCardinalitySql 添加一个判断条件，即针对 Kylin 特殊处理。

源代码 mondrian.spi.impl.SqlStatisticsProvider 的未修改之前为：

```
if (dialect.allowsCountDistinct())
{
    buf.append("select  count(distinct  ").append(exprString).append(")
from ");
    dialect.quoteIdentifier(buf, new String[] { schema, table });
    return buf.toString();
}
```

代码修改之后为：

```
  if (dialect.allowsCountDistinct()
&& !dialect.getDatabaseProduct().name().equalsIgnoreCase("KYLIN"))
  {
    buf.append("select   count(distinct   ").append(exprString).append(")
from ");
    dialect.quoteIdentifier(buf, new String[] { schema, table });
    return buf.toString();
  }
```

对源码修改完后要重新编译打包，然后替换 Saiku 安装路径 /software/saiku-server/tomcat/webapps/saiku/WEB-INF/lib/ 下面的 Jar 包 mondrian-4.4-lagunitas-SNAPSHOT-with-kylin-dialect.jar，最后重启 Saiku 服务：

```
bash stop-saiku.sh
bash start-saiku.sh
```

最后我们来进行测试，验证问题是否得到解决，如图 18-55、图 18-56 所示。

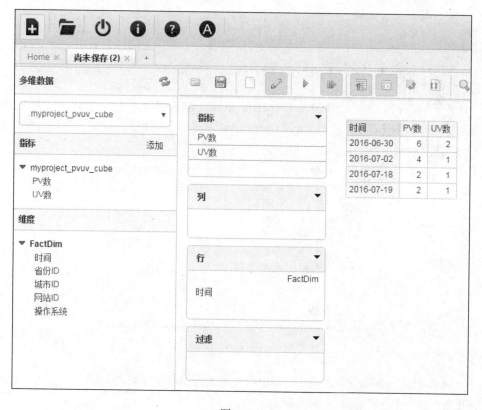

图 18-55

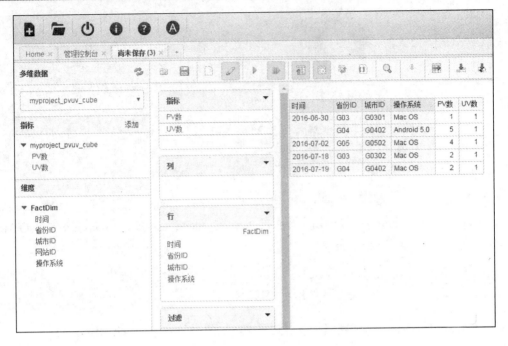

图 18-56

根据上面维度的不同组合可以正常地查看"UV 数",说明源码修改后编译没有问题,非常好地支持 Count Distinct 聚合操作。

Saiku 中同样支持下钻、过滤、排序、导出数据等操作,而且还支持用户管理,包括创建用户、赋予用户不同的权限(包括 ROLE_USER 和 ROLE_ADMIN)。比如创建了一个 kylin 的用户,只有 ROLE_USER 权限,在使用 kylin 用户登录后,无法对"管理控制台"进行操作,只能进行查询,如图 18-57 所示。

图 18-57

好了,Mondrian、Saiku 和 Kylin 的集成,我们就介绍到此,可能说的有点多了,目的只是让朋友们更好地使用开源产品去实现一些功能。

18.8　通过 Apache Zepplin 访问 Kylin

Apache Zeppelin 是一个开源的数据分析平台，为 Apache 顶级项目，后端以插件形式支持多种数据处理引擎，如 Spark、Flink、Hive 等，同时提供了 notebook 式的 UI 进行可视化相关的操作。Kylin 对应开发了自己的 Zeppelin 模块，现已经合并到 Zeppelin 主分支中，对应在 Zeppelin 0.5.6 及后续版本中都可以对接使用 Kylin，通过 Zeppelin 访问 Kylin 的数据。对于 Apache Zeppelin 更多的架构和可以访问官网（zeppelin.apache.org）。

本次我们使用最新的 zeppelin-0.6.0 稳定版本的二进制包，这里简单介绍一下安装和启动，配置使用默认即可，前提要保证端口号不冲突。

Zepplin 安装和启动过程非常简单，如下：

（1）对于下载好的安装包 zeppelin-0.6.0-bin-all.tgz 解压缩

```
tar -zxvf zeppelin-0.6.0-bin-all.tgz
```

（2）启动

```
zeppelin-0.6.0-bin-all/bin/zeppelin-daemon.sh start
```

Zepplin 启动后，可以通过前端页面进行访问，默认端口号为 8080，其主页面如图 18-58 所示。

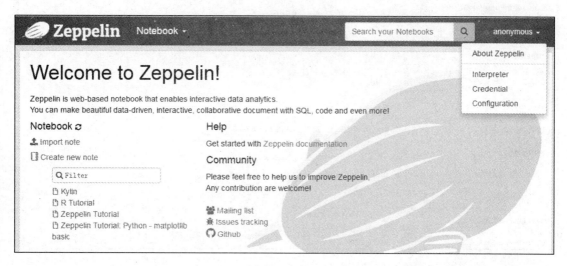

图 18-58

为了访问 Kylin，需要配置 Interpreter。单击图 18-58 主页面右上角的 anonymous，从下拉框中选择 Interpreter，从 "Interpreters" 的页面中查找到配置 Kylin 的位置，如图 18-59 所示。

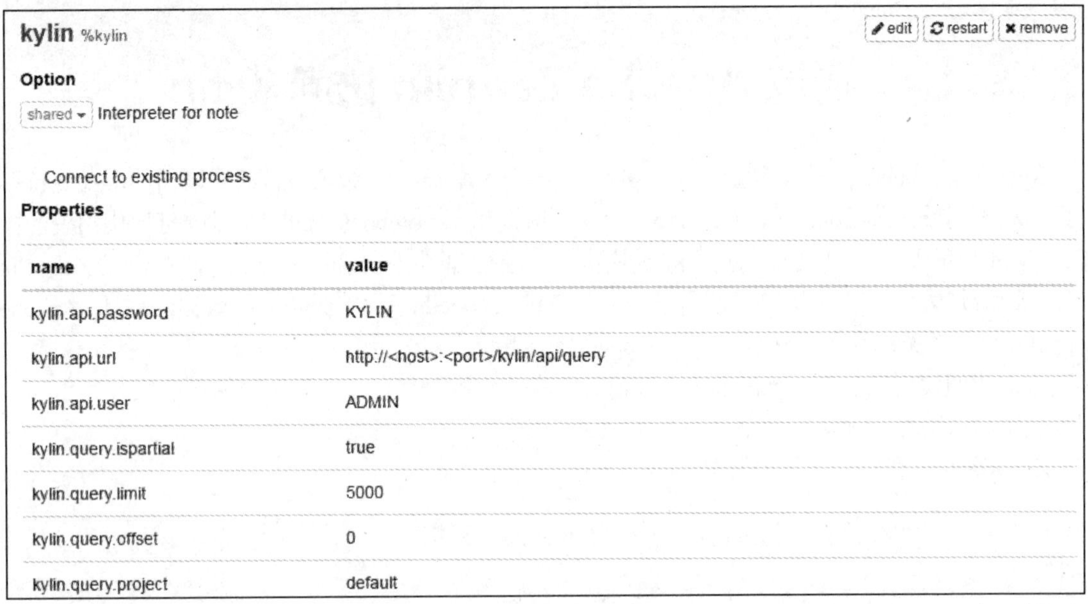

图 18-59

单击图 18-59 右上角的 edit 进行编辑，编辑完成并保存后的结果如图 18-60 所示。

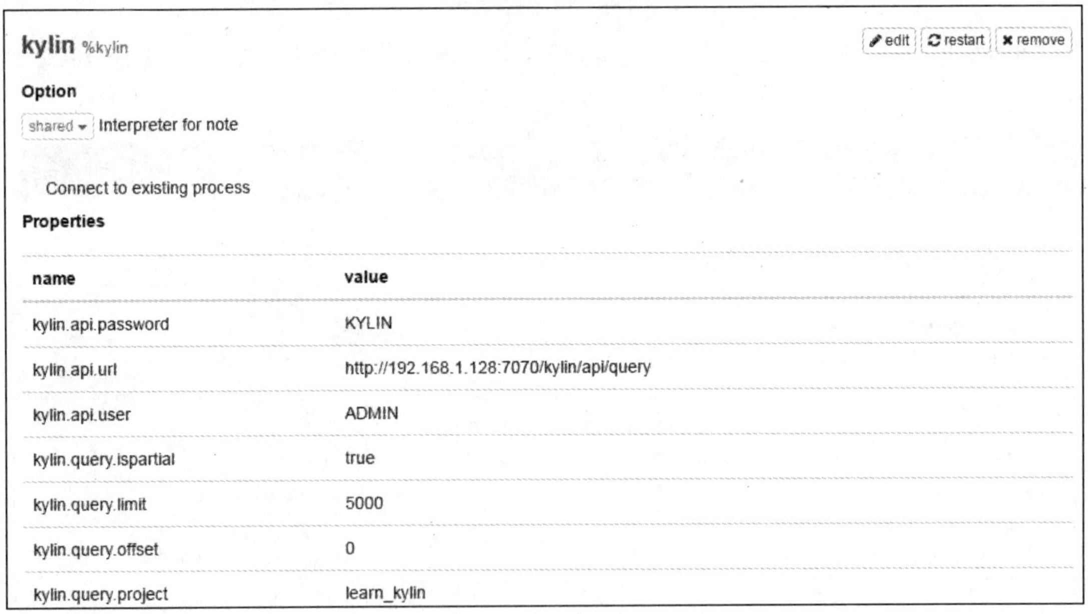

图 18-60

既然 Kylin 的 Interpreter 已经配置好了，下面我们开始查询吧。

首先需要创建一个工作的环境"Notebook"，我们在 Zeppelin 主页面左上角，单击 Notebook，从下拉框中选择 Create new note，在弹出的窗口中配置名称并单击 Create Note 即可完成创建过程，并自动切换到新创建的"Notebook"工作页面，如图 18-61 所示。

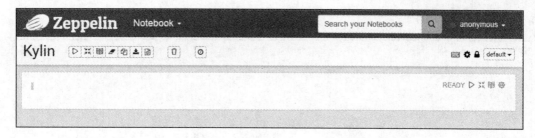

图 18-61

然后在该 Notebook 中输入 SQL，并单击后面的 READY 按钮执行，需要注意的是针对 Kylin 的查询需要在 SQL 前面加上%kylin，这样 Zeppelin 后端才知道对应用哪个 Interpreter 去处理查询，如图 18-62 所示。

SQL 语句为：

```
%kylin select part_dt, sum(price) as total_selled, count(distinct seller_id) as sellers from kylin_sales group by part_dt order by part_dt
```

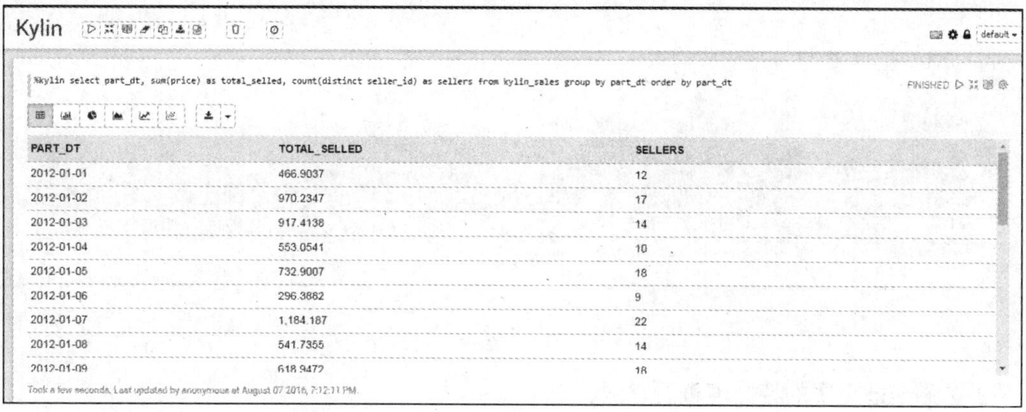

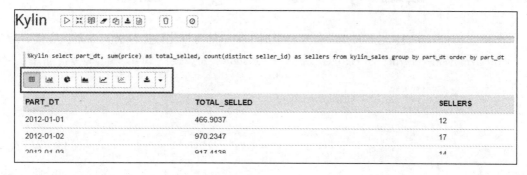

图 18-62

Zeppelin 提供了多种图形化模型来展示数据，也可以对维度和度量的字段进行选择，如图 18-63 所示。

Kylin

```
%kylin select part_dt, sum(price) as total_selled, count(distinct seller_id) as sellers from kylin_sales group by part_dt order by part_dt
```

PART_DT	TOTAL_SELLED	SELLERS
2012-01-01	466.9037	12
2012-01-02	970.2347	17
2012_01_03	917.4138	14

图 18-63

在图 18-63 中标注的区域，朋友们可以选择不同的图形来展示数据，如图 18-64 和图 18-65

所示。

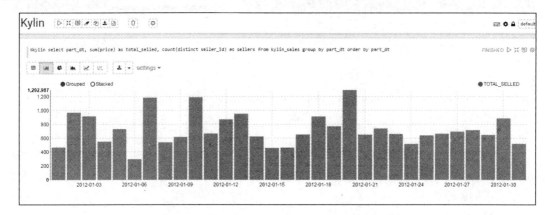

图 18-64

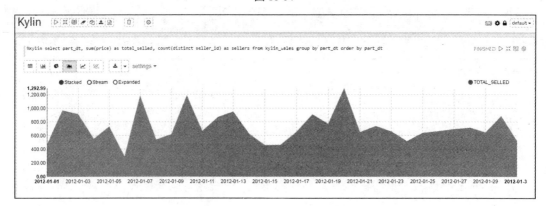

图 18-65

关于 Zeppelin 更多的特性请查看官网。

18.9 通过 Kylin 的 "Insight" 查询

前面我已经和朋友们说过，Kylin 自身也集成了简单的可视化数据分析。下面我们就一起来看一下这方面的内容。Kylin 的 Web UI 提供了 "Insight" 窗口提供 SQL 查询服务，如图 18-66 所示。

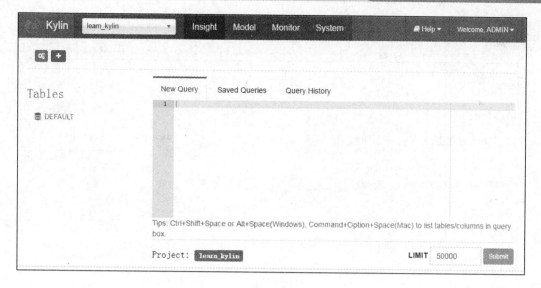

图 18-66

我们可以在"New Query"中输入 SQL 进行查询，比如执行 SQL：

```
select part_dt,
    sum(price) as total_selled,
    count(distinct seller_id) as sellers
from kylin_sales
group by part_dt order by part_dt;
```

然后单击 Submit 提交查询 SQL 给 Kylin，查询结果如图 18-67 所示。

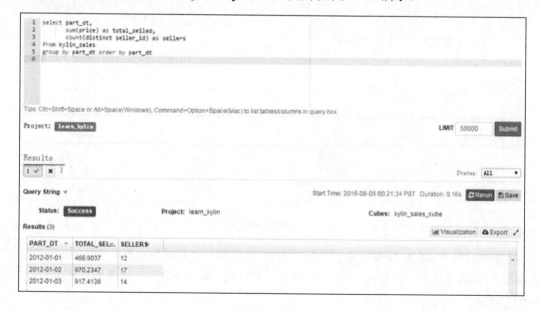

图 18-67

我们这里只构建 3 天的 Cube 数据，如图 18-68 所示。

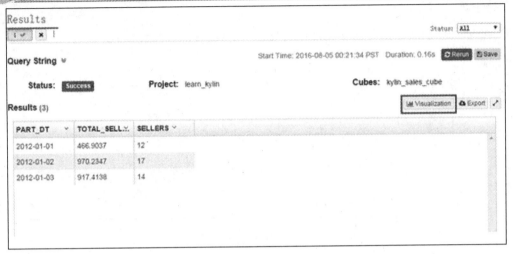

图 18-68

我们看到上面的数据展示区域的最右边有一个 Visualization 图标，单击此图标就以可视化形式展示数据了。

单击 Visualization 图标后，在弹出的界面中可以通过配置来显示可视化方式，如图 18-69 所示。

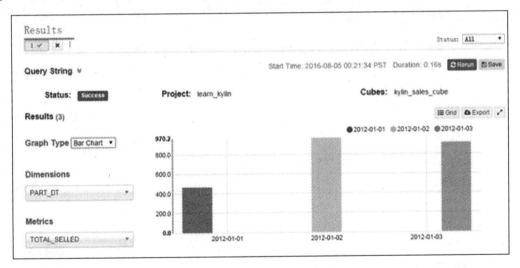

图 18-69

比如我们将"Graph Type"设为"Bar Chart"，即以柱形图展示数据；将"Dimensions"维度设置"PART_DT"，"Metrics"度量设为"TOTAL_SELLED"，最终的可视化效果如图 18-69 所示。

再来看一下同样的查询结果，使用"Graph Type"为"Line Chart"和"Pie Chart"可视化结果如图 18-70、图 18-71 所示。

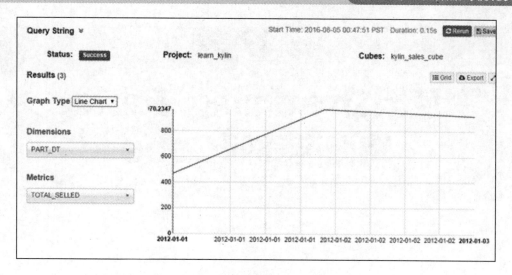

图 18-70

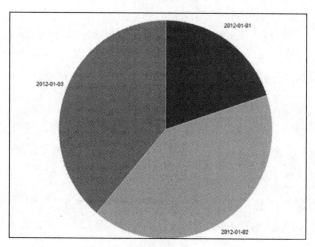

图 18-71

　　到此，绝大部分与 Kylin 交互的可视化工具都已经详细介绍完了，希望朋友们挑选适合自己项目需要的可视化工具，并进行定制开发，做到数据全方面展示，这样才可以让分析更加便捷，更好地从数据中获取知识。

第 19 章
使用Streaming Table
构建准实时Cube

Kylin 从 1.5 版本开始，引入了 Streaming Table，目的是为了减低 OLAP 分析的延时，截至目前（版本为 1.5.3）还处于实验性阶段。

Streaming Table 周期性地从 Kafka 中读取数据，根据 Model 和 Cube 的定义，将计算好的数据写入 HBase，以供查询。

本章将指导朋友们如何从 Streaming 中创建和构建准实时的 Cube。

准备工作：

● 最好安装 Kylin 1.5.2 以及以后版本（之前版本有一些问题，建议升级 Kylin 版本）。
● 部署和运行正常的 Kafka 环境（如果你使用 CDH 集成大数据平台，可以使用自带的 Kafka，否则需要自己独立搭建 Kafka 集群环境）。

针对下面演示的案例，我们在 Linux 的命令最后面加上了反斜杠（\），因为命令比较长，一行显示不完整。Linux 的 Shell 终端使用反斜杠可以将一行长命令分隔为几行，可以正常运行。

构建准实时 Cube 具体操作步骤说明如下。

1. 步骤一：创建 Kafka 的 topic

执行 Kafka 提供的如下命令创建 topic 为 kylin_demo：

```
bin/kafka-topics.sh \
--create \
--zookeeper  SZB-L0023780:2181,SZB-L0023779:2181,SZB-L0023778:2181 \
--replication-factor 1 \
--partitions 1 \
--topic kylin_demo
```

返回结果：

```
Created topic "kylin_demo".
```

2. 步骤二：上传数据

Kylin 提供了一个工具类，用来将数据 put 到 Kafka 的 topic 中，执行如下命令：

```
kylin.sh org.apache.kylin.source.kafka.util.KafkaSampleProducer \
--topic kylin_demo \
--broker 10.20.18.24:9092 \
-delay 0
```

Kylin 自带的这个 Producer 会每隔两秒钟发送一条数据，上面命令会一直运行，朋友在测试过程中不要终止上面的命令（不要执行 CTRL+C），否则 Streaming 就停止了。如果你需要的话，也可以将上面的命令放到 Linux 后台执行。

下面我们抽点时间来看一下 Kylin 自带的 KafkaSampleProducer 大概内容。

KafkaSampleProducer.java 类位于 Kylin 源码的目录路径为：

```
apache-kylin-1.5.3\source-
kafka\src\main\java\org\apache\kylin\source\kafka\util
```

（1）此类有三个参数，前两个参数是必选的，后一个是可选的：

```
OptionBuilder.withArgName("topic").hasArg().isRequired(true)
OptionBuilder.withArgName("broker").hasArg().isRequired(true)
OptionBuilder.withArgName("delay").hasArg().isRequired(false)
```

（2）Kafka 写入 topic 的部分字段的值是从 List 列表中随机选取的：

```
List<String> countries = new ArrayList();
countries.add("AUSTRALIA");
countries.add("CANADA");
countries.add("CHINA");
countries.add("INDIA");
countries.add("JAPAN");
countries.add("KOREA");
countries.add("US");
countries.add("Other");
List<String> category = new ArrayList();
category.add("BOOK");
category.add("TOY");
```

```
category.add("CLOTH");
category.add("ELECTRONIC");
category.add("Other");

List<String> devices = new ArrayList();
devices.add("iOS");
devices.add("Windows");
devices.add("Andriod");
devices.add("Other");
```

（3）循环执行每隔2秒（代码设为2秒）发送一条数据：

```
boolean alive = true;
Random rnd = new Random();
Map<String, Object> record = new HashMap();
while (alive == true) {
record.put("order_time", (new Date().getTime() - delay));
record.put("country", countries.get(rnd.nextInt(countries.size())));
record.put("category",category.get(rnd.nextInt(category.size())));
record.put("device",devices.get(rnd.nextInt(devices.size())));
record.put("qty", rnd.nextInt(10));
record.put("currency", "USD");
record.put("amount", rnd.nextDouble() * 100);

KeyedMessage<String, String> data = newKeyedMessage<String,
String>(topic, System.currentTimeMillis() +"",
mapper.writeValueAsString(record));

System.out.println("Sending 1 message");
producer.send(data);
Thread.sleep(2000);
}
```

3. 步骤三：通过 Kafka 的 kafka-console-consumer.sh 检查 topic 中的数据

```
bin/kafka-console-consumer.sh  \
--zookeeper  SZB-L0023780:2181,SZB-L0023779:2181,SZB-L0023778:2181 \
--topic  kylin_demo \
--from-beginning
```

显示部分内容为:

{"amount":46.43003238459714,"category":"CLOTH","order_time":147002333
0979,"device":"Andriod","qty":8,"currency":"USD","country":"US"}

　　{"amount":92.26950072439534,"category":"CLOTH","order_time":147002333
3559,"device":"Windows","qty":2,"currency":"USD","country":"INDIA"}

　　{"amount":25.216341764057315,"category":"CLOTH","order_time":14700233
35566,"device":"Andriod","qty":7,"currency":"USD","country":"CANADA"}

　　{"amount":65.2897326845983,"category":"ELECTRONIC","order_time":14700
23337572,"device":"iOS","qty":9,"currency":"USD","country":"KOREA"}

　　{"amount":36.06189997532976,"category":"BOOK","order_time":1470023339
579,"device":"Windows","qty":6,"currency":"USD","country":"US"}

　　{"amount":96.73732139192015,"category":"BOOK","order_time":1470023341
585,"device":"iOS","qty":8,"currency":"USD","country":"US"}

　　{"amount":92.24985344770039,"category":"ELECTRONIC","order_time":1470
023343591,"device":"Windows","qty":4,"currency":"USD","country":"INDIA"}

4. 步骤四:在 Kylin 的 Web UI 界面,使用 Streaming 方式定义表

使用 Streaming 方式定义表,如图 19-1 所示。

图 19-1

根据图 19-1 所示,执行如下操作:

(1)首先选择工程项目。

(2)切换到"Data Source"。

(3)单击 Add Streaming Table 加载数据。

执行上面的第 3 步"Add Streaming Table"操作后,弹出如图 19-2 所示的页面。

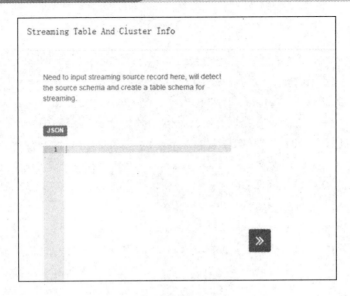

图 19-2

我们从 Kafka 的 kafka-console-consumer 输出结果中取一条数据，插入上面的对话框中，如图 19-3 所示。

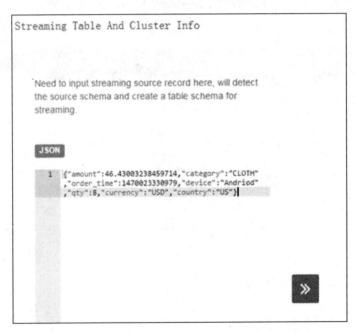

图 19-3

然后单击双箭头按钮，Kylin 解析出 JSON 格式的数据中包含的字段及其格式，另外，还会自动添加年、季度、月、周等时间上的衍生维度，可以根据实际需要保留或舍弃，结果显示如图 19-4 所示。

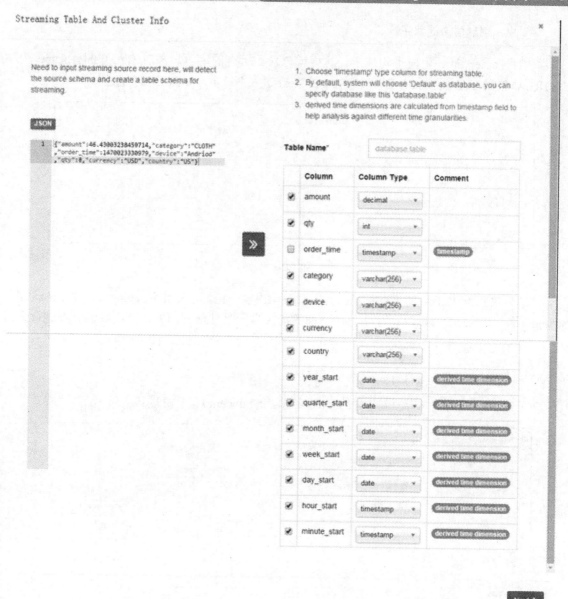

图 19-4

从图 19-4 中可以看出以下几点：

- 目前提供的 Streaming Table，在 Kafka 中的数据必须是 JSON 格式，并且必须包含一个 timestamp 类型的字段，用作时间序列。

- 默认情况下，系统使用 'Default' 数据库，当然你也可以指定数据库，比如 'database.table'。这里的逻辑表名会被用在后续的 SQL 查询中。

- 可以看到图 19-4 的最下面多了 7 个 "derived time dimensions" 的字段，这个是从上面的 timestamp 字段（order_time）计算出来的，以满足对不同时间粒度的分析统计。

- 这里列出的字段可以根据需求勾选或取消勾选，如果你不希望某个字段构建到 Cube

中，则取消勾选该字段。

我们将 order_time 字段也勾选上，这样就包含了所有的字段。同时输入 Table Name 为 "STREAMING_SALES_TABLE"，然后单击 Next 进入下一步，如图 19-5 所示。

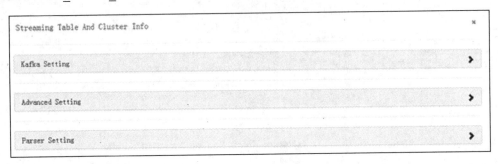

图 19-5

这部分主要为 Kafka 的集群信息配置，有三块内容，包括 "Kafka Setting"，"Advanced Setting" 和 "Parser Setting"，单击每块后面的箭头显示具体配置内容。下面我们分别进行介绍：

（1）Kafka Setting

对于 Topic，我们输入上面创建好的 topic 名称 "kylin_demo"，如图 19-6 所示。

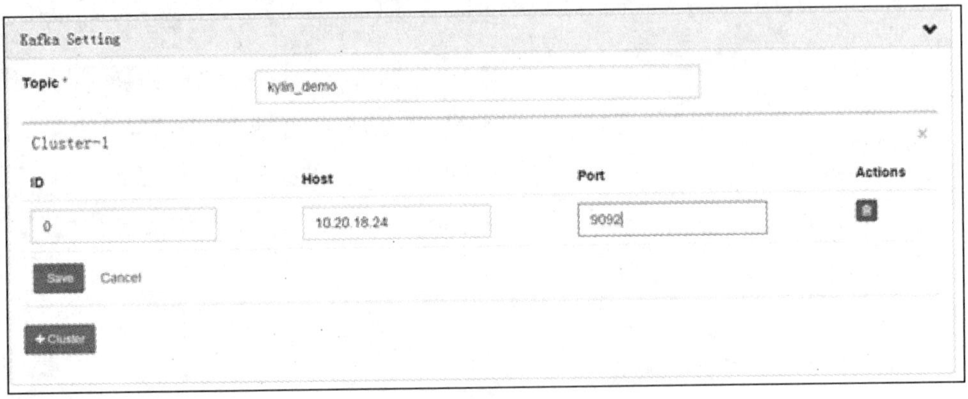

图 19-6

作为演示，我们的 Kafka 为单机环境，设置内容如图 19-6 所示，填好后单击 Save 保存。如果 Kafka 为集群环境，那么需要填上所有的 Broker；如果有多个集群，也可以单击 Cluster 进行添加。

（2）Advanced Setting

如图 19-7 所示，"Timeout" 和 "Buffer Size" 都是用来设置连接 Kafka 的配置参数。"Margin" 用来设置消息时间窗口范围大小，Kylin 将从 Kafka 获取数据，默认是 5 分钟，当然你可以根据实际需要进行修改。

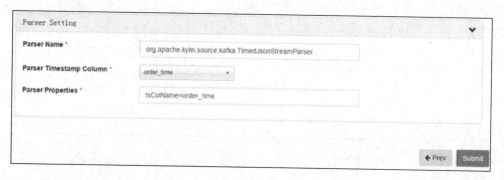

图 19-7

（3）Parser Setting

这部分内容为 JSON 数据格式的解析器，如果你有定制的 JSON 格式解析器，可以配置成自己的解析器。如图 19-8 所示。

图 19-8

配置完成后，单击 Submit，然后我们就可以在"Tables"下面看到刚才创建的 Streaming Table 了，如图 19-9 所示。

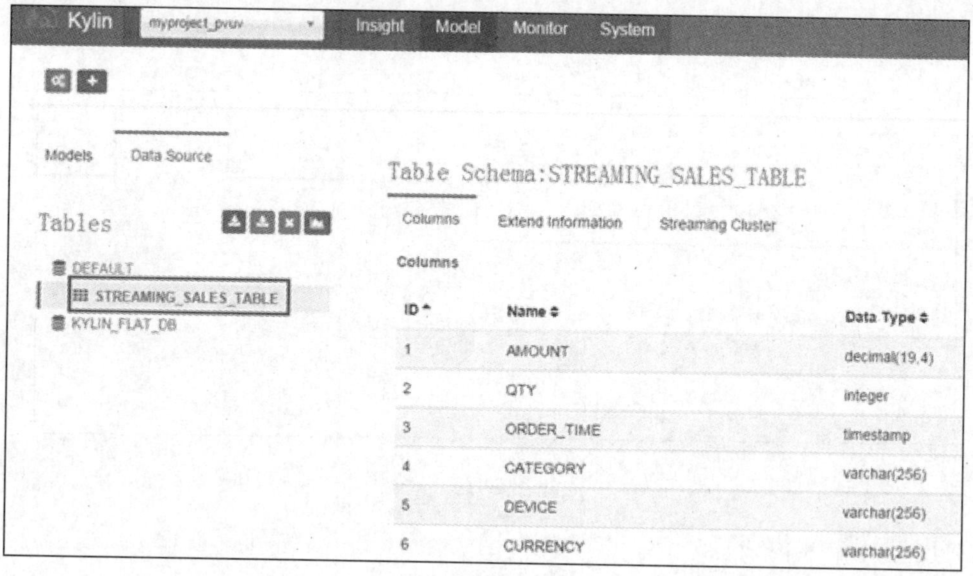

图 19-9

5. 步骤五：创建 Data Model

前一步骤我们已经将 Streaming Table 创建好了，接下来开始创建 Model。有几点需要提前说明一下：

● 对于 Streaming Cube，不支持和 Lookup 表进行 Join 操作。我们创建 Model 时，只能选择 "DEFAULT.STREAMING_SALES_TABLE" 作为事实表，没有 Lookup 表。

● 我们选择 "MINUTE_START" 作为 Cube 的分区字段，因此我们是基于分钟级别进行增量构建 Cube 的。

由于在之前章节 "Apache Kylin 基础部分之多维分析的 Cube 创建实战" 中，我们已经详细介绍了如何创建 Cube，所以这里我们不再一步一步操作了。

创建 Model 时，我们选择 8 个维度和 2 个度量字段，部分截图如下。

选择事实表如图 19-10 所示。

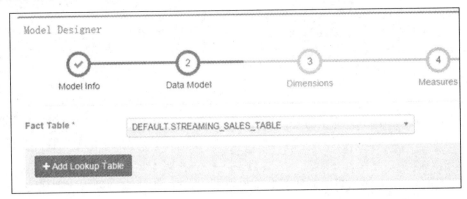

图 19-10

选择维度如图 19-11 所示。

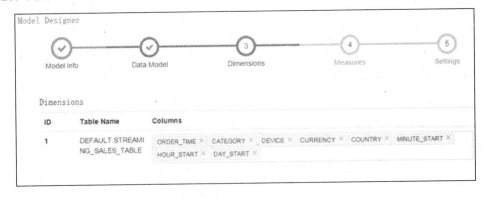

图 19-11

选择度量如图 19-12 所示。

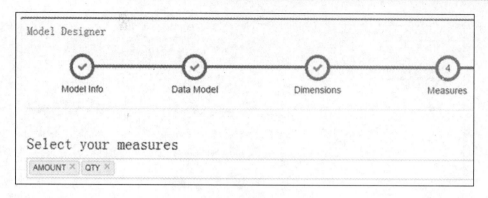

图 19-12

最后保存 Model，则我们创建的 Model 如图 19-13 所示。

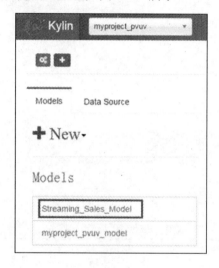

图 19-13

6. 步骤六：创建 Cube

Streaming Cube 和普通的 Cube 几乎一样，但是有几点需要说明一下：

- 建议使用"minute_start"、"hour_start"或其他粒度，根据你检测数据的时间粒度。建议不要使用"order_time"作为维度。
- 在"Refresh Setting"步骤中，创建更多的 Merge 范围，比如 0.5 小时、4 小时、1 天和 7 天。这样可以有效地控制 segment 的个数。
- 在"Advanced Setting"步骤的"Rowkeys"部分，通过拖拉将"minute_start"位于第一个位置。因为对于 Streaming 的查询，时间作为条件总是会出现的，将"minute_start"放到 Rowkey 的首位，则减少扫描 HBase 数据的范围。

创建 Cube 过程中的部分截图如下。

维度选择如图 19-14 所示。

图 19-14

计算度量如图 19-15 所示。

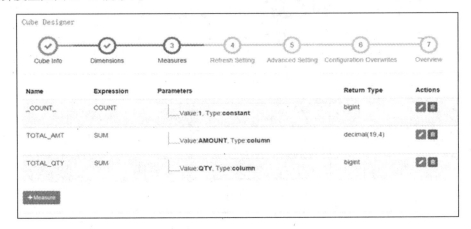

图 19-15

配置 Merge 规则如图 19-16 所示。

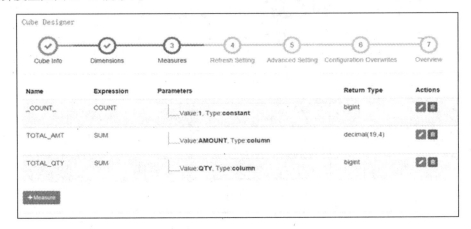

图 19-16

Rowkeys 的顺序调整如图 19-17 所示。

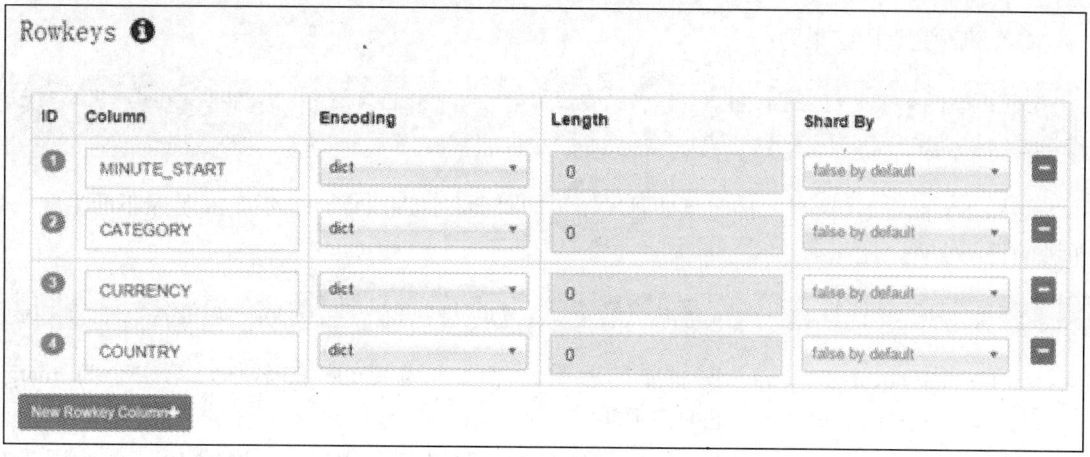

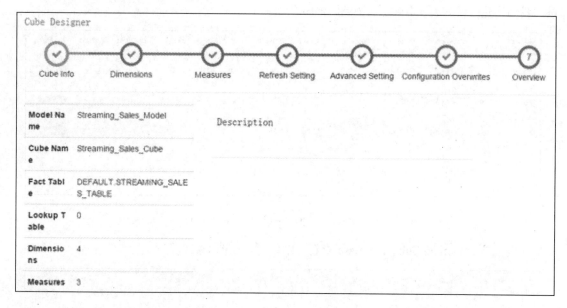

图 19-17

根据图 19-17 信息，可以看到我们已经将 MINUTE_START 放到了 Rowkeys 的第一位了。
查看 Cube 信息如图 19-18 所示。

图 19-18

最后单击 Save 保存创建的 Cube。

7. 步骤七：手工构建 Streaming Cube

Streaming Cube 构建不同于一般的 Cube（比如使用 Hive 作为数据源），目前对于 Streaming 的 Cube，暂时不支持在 Web UI 上面构建 Cube，需要通过手动来执行。

为了触发 Streaming Cube 的构建，执行下面的一个 micro-batch 命令：

```
$KYLIN_HOME/bin/streaming_build.sh Streaming_Sales_Cube 300000 0
```

命令执行完返回结果为：

```
streaming          started          name:        Streaming_Sales_Cube          id:
1470044400000_1470044700000
```

这样 Streaming Cube 的构建就被触发了，同时会在$KYLIN_HOME/logs/目录下面生成一个单独的日志文件，比如：

```
streaming_Streaming_Sales_Cube_1470044400000_1470044700000.log
```

对于上面 streaming_build.sh 脚本的参数，第一个为 Cube 的名称，第二个为 margin（INTERVAL）时间，第三个为 delay 时间。

构建 Cube 需要花一段时间，并且绝大部分时间都花在等待消息上（数据来源），大概 7~10 分钟，Build 就完成了。

我们再次登录到 Kylin 的 Web UI，刷新页面，然后单击我们创建的 Streaming Cube，这时我们可以看到 "Source Records" 显示有值了（通常数值为 150，因为 Kafka 每分钟产生 30 条记录，我们构建时设置为 5 分钟），如图 19-19 所示。

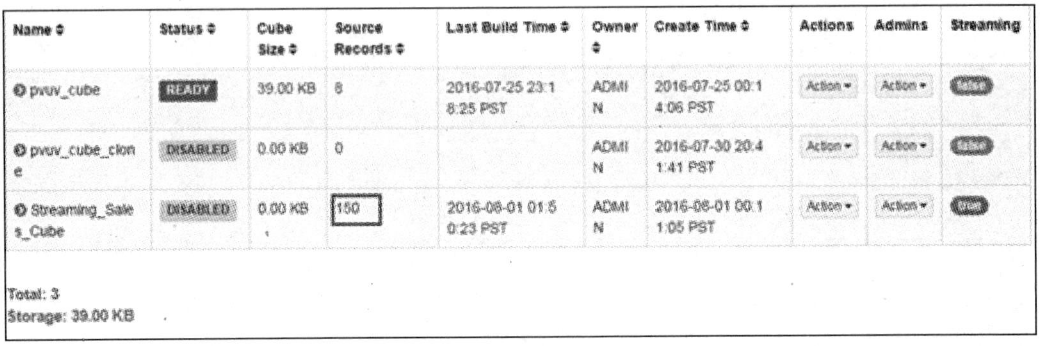

Name ⇕	Status ⇕	Cube Size ⇕	Source Records ⇕	Last Build Time ⇕	Owner ⇕	Create Time ⇕	Actions	Admins	Streaming
⊙ pvuv_cube	READY	39.00 KB	6	2016-07-25 23:18:25 PST	ADMIN	2016-07-25 00:14:06 PST	Action ⯆	Action ⯆	false
⊙ pvuv_cube_clone	DISABLED	0.00 KB	0		ADMIN	2016-07-30 20:41:41 PST	Action ⯆	Action ⯆	false
⊙ Streaming_Sales_Cube	DISABLED	0.00 KB	150	2016-08-01 01:50:23 PST	ADMIN	2016-08-01 00:11:05 PST	Action ⯆	Action ⯆	true

Total: 3
Storage: 39.00 KB

图 19-19

我们单击 Streaming Cube 的 HBase 查看详细信息，如图 19-20 所示。

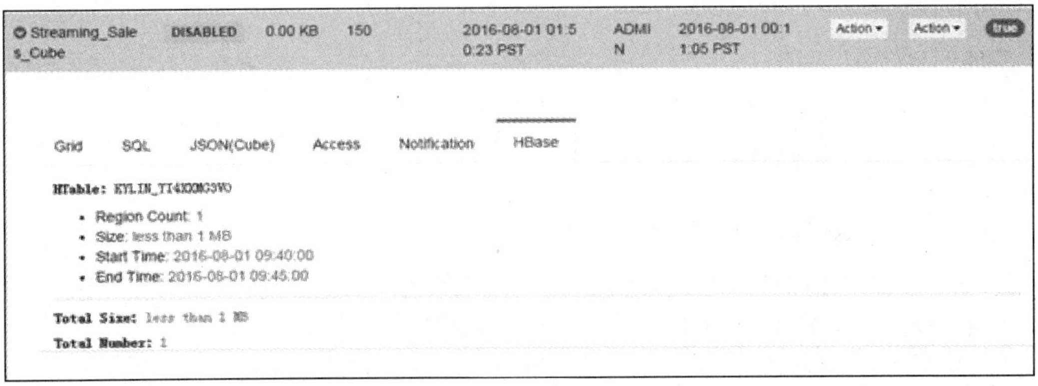

⊙ Streaming_Sales_Cube	DISABLED	0.00 KB	150	2016-08-01 01:50:23 PST	ADMIN	2016-08-01 00:11:05 PST	Action ⯆	Action ⯆	true

Grid   SQL   JSON(Cube)   Access   Notification   HBase

HTable: KYLIN_TI4XXMG3VO

- Region Count: 1
- Size: less than 1 MB
- Start Time: 2016-08-01 09:40:00
- End Time: 2016-08-01 09:45:00

Total Size: less than 1 MB
Total Number: 1

图 19-20

可以看到生成了一张 HBase 表，并且创建了一个 segment，开始和结束时间正好间隔 5 分钟。

估计到目前为止，朋友应该也发现了一个问题：既然 Cube 都已经构建好了，为什么 Cube 状态还是 DISABLED？

其实 Streaming Cube 执行 micro-batch 完成后，并不会自动使 Cube 生效，而是需要自己手工单击 Action 中的 Enable 使用 Cube 生效，能够提供 SQL 查询。我们对 Cube 执行 Enable 后，结果如图 19-21 所示。

图 19-21

下面就可以通过 "Insight" 执行 SQL 查询了，如图 19-22 所示。

SQL 语句为（统计的粒度是每分钟）：

```
select minute_start, count(*), sum(amount), sum(qty) from streaming_
sales_table groupby minute_start;
```

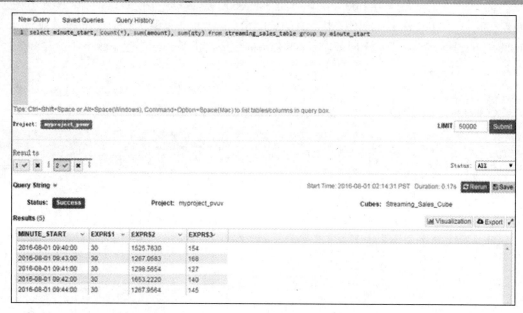

图 19-22

8. 步骤八：自动构建 Streaming Cube

如果手工构建 Streaming Cube 成功，并且可以正常查询 Cube 数据了，那么接下来我们就要设置调度来定时自动执行构建 Streaming Cube 的操作。本案例中，我们定义间隔时间（INTERVAL）为 5 分钟，即我们需要每隔 5 分钟来调度构建 Cube 过程。

我们可以通过 Linux 的 crontab 命令很容易实现定时调度，当然你也可以使用其他的调度系统。

我们可以在 Kylin 的用户下面，通过 crontab 来添加定时任务，示例如下：

执行 crontab –e 命令，写入内容为：

```
*/5 * * * * /var/lib/kylin/kylin/bin/streaming_build.sh
Streaming_Sales_Cube 300000 0
```

保存后，Linux 系统会每隔 5 分钟自动执行命令：

```
/var/lib/kylin/kylin/bin/streaming_build.sh       Streaming_Sales_Cube
300000 0
```

当 Cube Segments 慢慢积累时，Kylin 会自动根据设置的规则执行 Job 来合并 Segments，这个 Merge Segments 的 Job 为 MapReduce 作业，我们可以从 Kylin 的 Web 页面 "Monitor" 中查看。

9. 步骤九：关于 Streaming Cubing 的补充说明

（1）如果一个 Merge 作业失败了，那么 auto-merge 操作就会停止。你需要去检查并修复失败的问题，并且重新执行 Job，使 auto-merge 恢复。

（2）如果系统出现了问题导致在 Cube 中出现 segment 间隙（segment gaps）。例如，我们有一个 segment A 时间范围为[1:00, 1:05]；但是在 1:06 时候，系统不可用了，直到 1:12 才恢复，接着我们下一个 segment B 的时间范围为[1:10, 1:15]；因此这里就缺少一个 segment，segment 的时间间隙为[1:05, 1:10]，即这个时间段没有 segment 生成，毕竟 Linux 的 crontab 不会检查执行的日志并重新执行。

对于这种情况，Kylin 提供了一个 Shell 脚本，用来检查和修复这个 segment gaps，这需要你设置一个不频繁的调度时间，比如每隔两个小时检查并修复一次：

```
0 */2 * * * /var/lib/kylin/kylin/bin/streaming_fillgap.sh
Streaming_Sales_Cube 300000 0
```

第 20 章
◄ 快速数据立方算法 ►

本章我们来深入研究 Kylin 中的核心内容，构建 Cube 的算法的演进。

我们都知道 Kylin 是一个开源的分布式分析引擎，提供 Hadoop 之上的 SQL 查询接口及多维分析（OLAP）能力以支持超大规模数据。它能在亚秒内查询巨大的 Hive 表。在 Kylin 1.5 版本之前构建 Cube 的算法只有 Layered Cubing（逐层算法），基本思想是逐层由底向上计算，直到把所有组合算完的过程，但是这种算法存在一定的局限性。后来 Kylin 从 1.5 版本开始提供了 Fast Cubing 算法，用来加快 Cube 的构建效率和减少总的 IO 大小。

20.1　快速数据立方算法概述

Fast Cubing，也称快速数据立方算法，是一个新的 Cube 算法。我们知道，Cube 的思想是用空间换时间，通过预先的计算，把索引及结果存储起来，以换取查询时候的高性能。

我们先介绍 Layered Cubing 的核心思想和构建 Cube 过程。

如图 20-1 所示的是一个四维 Cube，有维度 A、B、C、D。

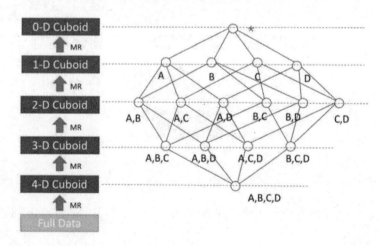

图 20-1

这个四维 Cube 需要五轮的 MapReduce 来完成：

第一轮 MR 的输入是源数据，这一步会对维度列的值进行编码，并计算 ABCD 组合的结果。接下来的 MR 以上一轮的输出结果为输入，向上聚合计算三个维度的组合：ABC、 BCD、ABD 和 ACD；依此类推，直到算出所有的维度组合。

Layered Cubing 算法的优势是每一轮 MR 以上一轮的输出为结果，这样可以减少重复计算；当计算到后半程的时候，随着数据的减小，计算会越来越快 。

Layered Cubing 算法的主要优点是：

算法比较简单，即 Cube 聚合的过程就是把要聚合掉的维度从 key 中减掉组成新的 key 交给 MapReduce，由 MapReduce 框架对新 key 排序和再聚合，计算结果写到 HDFS。这个算法很好地利用了 MapReduce 框架。得益于 Hadoop 中 MapReduce 的成熟，此算法的稳定性已经非常高。

经过不断地实践，Kylin 的开发团队也发现了此算法的局限：

当数据量大的时候，Hadoop 主要利用磁盘做排序，数据在 Mapper 和 Reducer 之间还需要洗牌（shuffle）。在计算 Cube 的时候，集群的 IO 使用率往往很高; 在运行一些大的任务时，瓶颈会出现在网络传输和磁盘读写上，而 CPU 和内存的使用率比较低。

此外，因为需要递交 N+1 次 MapReduce 任务；每次递交任务，都需要检查集群是否有可用的节点能否满足资源要求，如果没有还需等待其他任务释放资源；反复的任务递交，给 Hadoop 集群带来额外的调度开销。特别是当集群比较繁忙的时候，等待的时间会非常长，这些都导致了 Cube 构建的时间比较长 。

带着这个问题 Kylin 开发团队做了不断分析和尝试，结合了若干研究者的论文，于是有了开发新算法的设想。新算法的核心思想是清晰简单的，就是最大化利用 Mapper 端的 CPU 和内存，对分配的数据块，将需要的组合全都做计算后再输出给 Reducer； 由 Reducer 再做一次合并（Merge），从而计算出完整数据的所有组合。如此，经过一轮 MapReduce 就完成了以前需要 N 轮的 Cube 计算。如图 20-2 所示是此算法的计算过程。

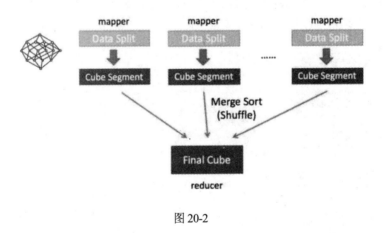

图 20-2

在 Mapper 内部， 也可以有一些优化，图 20-3 所示是一个典型的四维 Cube 的生成树。

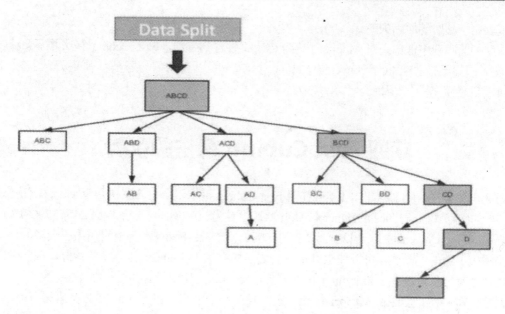

图 20-3

　　第一步会计算 Base Cuboid（所有维度都有的组合），再基于它计算减少一个维度的组合。基于 parent 节点计算 child 节点，可以重用之前的计算结果；当计算 child 节点时，需要 parent 节点的值尽可能留在内存中；如果 child 节点还有 child，那么递归向下，所以它是一个深度优先遍历。当有一个节点没有 child，或者它的所有 child 都已经计算完，这时候它就可以被输出，占用的内存就可以释放。

　　如果内存够的话，可以多线程并行向下聚合。如此可以最大限度地把计算发生在 Mapper 这一端，一方面减少 shuffle 的数据量，另一方面减少 Reducer 端的计算量。

20.2　快速数据立方算法优点和缺点

　　讲到这里，我们来总结一下 Fast Cubing 的优点和缺点：

Fast Cubing 的优点：

　　（1）总的 IO 量比以前大大减少。

　　（2）此算法可以脱离 MapReduce 而对数据做 Cube 计算，故可以很容易地在其他场景或框架下执行，例如 Streaming 和 Spark。

Fast Cubing 的缺点：

　　（1）代码比以前复杂了很多。由于要做多层的聚合，并且引入多线程机制，同时还要估算 JVM 可用内存，当内存不足时需要将数据暂存到磁盘，所有这些都增加复杂度。

　　（2）对 Hadoop 资源要求较高，用户应尽可能在 Mapper 上多分配内存；如果内存很小，该算法需要频繁借助磁盘，性能优势就会较弱。在极端情况下（如数据量很大同时维度很多），任务可能会由于超时等原因失败。

在我们的实践中，如果对 Mapper 内存和 CPU 设置不合理，Fast Cubing 算法并不会获取很高的效率，甚至效率会低于 Layered Cubing 算法。所以我们需要了解如何更好地获取 Fast Cubing 算法的优势。

20.3 获取 Fast Cubing 算法的优势

首先，在 Kylin 1.5 版本里，Kylin 在对 Fast Cubing 请求资源时，默认是为 Mapper 任务请求 3072MB 的内存（mapreduce.map.memory.mb 默认设置为 3072MB），给 JVM 配置 2700MB 内存（mapreduce.map.java.opts 默认设置为-Xmx2700m）。如果 Hadoop 节点可用内存较多的话，可以适当增大上面的值，这样可以使 Kylin 获得更多内存用于 Mapper 过程中的计算，提升性能。上面的两个参数都可以在 conf/kylin_job_conf_inmem.xml 文件中找到并进行配置。

其次，需要在并发性和 Mapper 端聚合之间找到一个平衡。在 Kylin 1.5.2 版本里，Kylin 默认是给每个 Mapper 分配 32MB（默认 dfs.block.size 设置为 33554432，即 32MB）的数据；这样可以获得较高的并发性。但如果 Hadoop 集群规模较小，或可用资源较少，过多的 Mapper 会造成任务排队。这时，将数据块切得更大，如 64 兆，效果会更好。数据块是由 Kylin 创建 Hive 表时生成的，在 kylin_hive_conf.xml 由参数 dfs.block.size 决定的。

从 Kylin 1.5.3 版本开始，我们可以发现在 kylin_hive_conf.xml 找不到 dfs.block.size 这个参数配置了，其实是因为 mapper 的分配策略又有改进。从这个版本开始，Kylin 给每个 mapper 会分配一样的行数，从而避免数据块不均匀时的木桶效应。由 conf/kylin.properteis 里的"kylin.job.mapreduce.mapper.input.rows"配置，默认是 100 万，用户可以使自己集群的规模设置更小值获得更高并发，或更大值减少请求的 Mapper 数。

通常推荐 Fast Cubing 算法，但不是所有情况下都如此。

举例说明，如果每个 Mapper 之间的 key 交叉重合度较低，Fast Cubing 更适合；因为 Mapper 端将这块数据最终要计算的结果都达到了，Reducer 只需少量的聚合。另一个极端是，每个 Mapper 计算出的 key 跟其他 Mapper 算出的 key 深度重合，这意味着在 reducer 端仍需将各个 Mapper 的数据抓取来再次聚合计算；如果 key 的数量巨大，该过程 IO 开销依然显著。对于这种情况，Layered Cubing 算法更适合。

Kylin 在这方面做得比较好的地方是，用户不需要自己去判断使用哪种算法，Kylin 会自动帮我们选择合适的算法。

那么 Kylin 是如何做到的呢？

其实 Kylin 在计算 Cube 之前对数据进行采样，在"Fact Distinct"步骤中，利用 HyperLogLog 模拟去重，估算每种组合有多少不同的 key，从而计算出每个 Mapper 输出的数据大小，以及所有 Mapper 之间数据的重合率，据此来决定采用哪种算法更优。在对上百个 Cube 任务的时间做统计分析后，Kylin 默认的算法选择阀值为 8（参数 kylin.cube.algorithm.auto.threshold）。如果各个 Mapper 的小 Cube 的行数之和，大于 reduce 后的 Cube 行数的 8 倍，采用 Layered Cubing；反之采用 Fast Cubing。如果用户在使用过程中，更倾向于使用 Fast Cubing，可以适当调大此参数值，反之调小。

第四部分

Apache Kylin的扩展部分

第 21 章

◀ 大数据智能分析平台KAP ▶

正值本书截稿时，Kyligence 公司发布 KAP 大数据分析平台，在面对超过百亿甚至千亿规模的数据时，能够在短时间内用其熟悉的数据分析工具轻松、快速地在海量数据中获取分析结果。为了本书内容的完整性，更重要的是让朋友们了解更多关于 Kylin 的最新发展动态，我们最后一个章节将补充这部分内容。

21.1 大数据智能分析平台 KAP 概述

大数据智能分析科技公司 Kyligence 于 2016 年 8 月 3 日，在北京宣布正式发布其企业级大数据智能分析平台 KAP（Kyligence Analytics Platform），该平台是基于 Apache 软件基金会顶级项目 Apache Kylin 实现的、为可伸缩数据集提供分析能力的企业级大数据产品，在 Apache Hadoop 上为百亿及以上超大规模数据集提供亚秒级标准 SQL 查询能力。这是由 Apache Kylin 核心团队组建的创业公司发布的第一款 Apache Kylin 商业产品及解决方案。该企业级产品与开源 Apache Kylin 完全兼容，用户可以无缝迁移到该平台上，以获得更多的企业级特性，包括更高效的性能，加强的用户管理，安全及加密，可视化分析前端，管理与服务自动化等。

KAP 平台的特点是：

1. 亚秒级查询

在百亿及以上规模数据集上为业务用户及分析师提供亚秒级的查询速度，并同时支持高并发，使得在大数据平台上对超大规模数据进行交互式分析成为可能；支持 ANSI SQL 查询标准，使得业务用户及分析师无须重新学习新的技术即可掌握在海量超大规模数据集上快速分析的能力。

2. 无缝集成

支持与企业级商业智能(BI)及可视化工具无缝集成，提供标准的 ODBC、JDBC 驱动及 REST API 接口等以连接流行的数据分析、展示工具，如 Tableau、Microsoft PowerBI、Microsoft Excel、Apache Zeppelin、Saiku 等。

3. 自助服务

Kyligence 大数据分析平台使得分析师及用户能以简洁而快速的方式分析海量数据，易于使用的 Web 界面允许用户自己构建数据集市而无须知晓底层技术 。

4. 可扩展架构

全新设计的可扩展架构从根本上解耦了对特定技术的依赖，将计算框架，数据源以及底层存储等扩展到更多的技术领域，为不同的技术栈提供可配置的优化解决方案。

5. 非侵入式

Kyligence 大数据分析平台的部署不需要在现有 Hadoop 集群上安装任何新的组件，更不需要在数据节点或其他节点上安装 Agent 等，所有与集群的操作都通过标准 API 完成，从而使得对现有集群的影响最小化，也为快速部署带来了可能。

目前，朋友们如果想获取 KAP 的安装包，可以通过访问 Kyligence 的官网网址：http://kyligence.io/kyligence-analytics-platform/，并填写相关的信息即可申请下载，如图 21-1 所示。

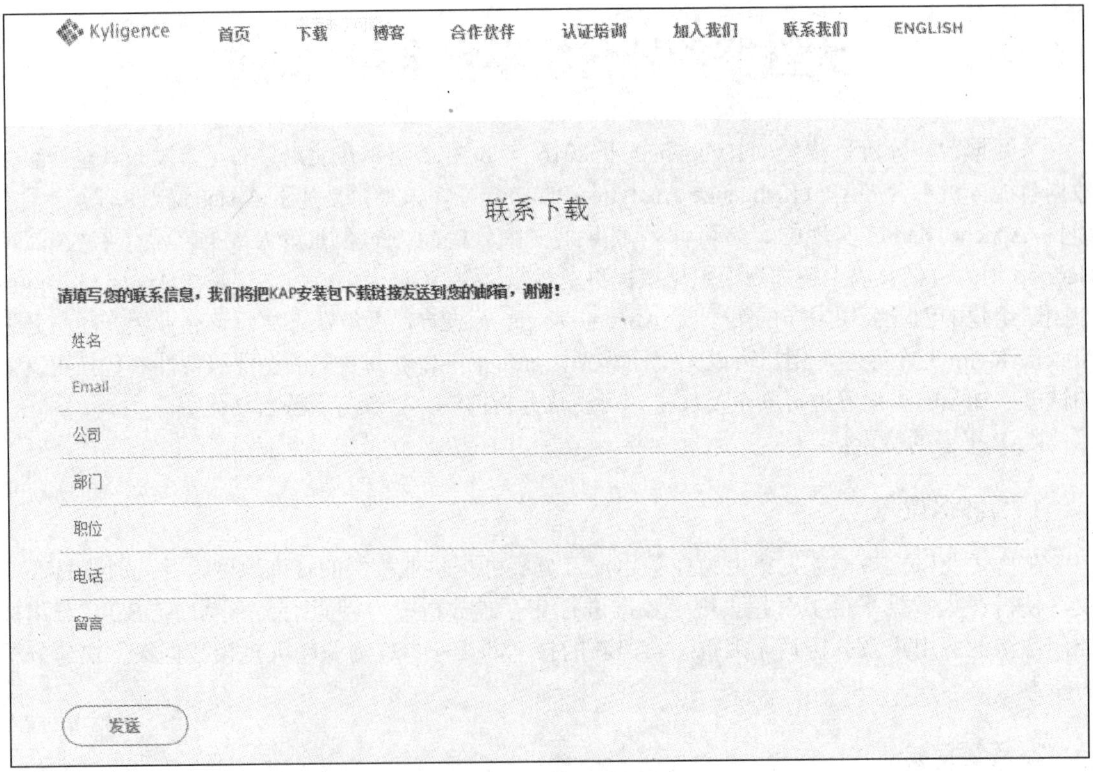

图 21-1

一般 1~2 天就可以从注册的邮箱中获取到安装包。目前与 Apache Kylin 开源版本保持一致，针对不同的环境，也提供三个安装包供选择：

```
kylin-kap-2.0-beta-cdh5.7-bin.tar.gz
kylin-kap-2.0-beta-hbase0.98-bin.tar.gz
kylin-kap-2.0-beta-hbase1.x-bin.tar.gz
```

21.2　KAP 的安装部署

　　KAP 的安装过程这里就不再重复了，与 Apache Kylin 安装过程一样。因为 KAP 与 Apache Kylin 兼容，这里和 Apache Kylin1.5.3 版本使用同一套 HBase 环境的元数据进行安装部署。

　　启动 KAP，登录页面如图 21-2 所示。

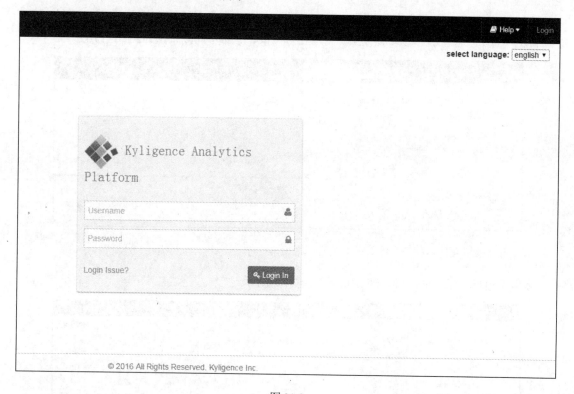

图 21-2

　　默认用户名和密码为 ADMIN/KYLIN，界面右上角提供了中英文切换。

　　登录后可以查看之前的工程、模型和 Cube 信息，完全和开源版本的 Kylin 兼容，如图 21-3 所示。

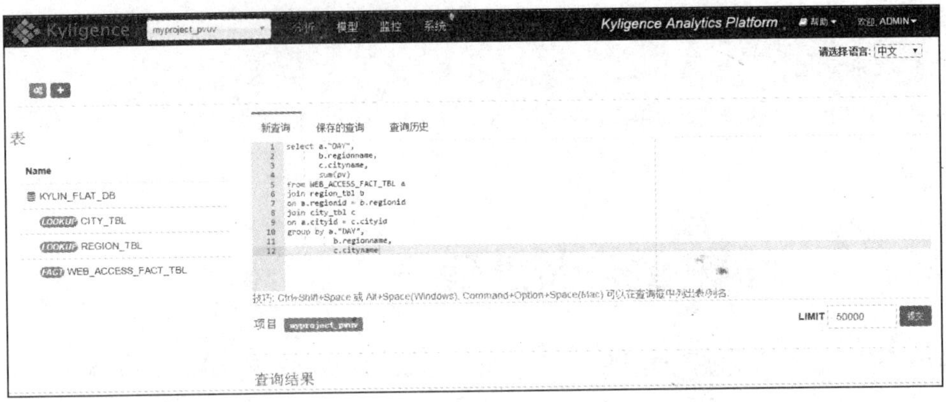

图 21-3

KAP 提供完全的中英文操作界面，用户可以根据需要进行灵活切换。

此外 KAP 也调整了一些查看数据源、模型和 Cube 等的布局方式，如图 21-4 所示。

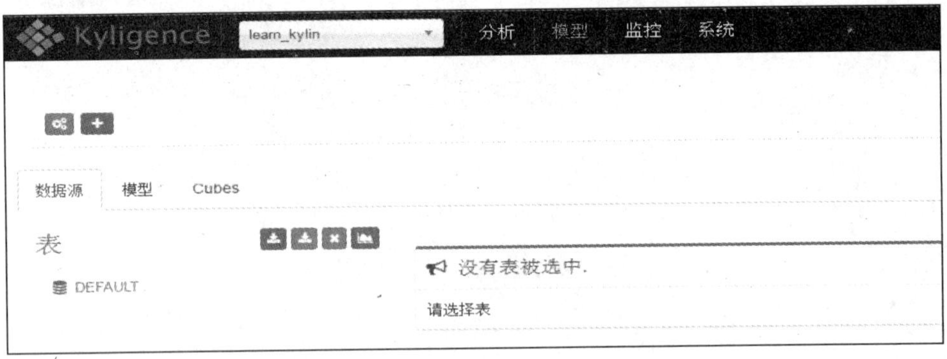

图 21-4

增加了用户权限方面的管理和控制，如图 21-5 所示。

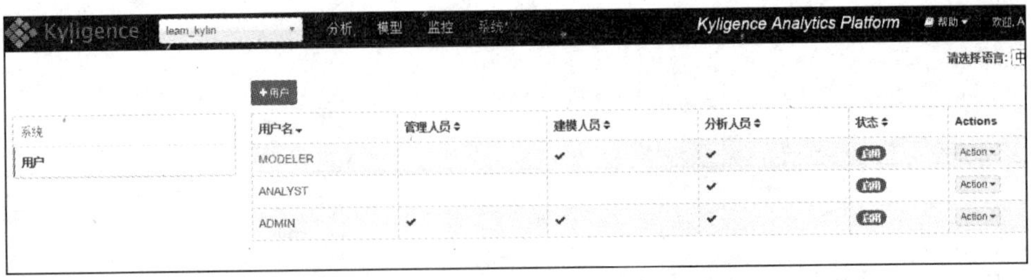

图 21-5

可以创建新用户，并赋予不同的权限，包括管理人员、建模人员和分析人员的权限。

这个功能极大地满足了企业大数据部门不同项目的用户权限隔离性的要求。

KAP 大数据分析平台就介绍到此，感兴趣的朋友们可以多去研究。与此同时，本书也接近尾声了，对朋友们来说，实战 Kylin 并应用到企业中才刚刚开始。最后，我非常感谢朋友们能够抽出宝贵的时间坚持读完此书，希望朋友们能获得想要的知识，更希望朋友们在大数据道路上越走越宽。